建筑基础110
定制家具设计

[日]和田浩一 著
卢春生 王竟岭 高林广 译

详细图解，简明解说定制家具的制作方法与结构，以及住宅、店铺家具设计所需要的材料知识、绘图方法、收尾工序。

中国建筑工业出版社

目 录
CONTENTS

第 1 章 定制家具的制作设计

第 2 章 定制家具的结构与制作方法

第 4 章　家具的金属部件

第 5 章　定制家具的设计与细部

第 6 章　定制厨房的设计与细部

第1章

定制家具的制作设计

什么是定制家具设置

要点

- 摆设家具与定制家具的区别
- 作为空间一部分的定制家具的选择

定制家具的定义

所谓“家具”，一般来说多是指家具店，以及在杂货店、装饰装潢品店等店面中出售的“家具”商品。这些家具是用于“买卖”的商品，只是摆放在使用场所即可，所以也称为“摆设家具”，与在建筑工地加工并固定在墙壁、地板、顶棚等处的“定制家具”有区别。

另外，定制家具也是应房主及设计师的要求而制作的，可反映出尺寸、设置方式、使用方便等方面的要求，据此也称为“定做家具”。

在“定做家具”中，有家具从业者根据颜色、尺寸的要求而制作的半成品，也有专业家具定做公司根据材料、大小、使用方法等，制作的各种物品，也有木工在工地加工材料而制作的各种物品。“定做家具”也称作“建筑附带家具”或“定制家具”，按各个场合而有不同叫法，但没有明确的界限，本书统称为“定制家具”（照片）。

“立腿类家具”与“板箱类家具”

家具可分为桌、椅、沙发等的“立腿类家具”与橱柜等以收纳为主的板材构成的“板箱类家具”。

“立腿类家具”比“板箱类家具”具有更多的选择性。特别是椅子等，因为仅制作一条立腿也需要很高的价钱，所以大多选用现成制品。而“板箱类家具”有使用方便和满足特殊喜好的多种不同功效，并且设置在墙壁与墙壁之间、地板与顶棚之间等，与墙面不留空隙，或搭配材料，重视与空间的关系，满足各种不同的需求，使用者大都选用定制家具的设置形式。

照片 | 各种定制家具

建筑的定制家具中有“立腿类家具”、可自由组合家具、墙壁固定收纳、间隔收纳、作为结构一部分的收纳，应对设备的放置、物品陈列、定制厨柜等

①立腿类家具

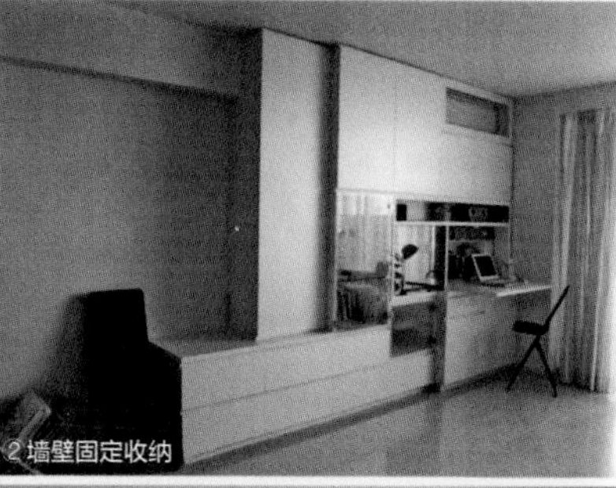
②墙壁固定收纳

③可自由组合家具

④搭配照明的收纳及桌子

⑤间隔收纳

⑥作为结构一部分的收纳

⑦弱电设备的安放设置

⑧店铺器具

⑨定制厨具

设计：STUDIO KAZ　照片：坂本阡弘①　设计：STUDIO KAZ ②④⑥⑦⑧　照片：山本 MARIKO ③⑤⑨

按照设计顺序

要点
- 了解定制家具的设计流程
- 理解各个工程所需要的事项

图 | 定制家具的设计流程

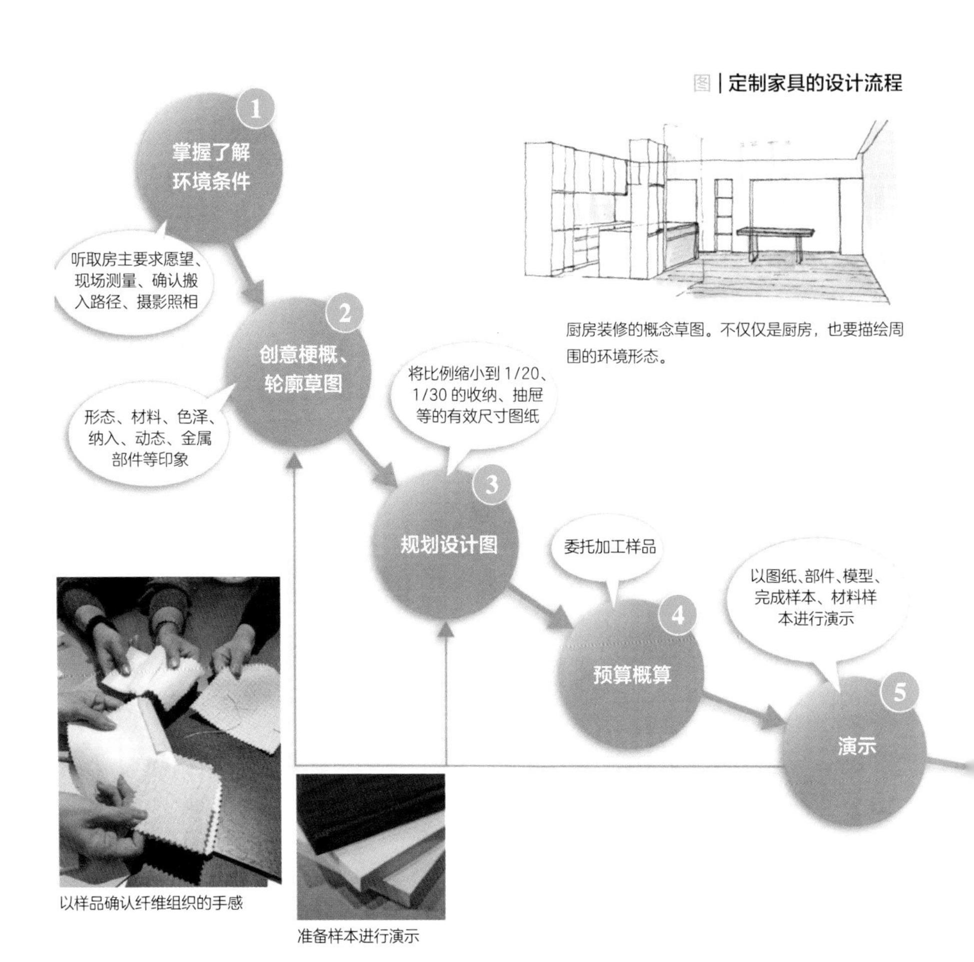

厨房装修的概念草图。不仅仅是厨房，也要描绘周围的环境形态。

以样品确认纤维组织的手感

准备样本进行演示

设置制作定制家具时设计师要做的事项

①~⑤听取房主愿望要求，掌握现场状况。然后，以这些信息为基础进行构思。要根据预算，考虑材料、形态、金属部件等情况，描绘出规划设计图。若决定了建筑承包商和家具制作者，就可以了解报价。对手头没有的样品也可以一并委托。⑥~⑧对房主演示获取认可。然后，经过修改、金额交涉等事项完成后，绘制制作施工图。对有过合作的家具制作者可知道其技术能力以及流程方法，对初次打交道的家具制作者，要一边交谈商量一边按制作施工图进行。制作施工图要明确标注有效尺寸，以及装置于建筑内的状态。获得房主（以及设计者等）认可后，向家具制作者订货。⑨~⑫对承接制作者的不断检查。这些流程根据房主、设计师、工程种类，其进度、速度有所不同。必须要注意不可错过时机，不可影响施工进度。顺利交工后，也要对工程每年检查维护。

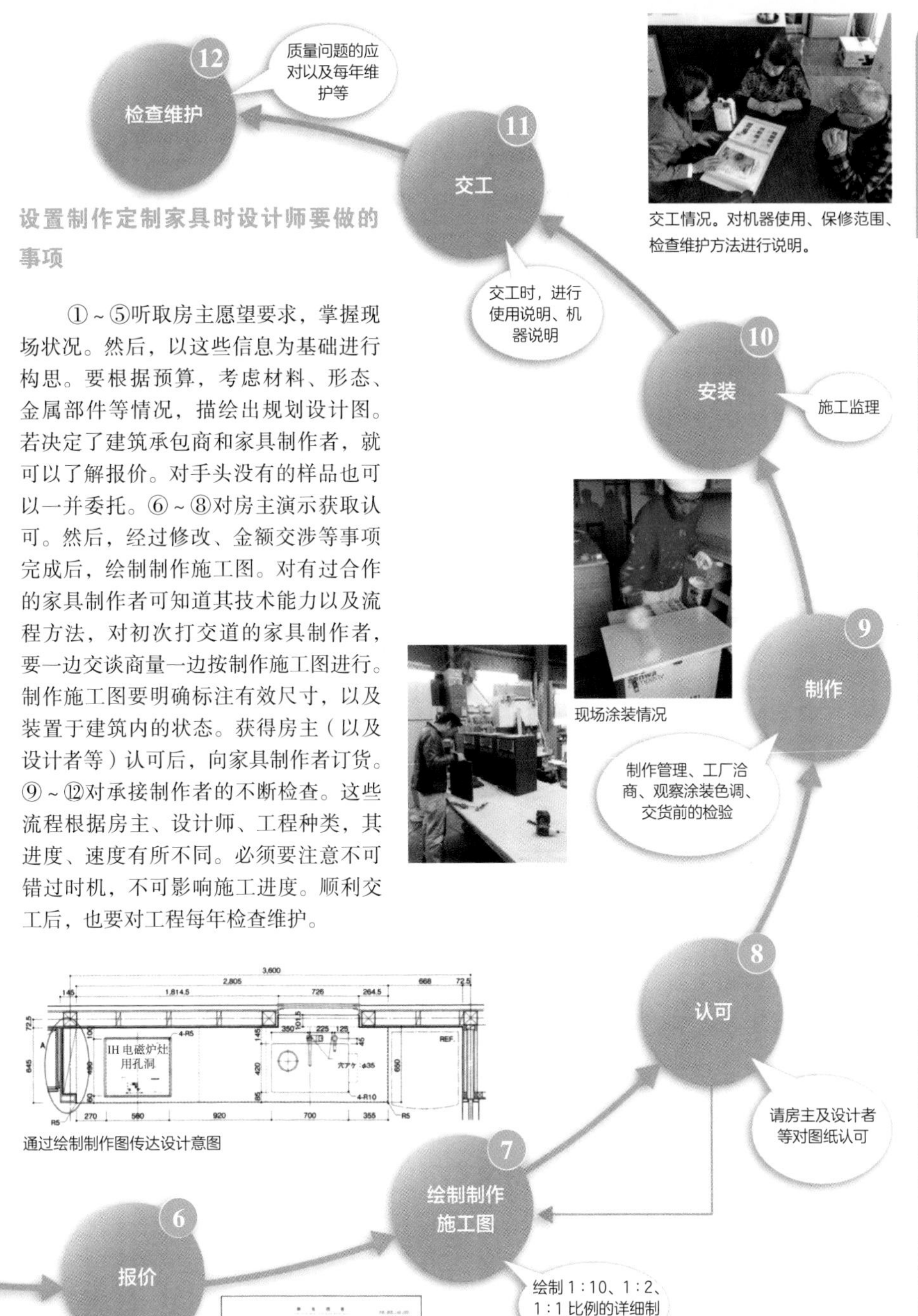

交工情况。对机器使用、保修范围、检查维护方法进行说明。

现场涂装情况

通过绘制制作图传达设计意图

确认报价也是很重要的工作

照片：STUDIO KAZ　照片协助：KURETO 公司

听取要求与现场调查

要点

- 多方面分析委托内容
- 记录现场所有的情况信息

分析整理条件情况是成功的秘诀

定制家具从受委托到交工要经过许多阶段。

受委托后，首先要倾听房主的意愿和要求，并进行现场调查。通过听取意愿和要求获悉房主的愿望，不仅要确认使用方便与否、收纳状态等，而且对生活习惯、兴趣、嗜好也都要加以考虑，以此来考虑家具是否使用方便。对房主的愿望、要求等对象之外，看似并无直接关系的内容也要重视。相关信息多，就能更为确切地进行构思，制作出房主所希望的东西。

掌握周围信息也不可忘记

其次是掌握现场状况（图 1）。测量装置场所的尺寸、角度。要知道墙壁并非水平垂直的，纵深的前与后，地板周围与顶棚周围及其中间部位等，都要细致测量。另外，非直角的角度，以及在混凝土墙壁的情况下，要用薄木板做出原大的形态取样。在这种情况下，最好邀请家具制作厂家的同行。此外，也要确认门（包括门把手）、窗、框架、护墙板、照明、空调、火灾报警器、电源插座、开关类、换气口等的周围情况（图 2、图 3）。特别要注意搬入途径，这与制作方法及成本费密切相关。

对于非新建的设计方案，要详细地把握现状。但在新建及新装修的情况时，因为尚未形成建筑工地，要向设计师及现场工程负责人确认上述的环境状况，不要有遗漏。若有现场调查的照片及录像，考虑设计时就会很方便。特别是录像，可以明了各种相互关系，很少遗漏确认事项。

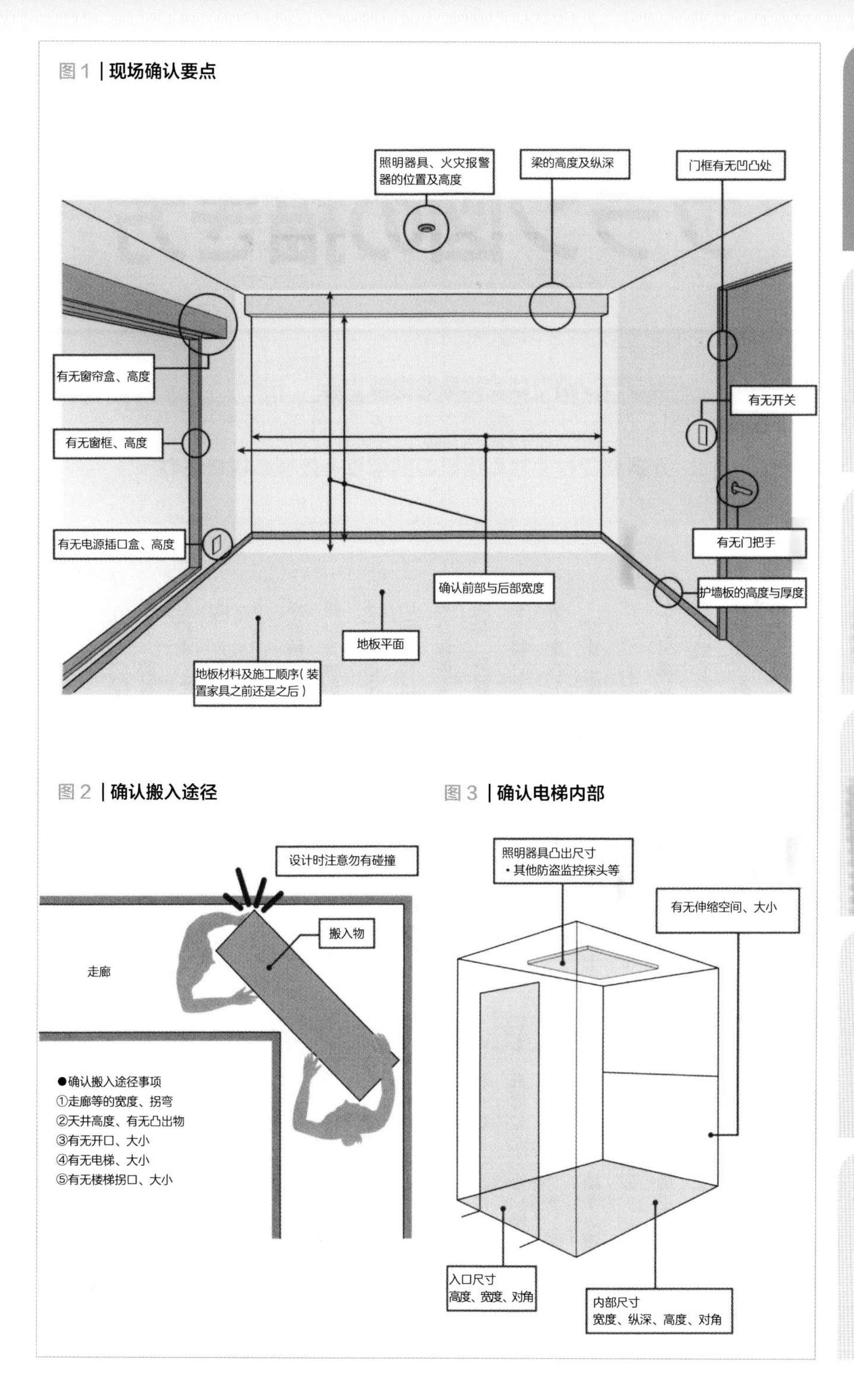
图 1 | 现场确认要点
照明器具、火灾报警器的位置及高度
梁的高度及纵深
门框有无凹凸处
有无窗帘盒、高度
有无开关
有无窗框、高度
有无门把手
有无电源插口盒、高度
确认前部与后部宽度
护墙板的高度与厚度
地板平面
地板材料及施工顺序（装置家具之前还是之后）
图 2 | 确认搬入途径
设计时注意勿有碰撞
搬入物
走廊
●确认搬入途径事项
①走廊等的宽度、拐弯
②天井高度、有无凸出物
③有无开口、大小
④有无电梯、大小
⑤有无楼梯拐口、大小
图 3 | 确认电梯内部
照明器具凸出尺寸
・其他防盗监控探头等
有无伸缩空间、大小
入口尺寸
高度、宽度、对角
内部尺寸
宽度、纵深、高度、对角

设计图的绘制方法

要点

- 设计图要把握整体
- 不仅要绘制家具，还要细致描绘出设置于建筑内部的方式、规格

绘制图要具体到何种程度

与房主商谈时，应备有1∶20、1∶30比例的设计图（图）。对于房主来说，比起看许多张大比例图，反而全都放在1张上面更易于理解。例如，门与门的间隙为3mm还是4mm，最终是设计师的取向，对于房主的使用方便来说几乎没有影响。良好地完成整体形象，包括与周围环境的关系（与通路宽度、墙壁、边框等的关系）的绘制方法，可以使房主自己想象出使用方便的程度。

设计图要记载所需要的材料、颜色、安装、部件、金属部件的厂家、商品号码等。进一步详细记载部分安装状态等，研究与建筑的关系。抽屉内部的有效尺寸、架板的大小，架板固定销的间距等也要详细记载。还有木纹肌理的种类（树木的边部材还是芯部材）、纹路方向最好都绘出。设计图对家具之外部分的设计有很大影响，对报价也有影响，所以要明确，这样与房主协商也会顺利，可以避免以后的矛盾。

设计图对施工的效用

设计图不仅是与房主商讨的必要方式，可用于报价，同时也是与家具制作者商谈的资料。为此，要尽可能地有详细数据。另外，家具施工多是固定在不影响活动的墙壁处。规划设计图应是在把握整体状况之上的详细调整以及安装方法的制作图（参照19页图、20页图），现场可以据此进行检查。因为没有像预制组合家具那样已经规定了安装方式及基本尺寸组合件，所以相关人员必须一边确认，一边进行施工作业。

图 | 设计图例 • 实际为整体实物的 1：20 或 1：30 的比例，详细部位大样图为 1：2 比例描绘。

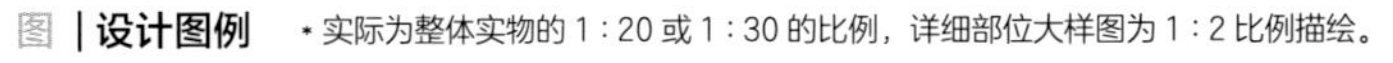

平面图〔S=1 ：70（原图 S=1 ：20）〕

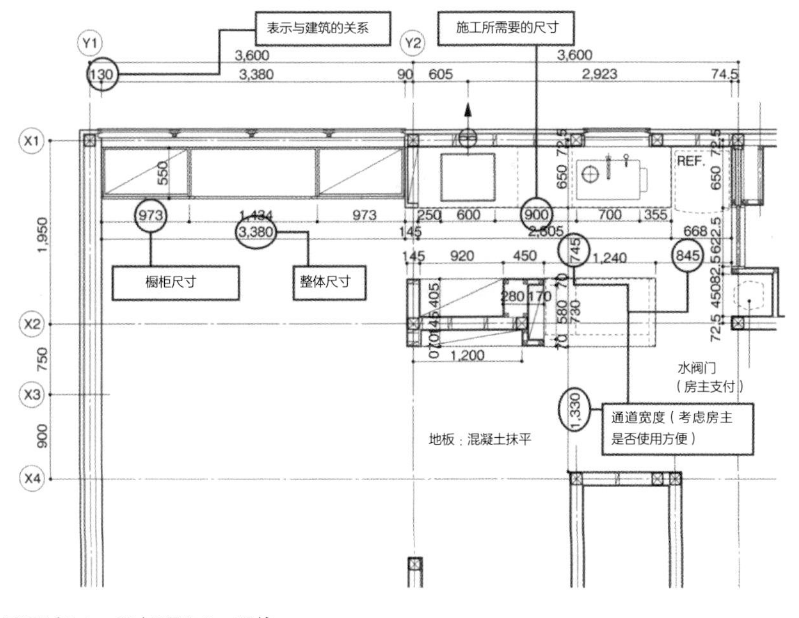

展开图〔S=1 ：70（原图 S=1 ：20）〕

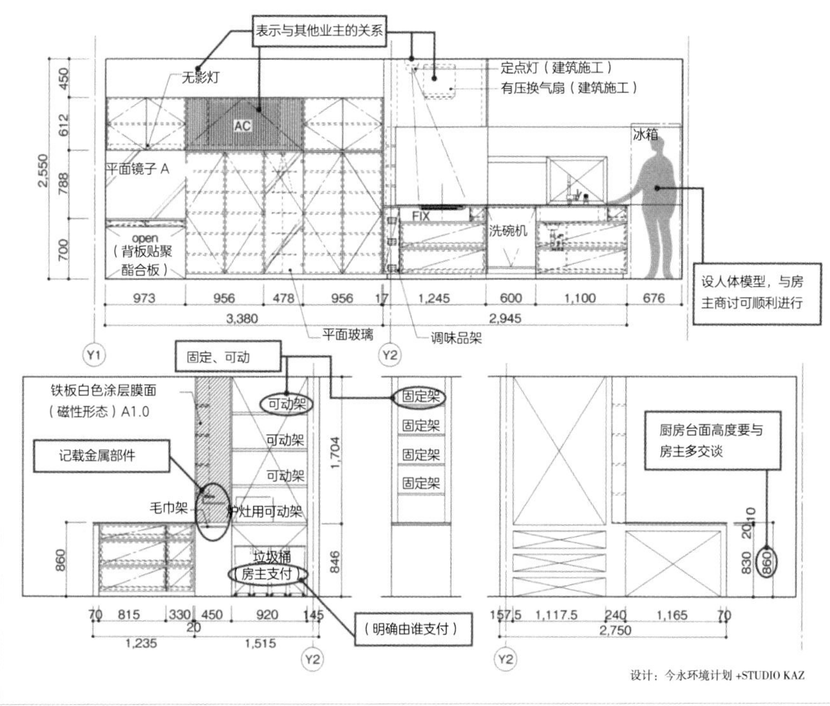

设计：今永环境计划 +STUDIO KAZ

演示

要点

- 尽力准备实际样品
- 制造电脑效果图及模型的空间

演示所用物品

定制家具演示（照片 1）所需要的物品首先就是图纸（设计图）。图纸着色可以使房主加深理解。颜色不是很准确也没关系，大概色调符合实际就能使理解程度完全不同。

其次是材料及色调等的实物样品（照片 2）。准备实际使用的木片。同样的树木材料，使用时的木纹感觉也不同，会出现不同表现。窗户涂装的样品也要准备，可能的话，不是板材状态，而要加工成门状。对接端口的接续方法，把手的形状，角部切削加工等，由此可包含很多信息。

厨房等处有调味品架、篮子等现成物品组装时，使用特殊活动的金属部件，要准备好说明书。另外，组装洗碗机、烘干机、炉灶、加热器具、照明器具、音响器材等时，也要准备好说明书，同时带客户去展示厅参观真实器具物品比较好。

电脑效果图、模型的演示

家具演示中，备有详细的电脑效果图及比例模型是否过细暂且不论，但对于房主来说是最易于理解、最为合适的。最近业界几乎都用软件 AutoCAD 画图，部分变换也比较容易，很适用。当然家具单体没有意义，要与周围的色调、材料结合，包括大小、位置关系等进行演示。准备怎样的资料，要根据房主的理解力，以及电脑效果图和模型所花费的费用和时间等进行考虑。

照片 1 | 演示图纸

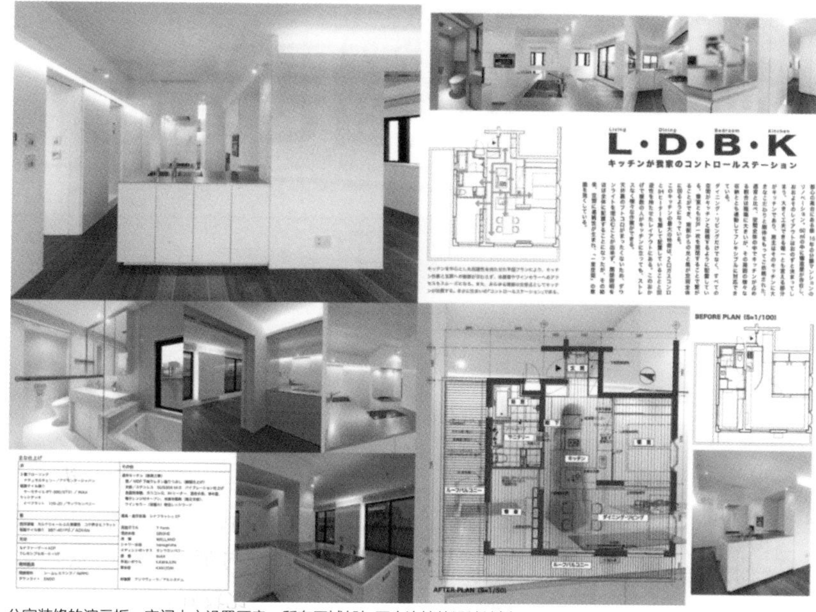

公寓装修的演示板。空间中心设置厨房，所有区域都与厨房连接的设计计划

演示板制作：

照片 2 | 窗户样本

涂装样本加工成门状，接口部的衔接方法以及涂装技术在端部表现出来

照片 3 | 照明设计的模拟实验

美容室的镜面反射面部要借助于照明，所以在照明器具厂家的展室作模拟实验

照片：STUDIO KAZ（照片 2、3）

制作施工图的绘制方法①

要点

- 明确表示设计者的意图
- 无论绘制图多么详细也需要与工匠交流

设计者的意图表现在图面上

绘制制作施工图（19页图）的最大目的是与木工厂的工匠对话。一般来说，家具制作公司描绘的图，空间设计师大多要进行检查。而设计者绘制的图则能准确地将设计意图传达给工匠们。实际上不绘图，自己的意图是否客观地表达出来，要重点进行检查。有一张加工方法图纸对于家具制作也会带来很大不同，所以要认真检查。

制作图基本以1∶10比例绘制。各部位以及板材等的结构（新材或原木，有必要的话要指示设置场所等），材料的组装方法，每个门窗的大小，门与门的间隙，把手的位置、大小，橱柜的大小及分割位置，材料的用法等，都要详细描绘，要有表现设计意图的意识。此外，1∶1、1∶2、1∶5比例的详图主要描绘表现门与门、门与橱柜，台面与门、与橱柜，以及地板、墙壁、顶棚与家具等不同位置的相互“关系”。

交货检查

设计师描绘了这么多，也仍不可缺少与家具制造公司或木工厂的工匠进行交流。直接交流可以将图纸无法表现出的细部、木板及材料的使用方法、加工方法等的细微之处表达出来。

加上事前商谈，到涂装工厂检查色调，以及尽可能在木工厂的产品交货出厂前进行检查，这些都与防止制作及涂装错误、省去现场的无效作业、避免纠纷相关联。

图 | **厨房制作施工图图例** ※ 实际整体的 1：10、详细 1：2 或 1：1 比例绘制

立面图〔S=1：30（原图 S=1：10）〕

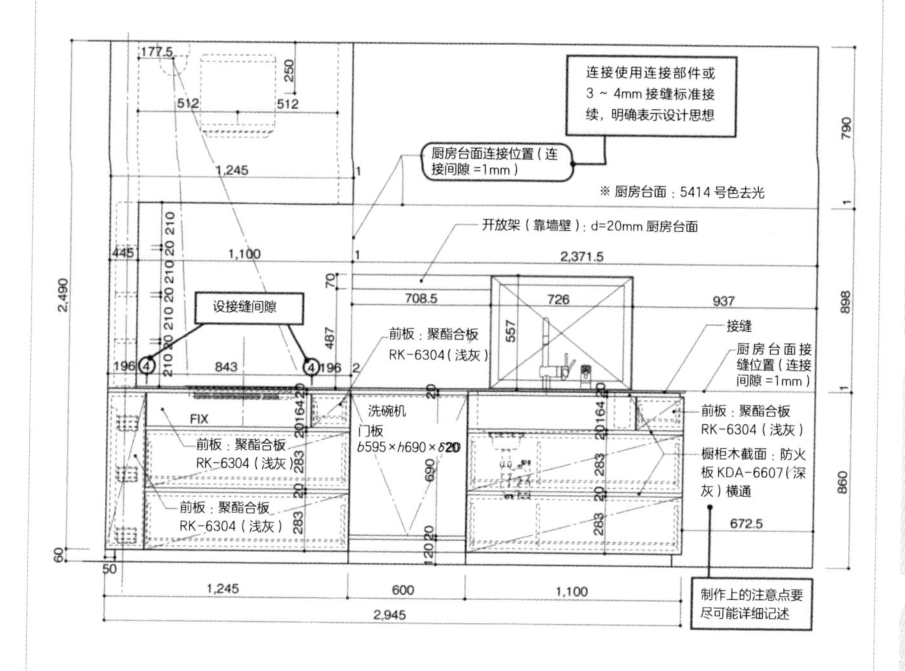

平面图〔S=1：30（原图 S=1：10）〕

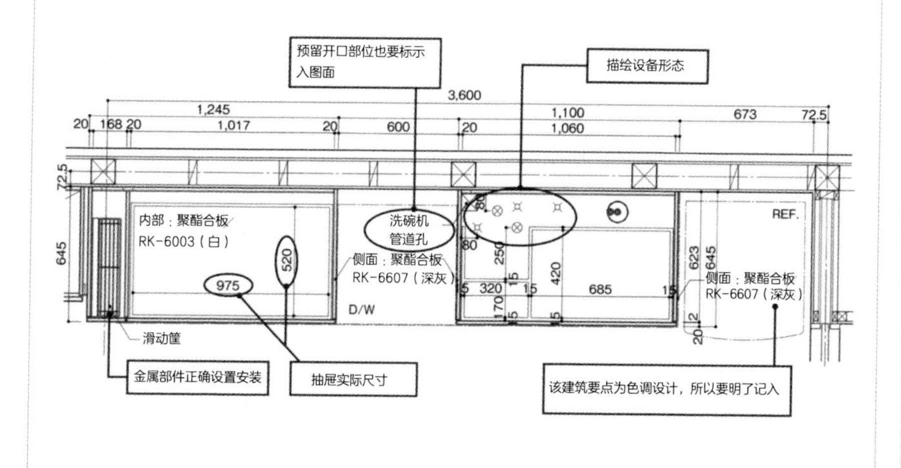

设计：今永环境计划 +STUDIO KAZ

制作施工图的绘制方法②

要点

- 给各个加工业者绘制图纸
- 正确绘入部件及金属件

图 | 厨房制作施工图图例 ※实际整体的1：10、详细1：2或1：1比例绘制

顶棚详图〔S=1：30（原图S=1：10）〕

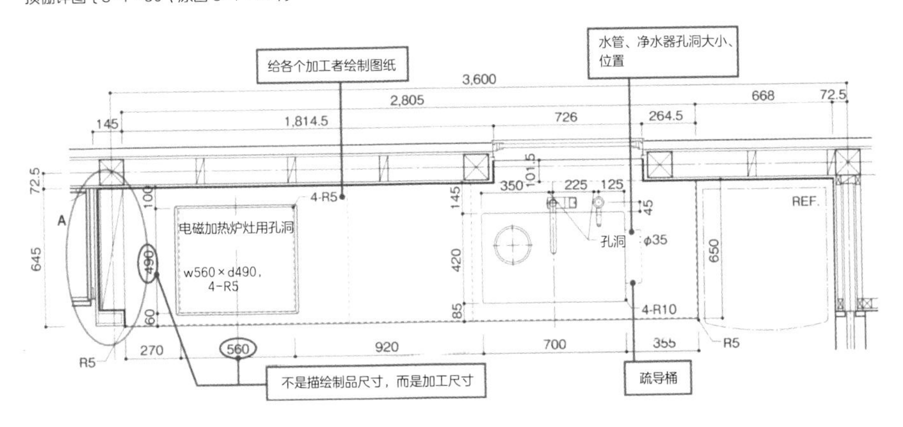

与建筑的结合（A部详图）〔S=1：6（原图S=1：2）〕

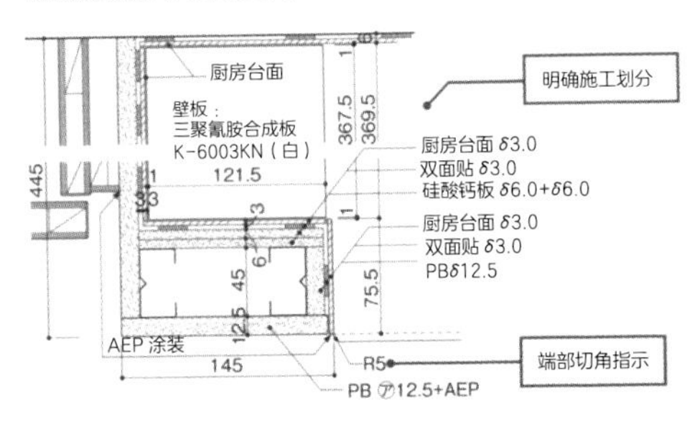

设计：今永环境计划+STUDIO KAZ

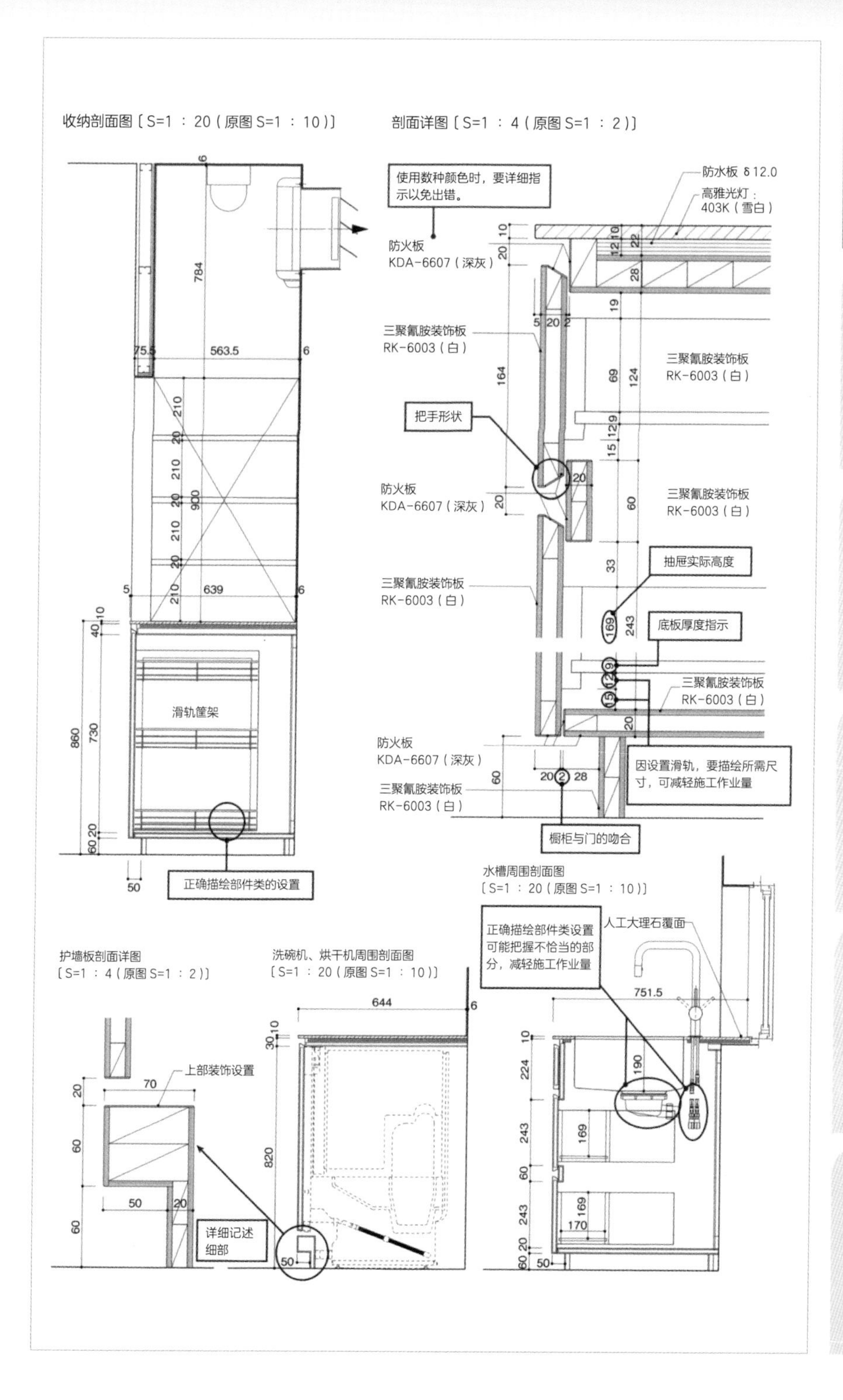
收纳剖面图〔S=1 ：20（原图 S=1 ：10）〕
剖面详图〔S=1 ：4（原图 S=1 ：2）〕
使用数种颜色时，要详细指示以免出错。
防水板 δ12.0
高雅光灯：403K（雪白）
防火板 KDA-6607（深灰）
三聚氰胺装饰板 RK-6003（白）
把手形状
抽屉实际高度
底板厚度指示
因设置滑轨，要描绘所需尺寸，可减轻施工作业量
橱柜与门的吻合
滑轨筐架
正确描绘部件类的设置
水槽周围剖面图〔S=1 ：20（原图 S=1 ：10）〕
正确描绘部件类设置可能把握不恰当的部分，减轻施工作业量
人工大理石覆面
护墙板剖面详图〔S=1 ：4（原图 S=1 ：2）〕
上部装饰设置
详细记述细部
洗碗机、烘干机周围剖面图〔S=1 ：20（原图 S=1 ：10）〕

交工、维护

要点
- 设计检查在房主监看下进行
- 说明交工后的维护等

交工前的设计检查

通过多次检查后交给房主，其一为设计检查（表）。是否按照图纸制作、设置。以前在工厂检查了商品质量及设置状况已得到确认。所以，设计检查时要以查看窗户、抽屉的开关、门支柱等功能部分的状况为重点（照片3）。有设置机器设备的时候，要进行试运转。

定制家具并非单体，而是与地板、墙壁、顶棚的装饰相关联的，同时是在现场安装设置的。根据安装及设置方法，经常是在设置家具后进行设置施工的。因此，检查不仅只是对家具，也必须检查与周围的关系。特别要注意不同工种的交界处。因为各种原因常会出现间隙、装修污损。必须打开窗户、拉开抽屉进行检查。家具设置后有时会沾有涂料、有划痕等。要从各个角度进行检查。

从交工到维护

交工时，必须有使用说明。要加上机器设备的使用方法说明书中的内容，注意说明上的注意事项以及使用方法等。其他还要说明开窗户、抽屉的抽拉及安卸、日常维护的方法等（照片1、照片2）。

交房交工并不是结束，一般要实施“1年保修”。但首先在交工1～2个月后进行一次检查，向房主确认有无问题。门窗不合适处的调整等，对外行人来说有一定难度，由家具制造者进行维护比较适宜。

图 | 交工前后的检查顺序

设计检查（设计者）

（检查项目）
- 涂装颜色、光泽
- 涂装伤痕
- 表面脏污
- 门的动作（有无碰到墙壁）
- 门的变形、偏倾、缝隙
- 抽屉的动作
- 金属部件的动作、顺畅状态
- 周围的装饰状况

房主检查（房主、设计者）

- 设计检查出的问题是否已经纠正
- 房主检查

交工时

房主检查出的问题是否已经纠正（有问题时加以纠正）

- 提交使用说明
- 提交维护项目清单

1年检查

- 表面划痕
- 门窗面的偏倾

抽屉的滑动状态、金属部件的活动状态（有问题时加以纠正）

照片1 | **交工状态**

将使用说明，以及机械类的保修书整理成册提交。细致说明机器使用方法、维护方法等

照片2 | **使用说明合辑**

机器类包装内的使用说明书及保修书整理成册提交房主

照片3 | **机器使用说明**

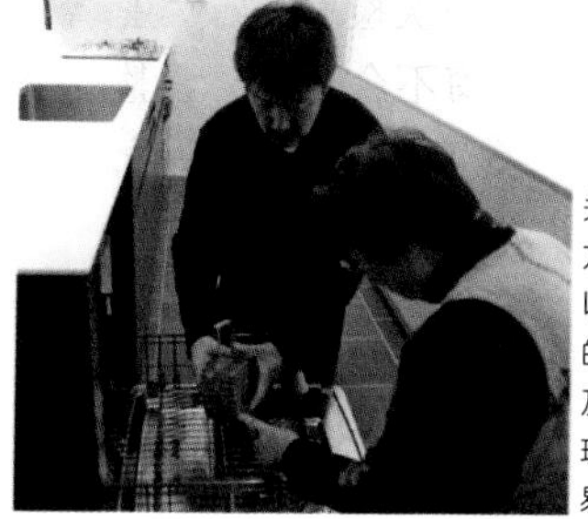

关于机器设备使用方法，不习惯者难以使用。比起冗长的解说，阐明要点及强调绝对不可出现的错误操作，更易于明了

照片：STUDIO KAZ（照片1～3）

尺寸规划① ~ 人体工学

要点

- 根据设计目的以人体尺寸决定大小
- 根据收纳内容划分使用高度

人体尺寸产生的创意

人体与家具日常接触频繁，为此家具尺寸及细部极大地左右着空间印象。平面的大小，在动线上，垂直方向的尺寸大小及位置对各个使用者的动作有很大影响。

另外，各个材料的尺寸是决定家具形象的很大因素，进而决定着空间的特性。因此，必须缜密地规划家具的尺寸。

要考虑空间的量，不仅要考虑正面宽度、顶棚高度、纵深，还要考虑门窗及抽屉的大小以及比例状态。

例如，浅而宽的抽屉结构强调水平方向的意识，增加稳定感。这时，木纹肌理横方向使用，是进一步强调幅宽的方法。另外，开合门窗的比例状态不仅关系到使用方便，也关系到家具金属部件的选用和持久性。门的位置比视线高的情况下设置宽门，开闭时必须仰身，非常不方便。而窄门会产生烦琐的感觉。所以必须谨慎设计。

熟知使用方便的高度

收纳根据其中放置物品的使用频率决定其高度（图 1）。

根据大小、形状、数量，决定宽度、高度、深度、纵深（图 2）。

但是，分类过细，严格规划收纳场所，就失去了自由度，物品及生活形态的变化的对应余地就会减少，所以不提倡。

必须考虑房主性格等进行适度分类、整理、设计。

图 1 | 使用方便的高度设计

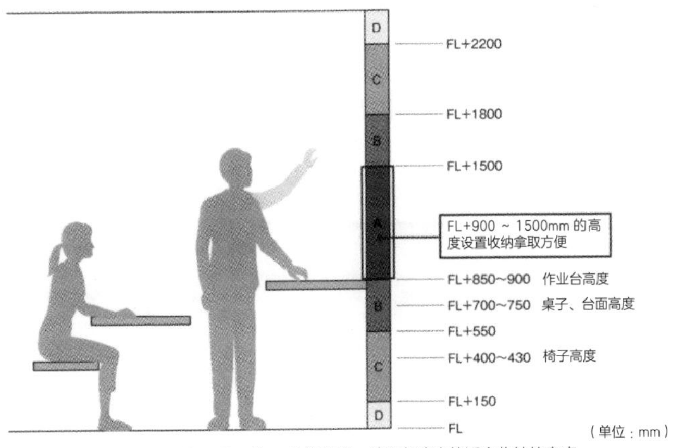

※ A > B > C > D 的顺序，使用频度高的适合收纳的高度

※ 使用方便的高度因人而异

图 2 | 家具高度与印象

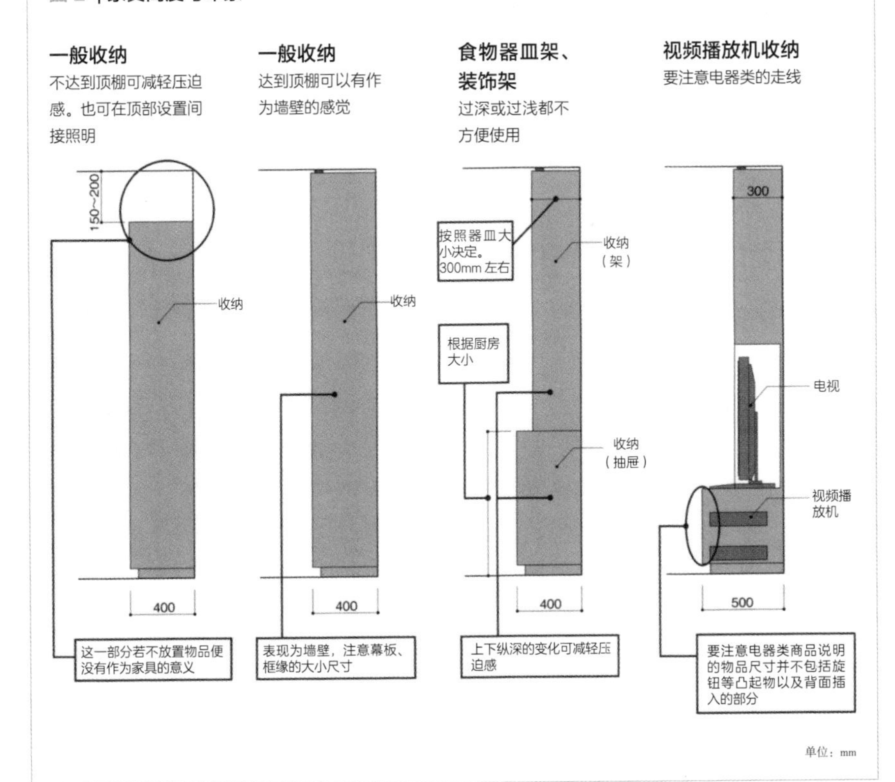

尺寸规划②～物体与空间的关系

要点

- 根据物体的大小决定收纳家具尺寸
- 利用建筑物结构整齐地置入家具

来自收纳物的启示

因为要收存物品所以要有收纳场所。即大多数场合收纳家具是根据收纳内容来决定的。

譬如，书籍的尺寸基本是统一的（图1），考虑书的数量与重量就可以计算设计书架。再是服装，多少有些身体差异，只要分类出内裤、裙子、大衣、套装、短上衣、外衣、外套、衬衣等就可以，特殊场合另论。门厅收纳也大致分为鞋子、靴子、雨伞等，可定下大体尺寸。

餐具类也是这样。问题是如何将这些内容（收纳物）所带来的创意（规划设计）设计协调好。例如，客厅、餐厅、厨房，收纳多为连续性的。餐具、酒类、视频播放机器、书、CD、DVD、被褥等必须纳入一系列的收纳家具之中（图2）。如果希望空间整洁干净，同样大小的门整齐排列较好，但可能会出现矛盾。反之，根据收纳物品决定所有门的大小，不出现浪费，却减弱了统一感。并且考虑收纳的机器等由于替换更新等，有可能无法对应。如同电视由显像管变化为薄型液晶的那样。

建筑也要利用

前面（门）的位置对齐，有设计简明的感觉。纵深各异的收纳在排列时，除了考虑家具只能是纵深最大限度对齐，也可以考虑将一部分埋入墙壁，如此解决则不会浪费地板面积。这样不仅是家具单体，建筑物也涉及在其内（图3）。

图1 | 不同尺寸（类型）的书的种类

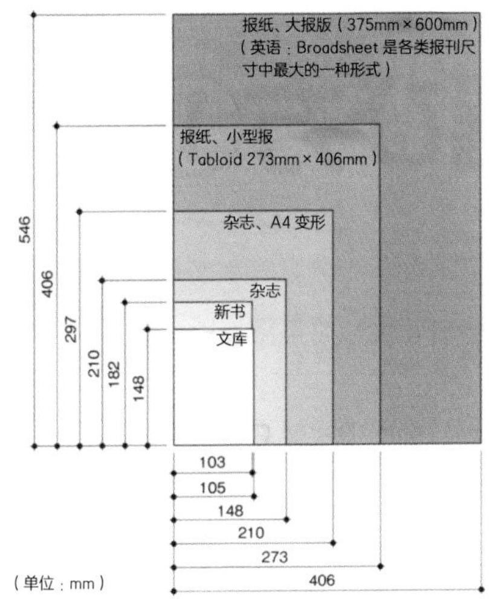

书的尺寸（类型）与书的种类

类型	尺寸：mm	书的种类
B4	257×364	大的画集、杂志等
A4	210×297	照片集、美术全集等
B5	182×257	周刊、一般杂志等
A5	148×210	学术书、文艺杂志、综合杂志、教科书等
B6	128×182	单行本等
A6	105×148	文库本
十六折版（约 635mm×889mm）	150×220	单行本等
袖珍四六版	127×188	单行本等
AB 版	210×257	大的杂志等
小 B6 版	112×174	袖珍紧凑小巧型版 袖珍晶体型版（都是 小 B6 版 112mm×174mm）
三五版	84×148	地图册等
新书版	103×182	新书本、漫画等
四折尺寸（182mm×206mm）	182×206	
小报格式	273×406	晚报等
大报宽页	406×546	报纸

图2 | 收纳物的大小

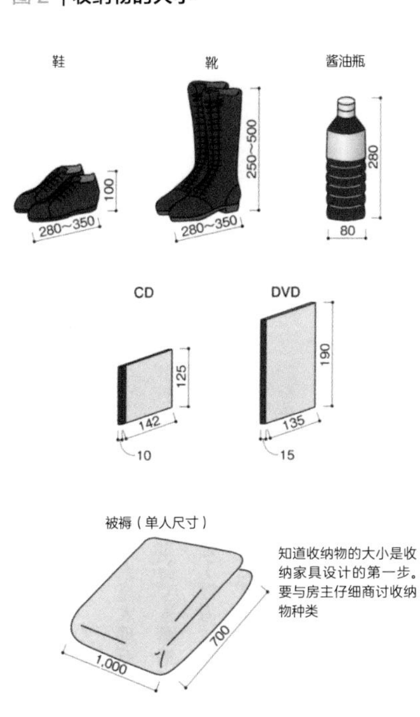

知道收纳物的大小是收纳家具设计的第一步。要与房主仔细商讨收纳物种类

图3 | 利用建筑物调整纵深（门厅收纳）

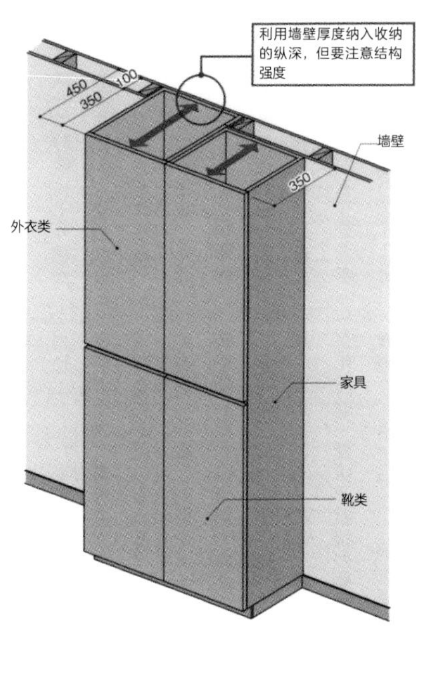

（单位：mm）

选材方法①

要点

- 根据使用部位所要求的性能
- 熟知各种材料特点，注意材料的物尽其用

木材、树脂、石材类的特点

用于家具的材料大致分为：木材、树脂、石材、玻璃、金属类。要正确理解各种材料的特点，必须分清材料特性恰当使用（表）。

木材使用最重要的是要知道树种特点。以及原木材、合板、集成材，各种工程设计木材等的特性与使用方法。

树脂类材料按其特点分类较细。常安装于用水处的人工大理石也是丙烯酸树脂（甲基丙烯酸）类树脂。另外，常用于门窗、台面、橱柜的三聚氰胺装饰板、聚酯纤维装饰板、PVC 类膜片、烯烃膜片都是透光的材料。丙烯酸树脂、聚碳酸酯等，根据使用场所及其目的分很多种。

石材类有火成岩（大理石），水成岩（粘板岩、砂岩、凝灰岩），人造石（水磨石、石英石类的人造大理石）等。同样的石材也因产地不同而特征各异。根据不同加工方法（直接研磨、加水研磨、燃烧剁斧等）其色彩表现也不同。

玻璃、金属类材料的特点

用于家具的玻璃大都是平板玻璃，加工成透明玻璃、半透明玻璃、强化玻璃、热线反射玻璃、高透过性玻璃、合成玻璃等来使用。还有玻璃的内面镀银膜、铜膜等保护膜的镜面玻璃。

金属类材料中，以铁、铝、不锈钢、黄铜、铜合金、铅等为代表。加工成板状或棒状的原材料，施以各种各样的表面处理，作为表面材料及结构材料使用。

表 | 适用于部位的材料

按部位所适合的材料

材料		平台面 1	平台面 2	门	内部	备注
木	自然原材	○	△	○	△	在用水处周围使用时，要以防水材料处理，并加以日常维护
	加工合成材	○	△	○	○	
	胶合板	○	×	○	○	根据树木种类与涂装表现出完全不同的状态
	三合板	○	△	○	○	可形成原木的感觉
树脂	丙烯酸树脂	△	△	○	○	注意损伤
	三聚氰胺装饰板	○	○	○	○	使用于用水处周围时，要注意防水处理
	聚酯合板	×	×	○	○	磨损性差，尽量避免水平面使用
	PVC 聚氯乙烯膜	△	×	○	○	膜的连接处易出问题
	烯烃膜	×	×	○	○	用于无磨耗处，性价比高
	聚碳酸酯	△	△	○	○	住宅中类似窗户采光效果
	人工大理石	○	○	△	△	多用于厨房
金属	不锈钢	○	○	○	○	最适合用于厨房的材料
	铁	○	△	○	○	受涂装的状态所影响
	铝	○	△	○	○	比较柔软易受损伤
石	花岗岩	○	○	△	△	很少渗水
	大理石	○	△	△	△	用于厨房时要说明其抗酸性差
	石灰岩	○	×	△	△	吸水率高的则不宜用于用水处

注：平台面 1 为一般家具，平台面 2 为用水周围使用

例 ○可用

△有条件地使用

× 不可用

使用石材时，要注意板材（石材板状切割而成）的大小。通常 1 片板材尺寸为：2 ~ 2.5m × 1 ~ 1.5m，厚度为：25 ~ 60mm

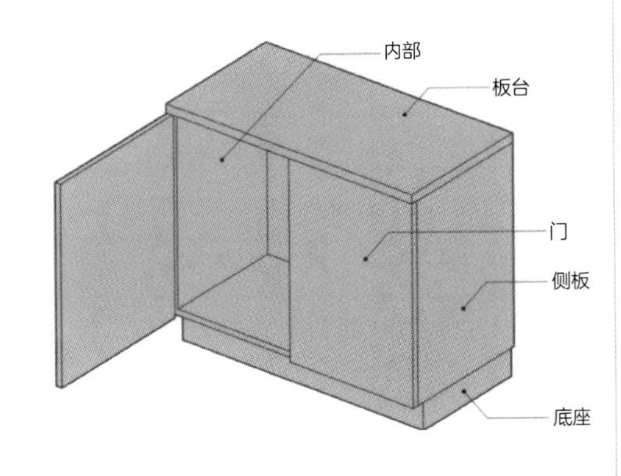

要了解适合家具的各个部位（板台、门、内部等）的材料。在理解把握材料的基础上，最好也向房主说明“用法”

选材方法②

要点

- 熟知材料的形态与性能
- 熟知成本、施工、交期以及选材

选择要求的性能

如前项所述，定制家具中使用各种各样的材料。没有某一种家具必须使用某种材料的规定。但是，要知道根据各个不同部位，所要求的性能也不同。

一般情况，台面及架板这样的平面要求耐磨和有硬度，厨房与台桌、书架相比较就可知，进行作业的面与只是放物品的面所要求的硬度是不同的。而用水部分等，耐磨耗的同时，还要求有防水性，选材范围缩小。材料的性能加上涂装等装修方法，必须谨慎选择（图）。

按形象选择

选择材料的最重要一点就是要熟知每种材料所具有的形态。制作同样形状的定制家具，金属与木料做出的形象完全不同。例如，木材中，不同树种的硬度、重量、防水性以及作为材料可确保的大小尺寸等都不同，加上性能与制作条件，会出现各种纹路表现。并且，同一树种也具有芯部材、边部材、自然原木板材、台面、横木纹、竖木纹以及涂装的光泽、着色或原色等，各自具有各种各样的特点与印象。当然金属也一样，不锈钢的拉丝、抛光、No.4、镜面加工等，各种不同很明显。

每一种选材方法制作出的定制家具不仅形象不同，制作方法与制作厂家也不同，进而施工、交期、成本也大不相同。

图 | 选材标准

用于家具表面的主要材料选择判断的蛛网图表

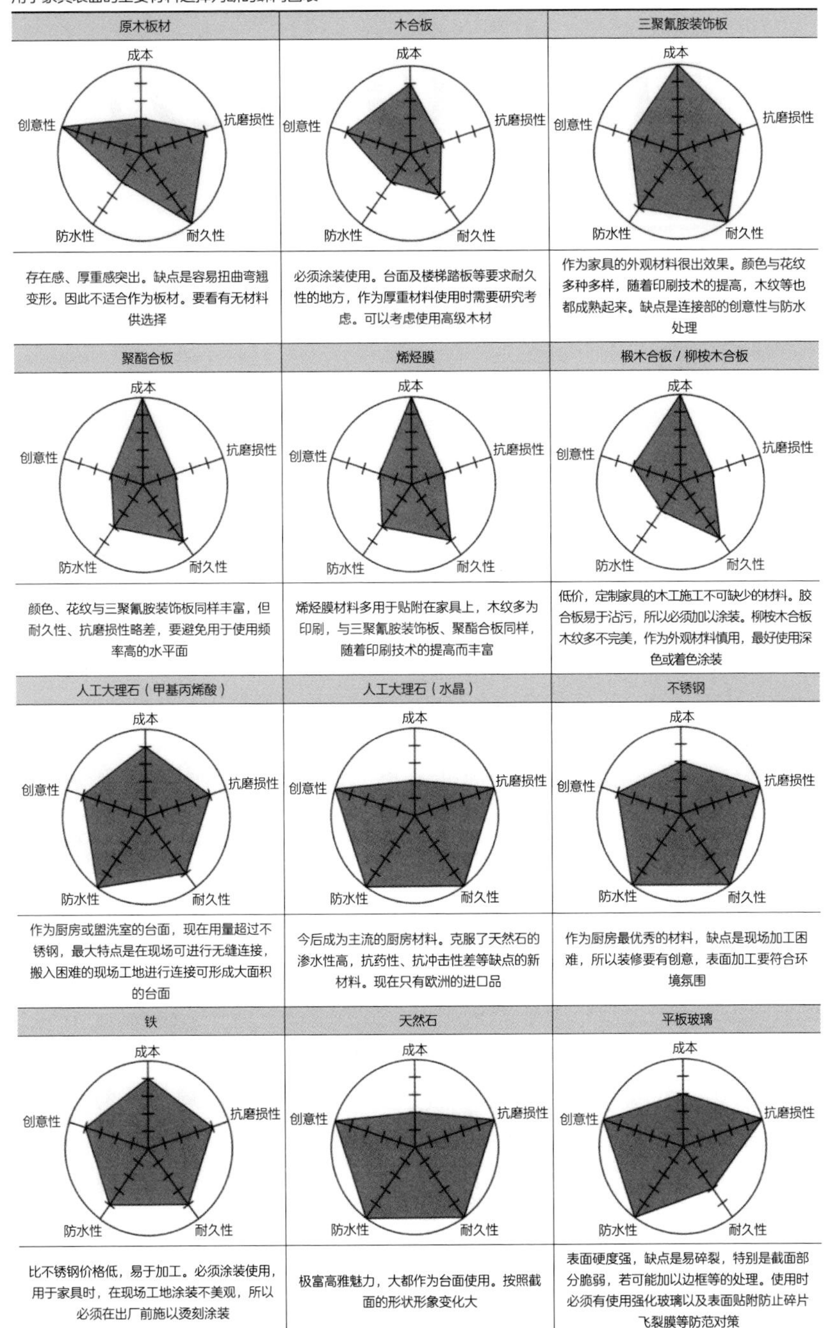

考虑成本

要点

- 考虑整体工程平衡的成本
- 根据有效利用考虑家具的尺寸

有效利用意识

用于家具的材料几乎都有规格尺寸。多为：3×6 型（910mm×1820mm）或 4×8 型（1220mm×2440mm）。我们常用习惯的尺寸作为标准而构成的。这称为“性量比”。

但是要注意，人工大理石等海外生产的建筑材料并不受此限制。

木材类建筑材料中，集成材略有不同。制成产品为上述规格，但定做时以平方米为单位计算价格。天然石以及不锈钢也同样。

这些材料加上成本，根据定做工厂所有机械及运入现场的路径、产品的重量、现场的设置等，决定制作可能的尺寸。

成本并非仅是材料

家具的整体成本中，胶合板所占的比例并非很大。例如，胶合板根据树种，价格差异很大，尽管合板的价格贵一倍，家具价格也不会涨一倍。7 千日元的合板与 2 万日元的合板比较，其差价为 1 万 3 千日元，这使其最终金额产生差价。为了降低成本，多有设计者把胶合板改换为三聚氰胺装饰板，但其实这并不会降低太多价格（表）。贴 12mm 的装饰板，必须制作底面，涂装的费用使得价格差别不大。要降低成本，改换为聚酯合板比较好。由此，研究探讨材料的有效利用、工程的效率化才是正确的方法。不是“省去工程”，而是很好地安排工程，消除浪费，这是最重要的。

表 | 木材规格尺寸与成本

合板的规格尺寸

椴木胶合板		椴木木芯合板		椴木曲合板		椴木有孔合板		椴木板材	
尺寸	厚度（mm）	尺寸	厚度（mm）	尺寸	厚度（mm）	尺寸	厚度（mm）	尺寸	厚度（mm）
3×6 型	3	3×6 型	1	3×6 型	3	3×6 型	4	3×6 型	12
3×7 型	4		1.6		4		5.5	3×7 型	15
3×8 型	5.5		2		5		9	3×8 型	18
3×10 型	6		3		5.5			4×8 型	21
4×6 型	9		4						24
4×8 型	12		5.5						27
4×10 型	15		6						30
	18		9						35
	21		12						40
	24		15						
	27		18						
	30								

尺寸 3×6 型为 910mm×1820mm，
3×7 型为 910mm×2120mm，
3×8 型为 910mm×2440mm，
3×10 型为 910mm×3000mm，
4×6 型为 1220mm×1820mm，
4×8 型为 1220mm×2440mm，
4×10 型为 1220mm×3030mm

合板 / 装饰板的价格（3×6 型）

合板 / 装饰板	价格
聚酯合板（单色 2.5mm）	3,200 日元~
三聚氰胺装饰板（单色 1.2mm）	7,560 日元~
胶合板（4mm 厚）	1,200 日元~
木芯合板（4mm 厚）	2,840 日元~
椴木芯合板（12mm 厚）	3,090 日元~
MDF（12mm 厚）	3,070 日元~
合板（12mm 厚）	1,500 日元~
三合板（落叶松、松木 30mm 厚）	16,500 日元~
三合板（柏木 30mm 厚）	16,500 日元~
三合板（柏木 30mm 厚）	33,500 日元~

集成材的价格

枹木	550,000 日元~ /m^3
梣木	530,000 日元~ /m^3
橡胶木	380,000 日元~ /m^3
松木	350,000 日元~ /m^3

规格尺寸：宽 50 ~ 600mm，长 600 ~ 4000mm
厚 25mm、30mm、36mm、40mm
制作可能范围：宽 1000mm，长 6000mm，厚 150mm

胶合板价格表（3×6 型　装饰板 0.2mm+ 合板 5.5mm）

第 1 类（约 7400 日元）	第 2 类（约 8300 日元）	第 3 类（约 9500 日元）	第 6 类（约 14000 日元）
红柳安木	黑斑木	紫心苏木	黑檀木
红胡桃木	黑胡桃木	云杉木	榉木
麦哥利（猴果木）	榅桲木	华东椴木	
沙比利	美国胡桃木	秀花苹婆木	第 7 类（约 16400 日元）
巴西花梨	洪都拉斯红木	毛刺片豆木	美国桧木
毒籽山榄木	柔滑橡木		白无花果木
白柞木	斑马木		
橡木	美国松木	第 4 类（约 10500 日元）	第 8 类（约 20600 日元）
松木	柚木	桦木	云枫木
榆木	白木	日本雪松木	鸟眼枫木
红豆木	山毛榉木		
桑橙木	硬枫木	第 5 类（约 12500 日元）	
水曲柳木	银硬木	紫檀木	根据木板的树种其胶合板的价格也不同
白蜡树	白桦木		
山桐木	巴劳木		

材料的统一协调

照片 **“白色玩具盒”**

使用有光泽的三聚氰胺装饰板、无光泽的三聚氰胺装饰板、涂装、布、透明玻璃、乳白玻璃、凸镜、彩色玻璃、变形镜等 9 种“白色”，表现出柔和的空间

设计：今永环境计划 +STUDIO KAZ 照片：Nacása & Partners

选材的启示之一。定制家具使用的材料当然以内装修相关的标准选择。最小的紧凑空间要考虑使用单一材料构成，但也有使用多种材料的情况。使用单一材料构成时，必须要注意木纹及设置方法。同一树种根据木材纹络的用法及涂装方法也会发生变化，所以要考虑使用相同板材。另外，不锈钢加工指定为“抛光加工”也会因不同的加工者而加工出不同的效果。

使用多种材料时，最重要的就是统一协调。色调、材料、高雅感等的感觉要在概念一致的基础上统一，包括使用的场所及大小等，必须慎重选择。

以照片为例，“超白空间”的概念为“质与量兼备的收纳空间”，以此为先。作为生活空间，不想让冷漠感过强，所以，9 种材料色调统一，但门的大小不一致，所有墙壁由定制家具构成。材料的光泽、反射、硬度感觉等，根据视点位置而变化，形成了百看不厌、朦胧柔和的空间氛围。

第2章

定制家具的结构与制作方法

家具的种类

要点

◉ 设计规划要考虑施工划分

◉ 要考虑空间的表现方法、显现场所

居住空间的定制家具

若“放置家具”（参见第 8 页）之外的所有家具都定义为“定制家具”的话，那空间中的所有家具都是“制作固定”对象。住宅中，从固定架子到简单地安装上门板的收纳、饮料箱、凳子、壁橱、可动厨具、低柜、影音播放设备柜、书架等可动架板也都属于该范畴。

还有儿童室及书房的收纳家具中，多有附带写字台的家具，并不仅仅是收纳。厨房中，还包括与烹调工作密切联系的固定部分，所以需要谨慎设计（图 1）。

店铺空间的定制家具

店铺空间存在许多定制家具（图 2）。餐饮店的厨房机器类的收纳，除了特殊场所之外，多由厨房设备业者设计安装，所以以客席区域为主要设计对象。前台、收银处、柜台、凳椅、服务用收纳、装饰架等。物品商店除了收银处之外，需根据商品的各种大小不同使用方便设置陈列器具、壁面展橱排列。比较其他业种，用具设计及空间设计都是极为重要的因素。另外，美容店的理发椅子、洗发香料、椅凳等多从专业厂家购买，洗发液、化妆品台周围的收纳、理发空间的镜子、台面等都作为定制家具设置。医院、诊所相关的柜台及周围主要为定制家具，是进入室内最先映入眼帘的“颜面”，等候区的舒适度也很重要，是关系决定医院整体设计的部分。

图 1 | 住居定制家具之例（S=1：120）

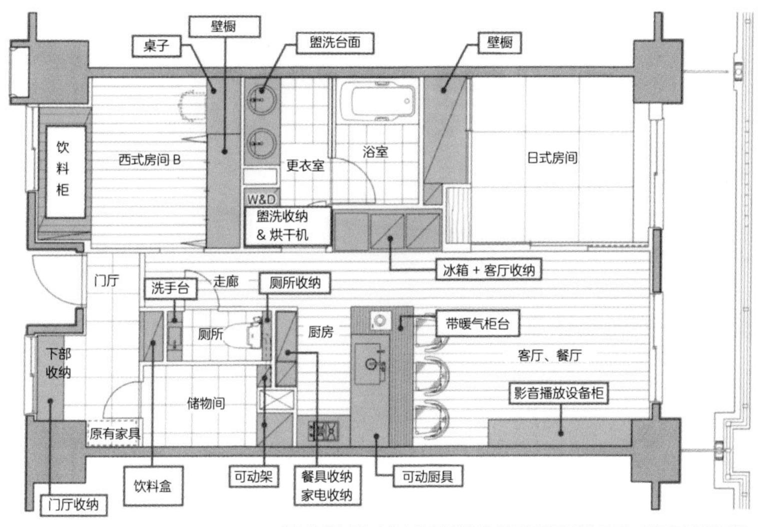

图 1 住居之例与家具（着色部分）所占比例达到整体的 22%。可知定制家具对于整体住居空间的印象及方便程度影响很大

图 2 | 店铺定制家具之例（S=1：120）

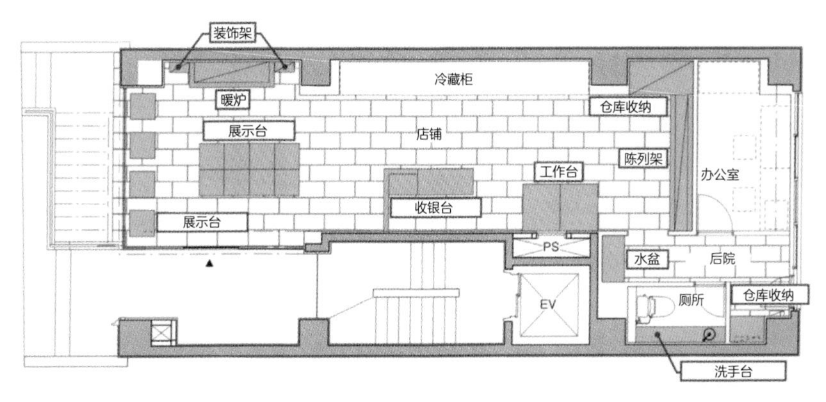

表 | 各种店铺所需家具

	柜台（接待）	柜台	台桌	沙发（凳椅）	陈列架	工作台	收纳	墙面器具	镜 + 台
售货店	○收银台	○		○	○	○	○	○	
餐饮店	○收银台	○	○	○			○	○	
美容店	○	△		○			○		○
健身沙龙	○	△		○			○		
医院、诊所	○	△		△			△		

第 1 章 第 2 章 第 3 章 第 4 章 第 5 章 第 6 章

015

家具构成

要点

◉ 熟知板材种类

◉ 熟知板材接合方法

定制家具的基本板材

定制家具的基本“板材”。板材分类为：贴面中空胶合板、框架板、胶合板、硬木实芯合板。其中最常用于家具施工或门窗施工的是工厂制作的芯材上贴附装饰合板及胶合板的“贴面板”与“框架板”，都是轻而适合尺寸的材料（图 2）。

另外，现场进行木工施工制作时，作为产品化的板材有华东椴木板、橡木板、聚酯合板等作为表面材料，称为“木芯板”的“胶合板”，以及“椴木合板”“橡木合板”等的“硬木实芯合板”切除换新组装。原木材及集成材等用于家具施工和木工施工两方面。

板材→箱体→家具

所有定制家具都是由板材接合组成箱体来作为基本结构 (图 1)。不论多么复杂形状的家具基本都是相同的，以箱体为单位设计、制作容易理解。但是，连接部分明显就会不美观，所以必须注意箱体连接的位置。

箱体连接是一个个单纯的重合叠组，所以重要的是板材的结合方法。几乎所有木工施工的现场，都是以黏结剂与螺钉并用接合固定的。家具施工时，是在工厂使用机器设备制作，所以可以做到复杂而牢固的接合。

另外，家具施工基本是以箱体为单位搬入现场，大的箱体难以搬入时，也可以板材搬入。这时使用锤具敲击，在现场组合。

箱体与箱体的连接基本是在不显眼处以螺钉固定（图 3）。

图 1 | 箱体组合的基本

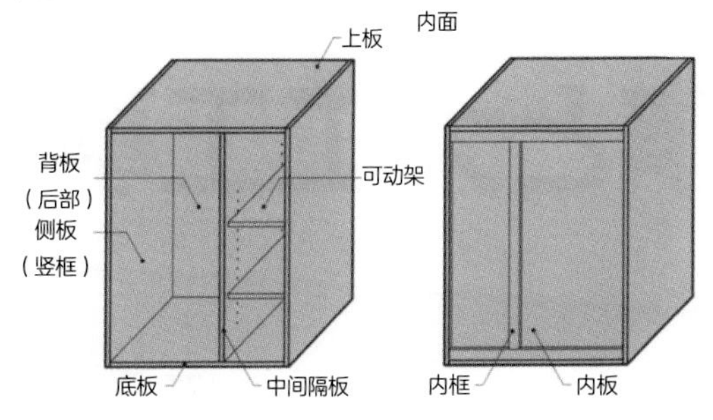

构成箱体的部件是硬木合板及胶合板、贴面中空胶合板等板材

图 2 | 家具施工、木工施工使用的板材

①家具施工时

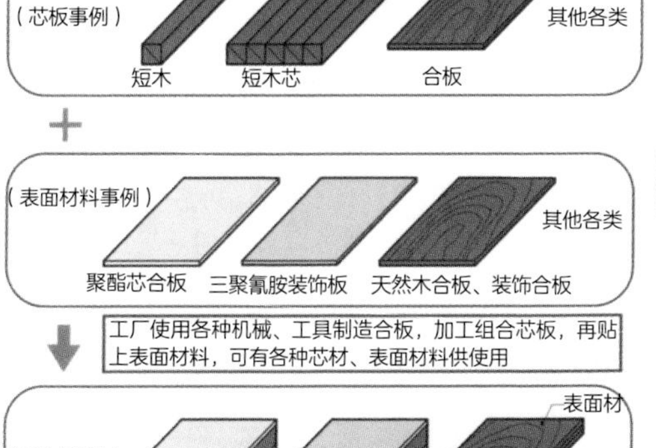

工厂使用各种机械、工具制造合板，加工组合芯板，再贴上表面材料，可有各种芯材、表面材料供使用

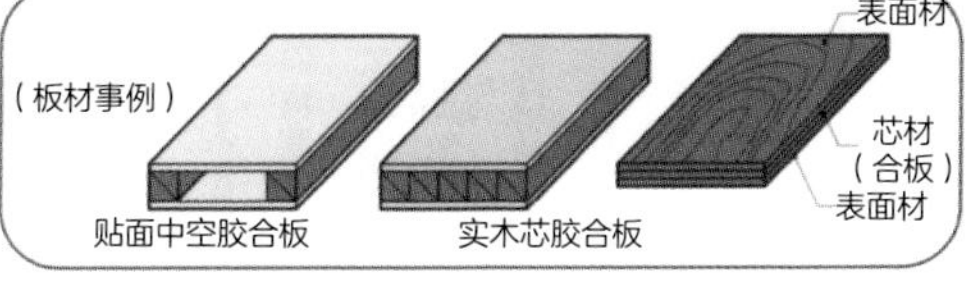

②木工施工时（作为产品化的板材）

木芯胶合板（椴木芯合板、聚酯芯合板等）

木工将木板产品锯断使用，门窗施工中制作门类时，一般使用贴面中空胶合板

在家具施工、木工施工中都可使用实木板

图 3 | 箱体的连接

箱体的连接基本是以螺钉固定

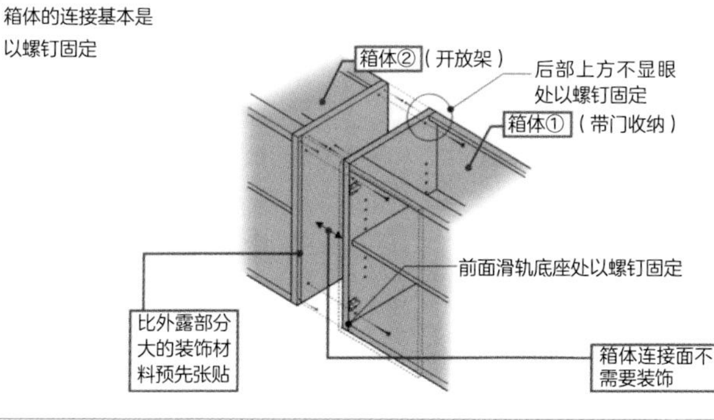

家具施工与木工施工

要点

◉ 必须解决家具施工与木工施工的精度差

◉ 设计要明确施工划分

最大差别为精度误差

家具施工制作的家具使用各种各样的机械在工厂制作（照片 1），尺寸及角度等的精度极高。另外，木工施工使用有限的工具在现场加工（照片 2），不像家具施工那样精准。当然，其精度及完成水平与木工个人的技能水平有很大关系，所以事前要确认承包商的施工先例等。在此之上来分别判断木工施工与家具施工。

家具施工制作时，为消除与建筑本身施工的精度误差，要比设置空间略小些进行制作，通过使用框缘、支撑轮、空隙塞片等调整材料使之适合。消除与建筑精度的误差。这称之为“变形对应余地误差调整”，以此来解决收尾处理及使用上的问题。此外，这会有些影响美观，不能任由施工者或制作者解决，设计者一方要充分进行研究探讨。木工施工时，在现场测量的同时，加工制作。所以，要针对建筑的偏差进行对应，这样就可以达到“误差调整”。

分清家具施工与木工施工

一般家具施工比木工施工价格高，在有限的预算中要完成更为高雅的定制家具，清楚地划分二者十分重要。例如，外观的门及高精度的抽屉要由家具施工进行，而收纳内部则由木工施工进行。这种方法在现场施工中经常使用。

进一步讲，门窗颜色以及木纹也是影响因素。在现场，门窗也由家具施工完成，或原材料的状态（无涂装）设置的家具，门窗及其他木材的部分并用，有时也在现场涂装。这时为了协调木纹色调最好一起安排板材木料等。

照片1 | 家具施工作业

①板材锯断 → ②贴面中空胶合板板芯组合 → ③压力机制作贴面中空胶合板 → ④定位销孔加工 → ⑤组装贴面中空胶合板 → ⑥门及抽屉组装 → ⑦工厂涂装 → ⑧单体完成 → ⑨仔细包装 → ⑩搬入注意不碰撞 → ⑪固定框缘 → ⑫家具固定 → ⑬调整缝隙 → ⑭完成

照片2 | 木工施工作业

①现场锯断板材 → ②用螺钉以及插板式连接组装胶合板 → ③贴截面 → ④为了美观以木栓盖住螺钉孔 → ⑤本体完成 → ⑥涂装前的保护 → ⑦毛刷涂装 → ⑧完成

照片协助：间中木工所（照片1）、田中工务店（照片2）

家具施工流程①

要点

- 商谈的时机因行业而不同
- 涂装样品要准备好加工成门状的物品

在什么阶段进行商谈

家具业者有承包商和指定厂家两种情况。家具施工首先是与家具业者进行商谈（图），前者多是在工程的适当阶段，在现场监理的陪同下，与工地事务所进行商谈。概况已经由现场监理说明，在此时家具图已经绘制出。商谈的主要内容是询问及确认有关制作、设置、材料及部件、金属部件等的问题及不明事项。

另外，后者在动工之前多在事务所进行商谈。这时将自己描绘的图纸交给家具业者进行商讨，不仅是家具的部分样图，整体图也最好一并交付，以便家具业者能够确认搬入的通道等。

样品请求

根据商谈，绘制图纸，或在检查的同时要求门及台板材料的样品等。使用装饰板时，不是要厂家的产品样品，而是要加工成面材的样品。截面的贴膜方式等根据厂家不同有很大差异。另外，最好也请求厂家提供木板样品、涂装样品、石材样品等。

设计者不在工厂工作，但要知道怎样制作是很重要的。了解制作过程、加工方法、木工机械等不仅可以明了定制家具的设计界限，也经常会获得新的启示。选定家具业者后，时间允许尽可能多去工厂（木工厂）。反之，对于不希望参观的厂家最好敬而远之。

图 | 家具施工的顺序
（商谈～绘制制作图纸、图纸检查）

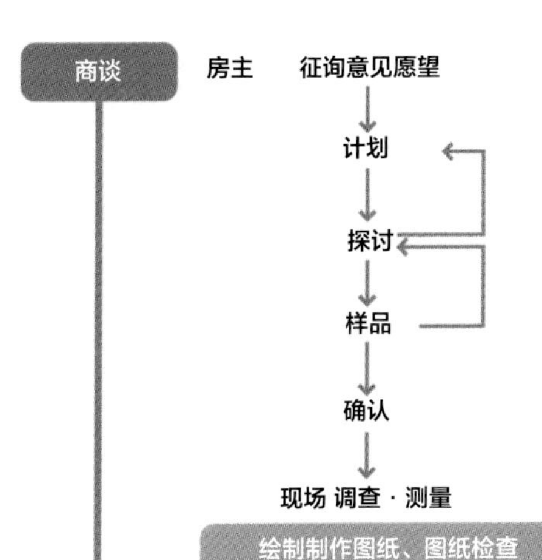

绘制制作图纸、图纸检查

制作
选木料、预订部件
压制、加工
组装
临时组合
制作检查

涂装
色泽检查
涂装检查

搬入、设置
搬入
设置
搬入、设置检查
设计检查、承包商检查

完成
房主检查

交工

征询意见愿望

家庭成员：人数、年龄、性别等
身体特征：身高、敏捷度等
生活状态：收纳物品等
习惯、行为：穿拖鞋等
喜好：有印象的颜色、材料等

此外了解与家具无关的事项（喜爱的食物、电影、电视节目等）也会成为设计的指标

与房主初次商谈应有充分时间

样品确认。不仅是涂装样品，地板、墙壁、顶棚材料的统一协调，台面板材、橱柜内部的色调等要对照研究

照片：STUDIO KAZ

家具施工流程②

要 点

- 实施各个要点的检查不可懈怠
- 家具施工时的搬运、施工极费时间

在木工厂确认

家具施工（图）制作定制家具，在木工厂使用机械设备制作。这一阶段设计者暂无工作，但一定要确认一次。在木工厂涂装之前的状态要确认。检查确认必须组装的物件。橱柜单体的各个关联性及电线配路等无法确认的，无法在图纸上判断的设计上的不足点也多在这一阶段可以修正。

下一步是涂装检查，基本是在事先确认涂装样品，但样品提出的时间与这一阶段有时间差。在现场施工进行过程中，也有光线进入方式及照明设计，其他部分也有材料的变更，色彩的协调统一只能在设计者的头脑中组建。为此，有时需要调整最终的色彩及光泽。在涂装完成时，要检查其状况。必须消除整体色彩及光泽的不均衡。当然这是厂家的责任，但必须在事前经常确认，这样才能提高现场工作效率。设计者表现出认真仔细检查的态度也是重要之点。

现场检查

现场的搬运、施工时，主要检查是否与建筑互相协调。在墙壁安装的设置以及墙壁的倾倒等，常有设计图纸预料不到的情况出现。其他还有与框架、护墙板的相互协调，墙壁的电源插座及开关，顶棚的照明器具、空调、火灾报警器等都要事前检查，这些容易忘记，施工时要注意这些事物不要相互影响抵触。

图 | 家具施工的顺序（制作～完成、交工）

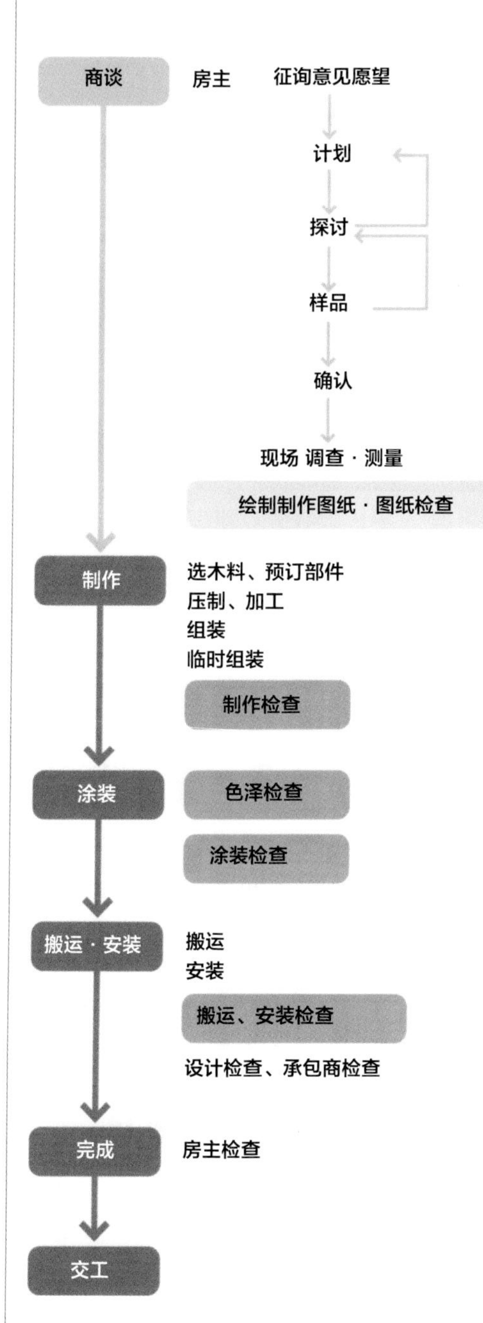

木工厂的制作检查。涂装前的状态，试组装以确认有无不当之处

涂装工厂的色泽检查。确认是否与样品色泽有出入

施工现场的搬入、安装检查①：决定框缘的位置。再次确定所有位置，所以设计者务必确认

施工现场的搬入、安装检查②：检查是否按照图纸组装，确认与建筑的结合状态等

照片：STUDIO KAZ

木工施工的顺序①

要点
- 板材的组合方法，木材对接端的加工方法要事先讨论
- 电与弱电设备的相关事项需要专业知识

木芯板为主

木工施工（图）的定制家具是在现场制作的，使用的工具为锯（手锯、圆锯）、刨子、锉、电钻等，与通常建筑工地使用的工具相同。根据墙壁、地板、顶棚等现场的情况进行加工，不留“误差余地”。

基本上是以切割木芯板及集成材进行组装。使用板材的厚度根据滑动合页等决定，多为 15 ~ 21mm。板材以螺钉固定。隐藏在墙壁内的部分，以及进行覆盖涂装时，螺钉外露也可，但墙壁遮蔽不住的边部及背面等部分，以厚 45mm 的合板用粘结剂贴装饰板。这样组装就可以隐藏螺钉，美观地完成。只是在这种情况下，要注意装饰板的厚度部分处理，表面美观，但侧面若不像样，也就没有意义了。

截面（大）用木片或厚板

橱柜的截面部分能够看到木芯板的芯材，所以贴木板胶带，或将厚度 3 ~ 4mm 的厚木板以粘结剂粘结。厚板比木板胶带在强度方面远为出色，但在覆盖涂装时，会出现高差。着色涂装时与木合板部分的颜色容易产生差异，这应预先了解。根据设计，有时外露部分很引人注目。设计者若没有要求，业者经常贴厚板了事，对此务必要确认、指明。

如此设置了家具橱柜之后，接着就交给门窗施工人员进行作业。

图 | 木工施工的顺序（图纸~制作）

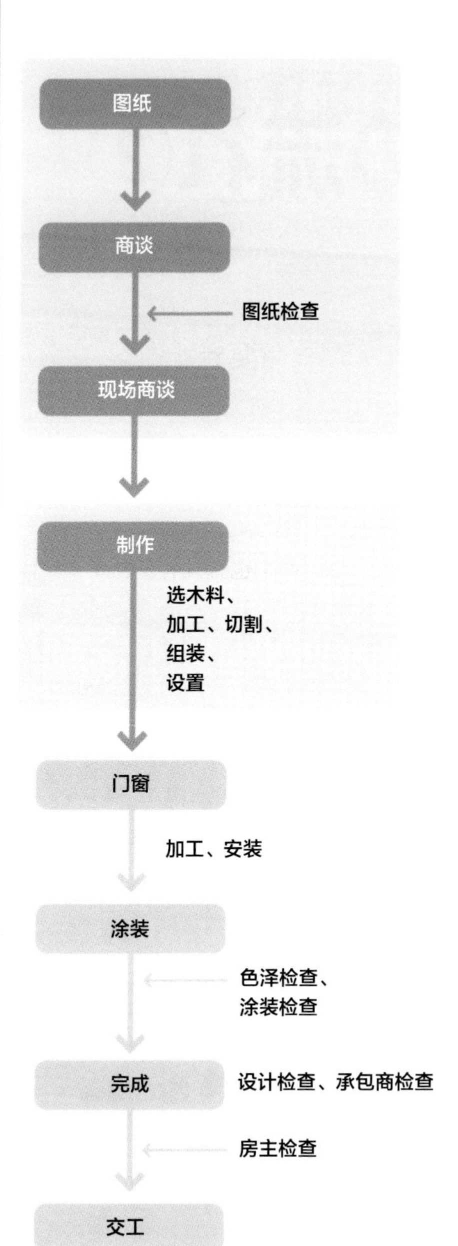

商谈检查

尺寸：是否按房主愿望
施工（光洁度）：色泽、木板贴法等
收尾工序：与门窗的协调、箱体与门的协调等
金属件：厂家及种类、耐久性等
材料：以实物样品加以确认
成本：是否控制在预算内完成

木工施工的家具制作。收尾工序是覆盖涂装，所以以螺钉固定木芯板

书房的桌+收纳；椴木芯板截面贴胶带，木工制作；上部有间接照明，架子下部有灯与电话、LAN缆线等电设施工并行；商谈、安排很重要

照片：STUDIO KAZ

木工施工的顺序②

要点

- 把握各业者施工状况检查时机是否有错
- 涂装定色出彩时必须到场

门窗由谁制作

由木工施工（图）安装橱柜后，开始门窗的安装。技能高的木工也可以自己加工制作门窗。这时，橱柜也同样使用木芯板，但由门窗木工制作时，多用中空结构的板材，这不仅减轻了重量和合页负担，同时还不会变形。

涂装施工管理是关键

组装橱柜后安门，然后就是涂装。涂装施工一般由油漆工进行。施工方法分为毛刷涂色、滚子涂色和喷涂。根据涂料涂装方法而有所不同。考虑效果、涂膜的功能，喷涂氨基甲酸乙酯涂料对于家具来说合宜。但喷涂前的防护工作等比较麻烦，为了表现木纹，使用油性面漆 + 透明漆 (OSCL)，不表现木纹的涂装（涂抹填充）多用乳胶漆（EP）。EP 用滚子涂装，为了产生粗糙效果，常留下毛刷痕迹。

不论哪种方法，在涂装施工之前的定色出彩时必须到场，与涂装工直接商谈并进行判断。必须按照样本及实际使用的底部合板进行细微调整。

涂装施工是在整体施工的较后阶段进行。因此，有较多的部分已经完成，要细致地注意保护、防护，以免污损。

涂装施工后还要进行泥作及器具安装等施工时，在涂装施工完工后也要有完善的保护措施，以防止在其上放置工具而碰伤，或水泥灰浆滴落沾黏在家具上。

图 | 木工施工的顺序（门窗～交工）

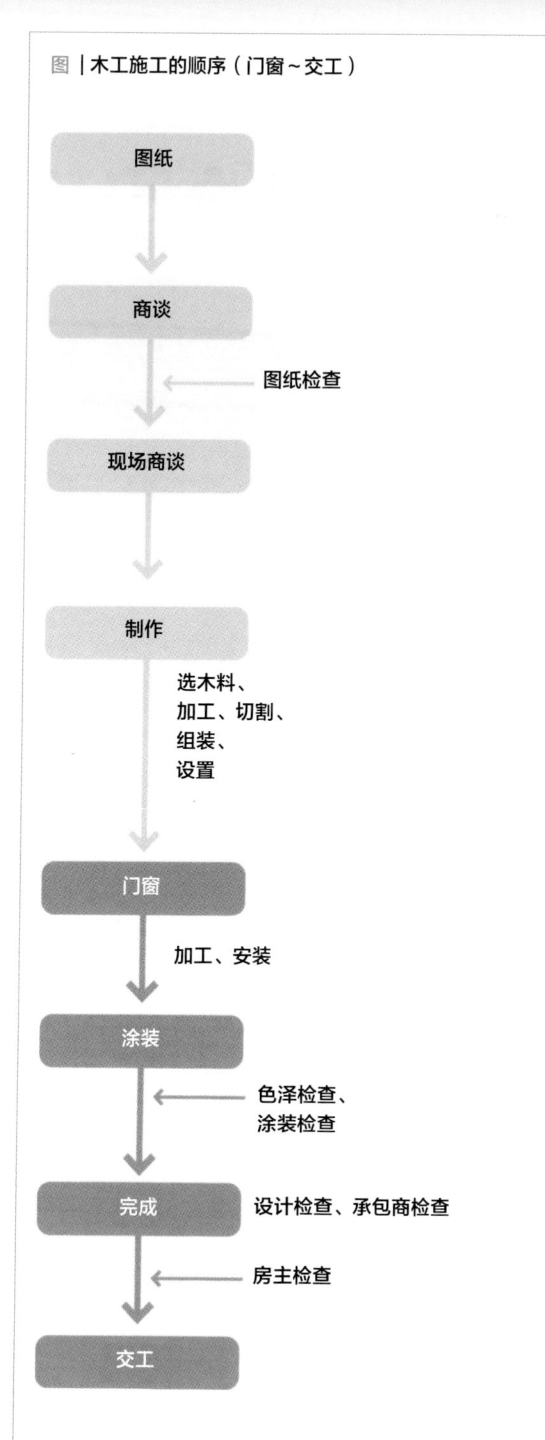

门窗施工中的门安装微调整。现场切割调整

涂装施工是接近工程的最后阶段，其他工种已完工的部分要认真保护

涂装施工现场状况。尽可能不发生扬尘，与其他工种进行协调很重要

照片：STUDIO KAZ

家具施工、木工施工的组合

要点

- 认识精度与收尾处理之差，明确施工划分
- 熟知工厂涂装与现场涂装的差异

关键是精度与收尾处理

家具施工与木工施工的最大差异在于“精度”与“收尾处理”。其差异大多直接反映在成本，或者制作、完成二者截然不同，所以设计者从绘制图纸时就必须预先意识到做哪样的施工工程。当然，因为预算所限，由家具施工改变为木工施工，这种情况也会使得图纸发生变更，这必须要考虑到。

例如，最近的厨房精度要求更为严格，多使用抽屉收纳，这对于木工施工制作有难度。而另外的壁橱等木工施工则十分轻松（图）。

家具施工也好，木工施工也好，对于收尾处理因木工厂或木工等制作者的技能良莠不齐而有很大差异，木工施工的这一差异更为明显。

根据涂装划分

家具施工时，在工厂进行喷涂涂装，所以涂膜平滑质量上乘。要让家具有高雅感的时候，重视表面材料、涂装色泽、收尾工序的时候，最好选择家具施工。

木工施工制作的定制家具涂装都是在现场进行，所以易于附着尘埃等，难以成为有高级感的施工。但与门窗、护墙板等木质部分相同，都是同一工匠涂装，所以色泽可以完全相同，这是现场涂装的好处。

完全理解这些各自不同的特点，并把握实际工作中工匠的技能，清楚地划分家具施工与木工施工。假如，壁橱由木工施工来做，柜门则由家具施工来做，这样的分工也是可行的。

图 | 施工划分事例

可进入式食品储藏室的内部由木工施工制作，前面的 4 个拉门与厨房家具本体一并交家具施工制作的事例

平面图（S=1：50）

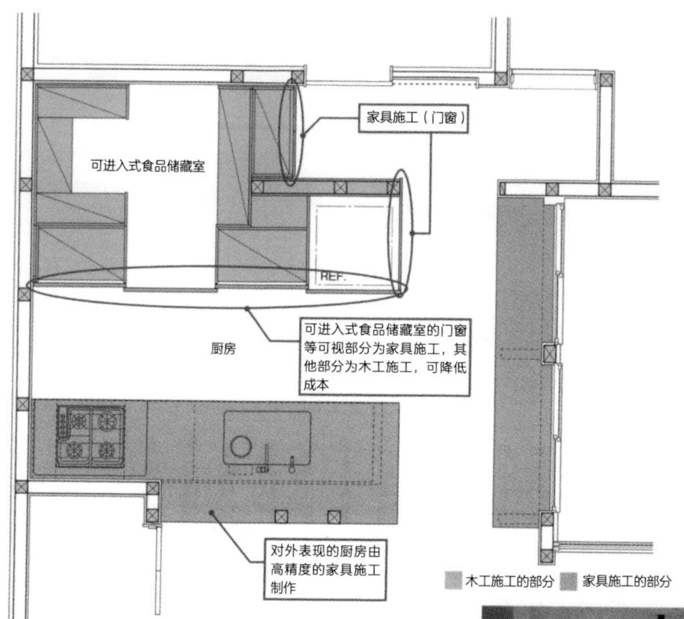

拉门详细图（S=1 ：5）

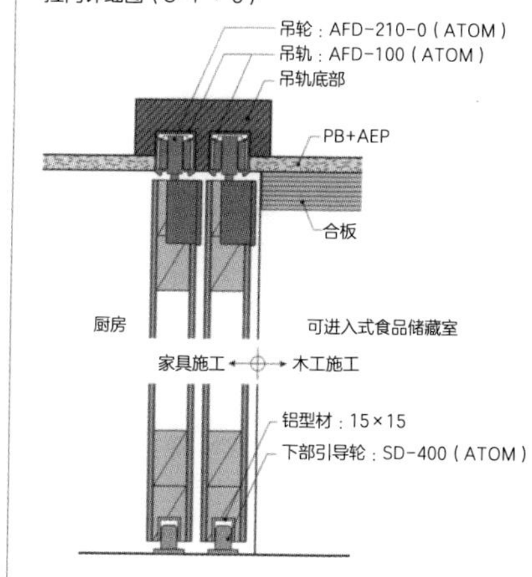

图面介绍事例。所见部分为家具施工的相同外部材料、相同色调加工完成，但内部为木工施工，缩减了成本

木工厂制作的厨房家具在现场涂装完成之例。厨房家具的门可与一般门窗色调协调

照片：垂见孔士（照片①）、STUDIO KAZ（照片②）

家具厂的选择方法

要点
- 积极地去察看工厂
- 查看了工厂就可以想象到其技术

工厂参观与临时合作

很多设计师任凭承包商选定家具厂家。并且，在现场大多也只是见一下面，并不知道其工厂的设备及操作人员情况。而且，定制家具在内装设计中极为重要，极大地左右着生活的方便程度。房主的想法也很强烈，必须防止失败。

首先，要看工厂是否积极欢迎参观，交工前要尽可能地进行检查，不接受参观的工厂是无法信任的。

其次，做成的橱柜是否有空间临时组装。从尽可能地减少现场作业的角度看，交货前临时组装的方法，可以防止许多错误。在工厂高精度制作的家具在现场改变的话，就难以维持其精度。要认识到交货前的临时组装检查是工程的重要一环。

工作机械与人

在任何家具工厂都有板锯、压力机等基本的工作机械。其他还有什么机械？若有 NC 切割机、截面贴机等制作范围就大（照片）。然后最重要的就是“人”，有基本的技术力量，不固执于以往的做法，常挑战新鲜事物的工厂和人可以信任。这样的人在以往经验的基础上，也会提出恰当的新建议。另外，经常召开学习会等积极培养人才的工厂有信任感。从这种意义上来说，委托前去工厂参观一下是必要的。

照片 | **用于家具制作的机械**

钻孔机：在木板上垂直钻孔

带锉：研磨材料表面

数码锯：直接切割大的板材。有数字表示板

合页加工机：滑动合页孔穴可以同时加工数个

板锯：直接切割大的木板

截面贴机：截面贴条直接压贴，也称边角贴机

自动刨子：刨板，可以获得一定厚度的木板

高频压力机：短时间胶结木芯板

NC 切割机：电脑控制，可进行复杂切割

升降机：可精密切断木材

手推刨：材料的一面作为标准面，作直角时使用

升降式工作台：工作台电动升降，可加工各种大的家具

压力机：木芯板胶结

照片：KUREDO 公司

家具施工要点

要点

◉ 决定位置后水平手法可知工匠水平

◉ 确认开关、接线盒、弱点的位置

决定位置找准水平

木工施工制作定制家具，由木工根据现场情况切割材料进行施工，因此做得好坏完全取决于木工的技术水平。家具施工中则是由专业施工人员组装。完美的橱柜，若安装人员技术差的话也组装不出漂亮的家具。并且，施工组装人员是由业者委派，可信任的业者就几乎不必担心了。在此以家具施工为重点进行说明。

施工决定的位置就从找出水平开始(照片),比设置空间略小的橱柜排列，看两端留有多大余空。大都是左右均等地分割这一空隙。纵深方向的尺寸有不同，或复杂形态时，决定位置要考虑整体的平衡。

地板不平，但家具必须水平设置，特别是厨房等使用水火的家具，水平设置很重要。地板不平时,用底框调整。最近出现了带有调整功能的金属件支架可以使用，橱柜大多在厨房中都很有用。

与其他业种合作

定制家具的施工中，经常与其他业种结合关联，特别是与电工的合作密切。开关、电源接口、棚架下部的电灯、门铃、影音播放设备机器等安装之后往往不能再改，所以事前的商量确认很重要。

施工的时机根据周围的材料、施工方法、建筑整体的工程进度而有所不同。根据情况，地板、墙壁近乎完工状态时就可以施工，但要充分注意不碰伤或污损周围。

照片 | 地板不平的家具设置方式

底框调整

决定位置找准水平

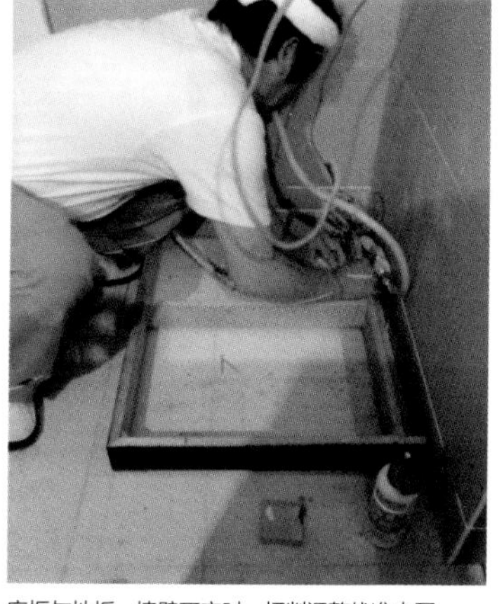

底框与地板、墙壁不齐时，切削调整找准水平

由机器决定位置

找准水平

激光点水平仪　由它可瞬间找准水平、垂直位置，与以往方法不同

方便微调的底部支架

底部调节器

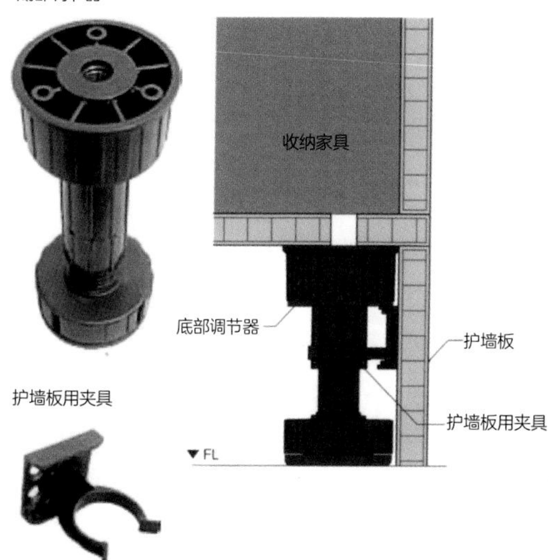

护墙板用夹具

地板放置橱柜专用的调节器

比较容易找准水平，缩短工时。常用于厨房

照片提供：HAFEIRE

激光受光器　接受激光点水平仪的红外线，以警报通知。单独作业时特别有用

照片：STUDIO KAZ

怎样看报价单

要点

◎ 条项纷杂的报价单不要遗漏

◎ 确认报价单所记载的尺寸、规格、部件

木工施工与家具施工的不同

并不限于定制家具，报价单提出的内容、方式根据建筑承包商有所不同，难以一概评论。众所周知，有数家报价单时，对其进行分析很费时间。

定制家具作为木工施工时，“材料费 + 木工工费 + 门窗制作工费 + 涂装费”，必须从各个项目中细细找出（图1）。特别是木工工时与其他木工施工有时一并报价，只选出家具部分有时较难。当然，承包商中也有细细分类记述的公司，从设计师的立场来看很值得感谢。

另外，家具施工中，把“橱柜 + 台面 + 部件类”作为家具的划分单位，最后总括计算为“搬运费 + 施工费 +（家具）公司经费”（图2）。涂装费大多包含在橱柜费用里。家具施工所见的“公司经费”在木工施工中，已包含在整体工程中。

报价单中，对家具的号码、尺寸、材料、组装，成品部件的厂家名与品号、机器设备的厂家与品号等都应有明确记述。要逐个确认这些内容与图纸是否一致，图纸上若有没记述的部分，要特别仔细地确认。金属部件（特别是滑动合页以及滑轨）根据厂家性能及成本差异很大。

检查报价单的工作易行，可避免以后的金额纠纷，从这两个意义来看，在计划图阶段最好就明确记述好材料、金属部件（参见14页）。

图 1 | 木工施工报价单的确认要点

木工施工

明 細 書

No.	名称	規格	単位	数量	単価	金額	備考
C	木工事						
	壁 天井下地＋ボード		㎡	77	2,200	169,400	
	床 ベニヤ下地貼り		〃	46	3,000	138,000	
	床 一階フリーフロア	断熱材含む	式	1		65,000	
	床 銘板フローリング貼り	[illegible]	㎡	58	5,960	344,160	
	フローリング運搬費		式	1		13,320	
	家具下地補強		㎡	30.16	3,000	90,480	
	収納造作・造付手摺	洗面・トイレ・玄関・廊下・押入	式	1		333,617	
	同上収納造作材料費		〃	1		164,500	
	収納用金物		〃	1		24,000	
	リビング壁面収納造作	[illegible]	〃	1		40,000	
	洗面台 [illegible]						
	[illegible]						
	ユニットバス周囲[illegible]						
	[illegible]						
	[illegible]	[illegible]					
	洗面所・トイレ人工大理石加工・取付		〃	1			
	次頁へ続く						

看到这一具体报价单的项目就能方便地把握成本。但有时承包商记述为“木工施工”，这就要请其具体提出各个项目

木门窗施工

明 細 書

名称	規格	単位	数量	単価	金額	備考
木製建具工事						
玄関収納	300×2250 シナランバー	本	1		13,104	
玄関収納	300×900	〃	4	10,800	43,200	
廊下収納	600×700～900	〃	6	12,000	72,000	
洋室・洗面・トイレ引き戸	900×2200	〃	3	20,304	60,912	
洗面所・トイレ収納	520×700 ポリランバー	〃	13	9,276	120,588	
取付施工費		式	1		78,000	
金物費		〃	1		118,792	
【合計】					506,596	

涂装位置大都明了，安装费、金属件大都合为一体。也有承包商将门窗本体与金属件、涂装分别记述的

涂装施工

明 細 書

名称	規格	単位	数量	単価	金額	備考
塗装工事						
建具塗装		㎡	47	2,640	124,080	
建具枠塗装		式	1		55,000	
サッシ枠塗装		㎡	20	1,400	28,000	
家具塗装		式	1		48,000	
巾木塗装		m	63	1,250	78,750	
【合計】					330,680	

涂装大都表现为一体，要把握成本时，每次要确认

电配线施工

明 細 書

名称	規格	単位	数量	単価	金額	備考
照明器具工事						
ダウンライト	ENDO ERD2127W	個	21	9,570	200,970	定価¥14,500
シームレスランプ	DNライティング SHD-L1500T3K	〃	2	22,104	44,208	定価¥30,700
シームレスランプ	DNライティング FHS1000TSEL30	〃	2	2,952	5,904	定価¥4,100
シームレスランプ	DNライティング SHD-L1200T3K	〃	2	22,104	44,208	定価¥30,700
シームレスランプ	DNライティング FHS1200TSEL30	〃	2	2,952	5,904	定価¥4,100
棚下灯	LED-HC-36D	〃	3	8,160	24,480	
上部トランス	L77-0052	〃	1	3,760	3,760	
分岐コネクター	LRB-3	〃	1	260	260	
照明取付費		ヶ所	28	2,200	61,600	
【合計】					398,390	

器具按照种类，安装一处的价格。成本管理简单，根据承包商，也有记述为一体的

木工施工的报价单分成“木工施工”“木工门窗施工”“ 涂装施工”“电配线施工”“设备施工”等很多页，成本管理较难

图 2 | 家具施工报价单的确认要点

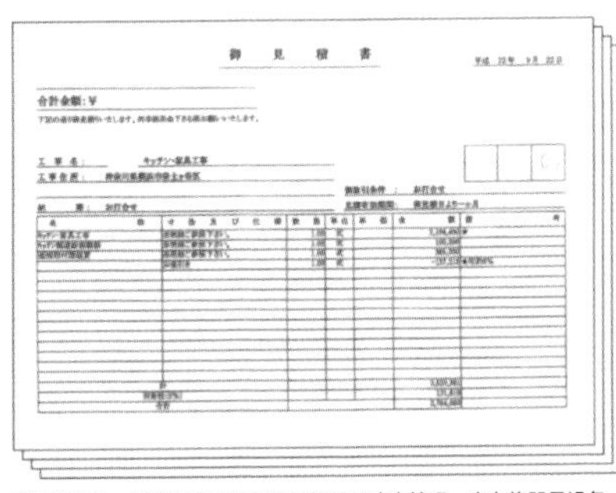
御 見 積 書

合計金額：¥

名称	寸法及び仕様	数量	単位	単価	金額	摘要
キッチン工事						
F-1)キッチン(シンク側)	W2805×D910×t4.0					[illegible]
・カウンター＋手加工シンク	ステンレスバイブレーション仕上げ					(10.0
	シンク:HL仕上げ(ポケット付)	1.00	台		278,000	
・ベースキャビネット	W2865×D910×H900					[illegible]
	扉:マンガン□練付着色ウレタン塗装					(10.0
	(7分ツヤ消し),内部:ポリ合板(単色)	1.00	式		346,000	
	抽斗:ブルモーション付タンデム					
	取手:手掛け式					
F-2)キッチン(コンロ側)	W2670×D655×t4.0					W25
・カウンター	ステンレスバイブレーション仕上げ					(10.0
		1.00	台		163,000	
・ベースキャビネット	W3396×D655×H900					
	扉:マンガン□練付着色ウレタン塗装					
	(7分ツヤ消し),内部:ポリ合板(単色)	1.00	式		638,000	
	抽斗:ブルモーション付タンデム					
	取手:手掛け式					

名称	寸法及び仕様	数量	単位	単価	金額	摘要
運搬取付諸経費						
運送搬入費	(チャーター便)	1.00	式		56,000	
取付施工費		1.00	式		285,000	テレビ台無くなった ▲¥25,000- (10.08.06)
諸経費	(採寸・現場管理費等)	1.00	式		45,000	
小計					385,000	
消費税(5%)					19,250	
合計					404,250	

家具施工中，总括为家具单独的报价易于成本管理。也有将器具设备单列的情况

工期管理

要点

- 确认定制家具的制作天数以安排工期
- 获取样品及房主确认的时间也要列入日程

木工施工的监理

整体工程中，定制家具的设置时间，木工施工与家具施工是不同的（图 1）。

木工施工中，材料定购→加工、组装→安装→门窗→涂装，各个部分作为独立的工程施工，加工与安装是木工施工，门窗与其他门窗协调，涂装也与整体涂装同期进行。工期安排太紧而使之拖延，在各个订货、施工之前决定比较好。

家具施工的监理

家具施工是加工、组装、门窗、涂装的所有过程在工厂进行。所以，家具订货阶段决定一切，必须按照家具制作图进行确定。

制作图根据自己绘制和家具业者绘制而有若干不同，但在订货时必须以制作图确定一切。整体结构、颜色、色泽、所用金属件、搬入途径、分割位置、缝隙尺寸及位置、内部的有效尺寸、与建筑物的协调等，设计者必须认真检查。木工施工时，设计者有必要自己绘制详细图。

另外，确定定制家具的完成涂装必须让房主看过样品进行确认，考虑样品有时需要制作时间，房主进行确认也需要时间，要留有充分的准备余地。也要考虑得不到房主认可的情况下，要准备数个样品。要注意这时的决定迟缓会影响整体工程的进度。现场不推进导致无法决定的事项并不多，最初阶段作了决定就可以预防完工后增加预算等事情（图 2）。

图 1 | 定制家具中的监理时机

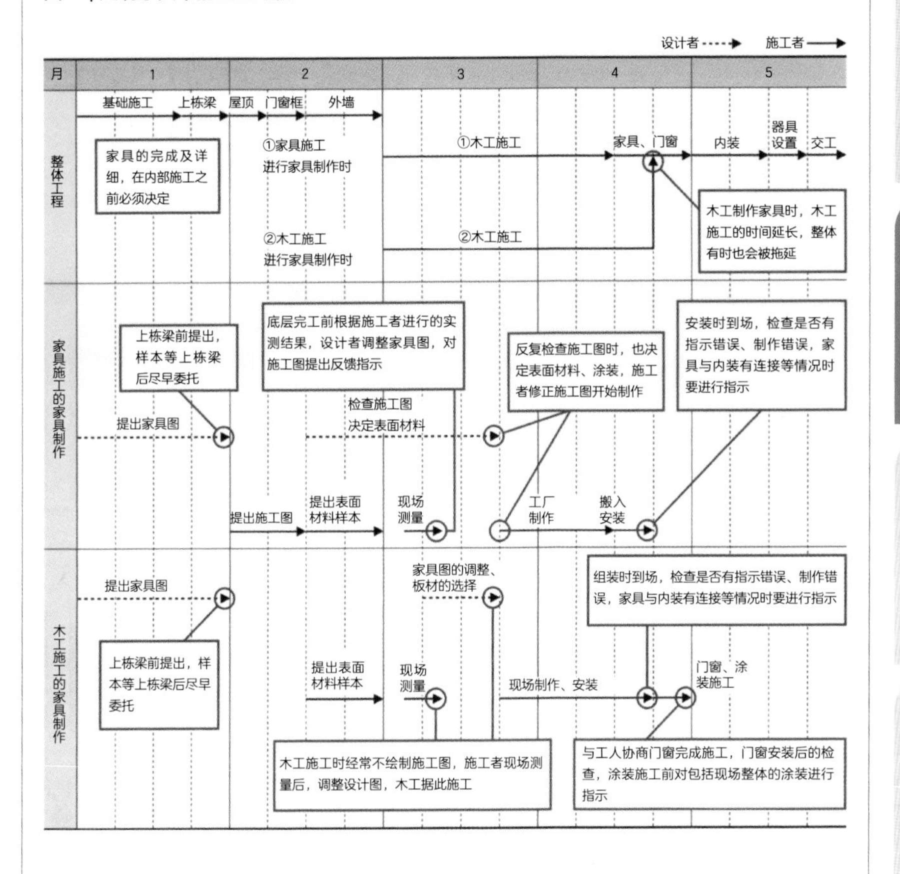

图 2 | 厨房装修施工工期案例

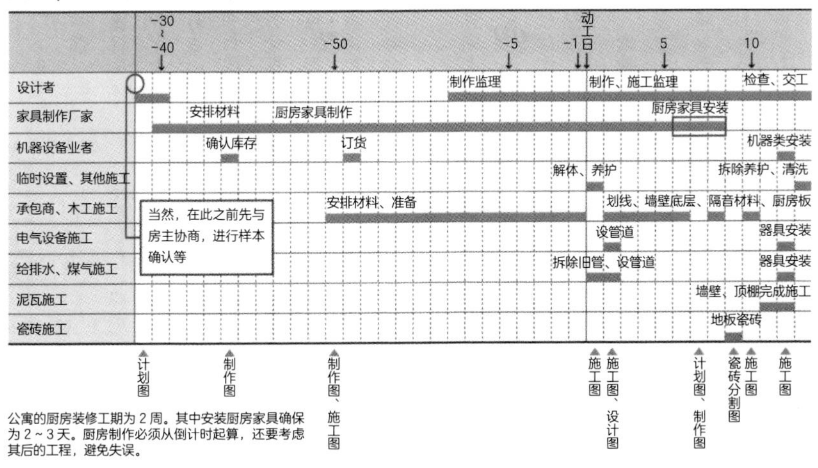

公寓的厨房装修工期为 2 周。其中安装厨房家具确保为 2 ~ 3 天。厨房制作必须从倒计时起算，还要考虑其后的工程，避免失误。

家具涂装的目的

要点

◉家具涂装有“创意”与“功能”两个目的

◉指定涂装色号或现实物体

涂装是为家具化妆

家具涂装的目的是防止污损、干裂等，有保护表面材料的“功能”，还可显示美丽的木纹，提高材料表现力的“创意”（图1）。因此，家具涂装常被比喻为女性的化妆。保护木料，表现优雅；另外可遮盖底木缺点，使之不明显。

作为涂装装饰的要素，有以下5个要点（图2）。

①涂装装饰的木纹表现为何种程度（涂膜的形成状态）。

②木纹显现的程度（底木的明了度）。

③对底木涂何种色（这种情况也有不着色的选择。为了家具整体色调协调也可成为透明状态）。

④光泽。

⑤涂料的种类。

委托涂装

这些要点之中，委托涂装时要注意的就是“色”，其他项目可以以语言表达出，但只是颜色不可能用语言表达。遮盖涂装时，指定涂装色号即可。无论如何也找不到色号的，以DIC（DIC色卡）或PANTONE（彩通色卡）指定，委托时要认识到这些是印刷颜色。另外，显现木纹的涂装着色，提交样本最为确实。家具业者都备有不同树木的着色样本簿，可以借用。根据聚氯乙烯膜板类以及装饰板等样本进行对照也是一种方法。还有木质的遮挡帘片及地板实物样本对照的方法。尽可能树种与色泽备齐，对照选择自由度少的色调比较合宜。

图 1 | 涂装的目的

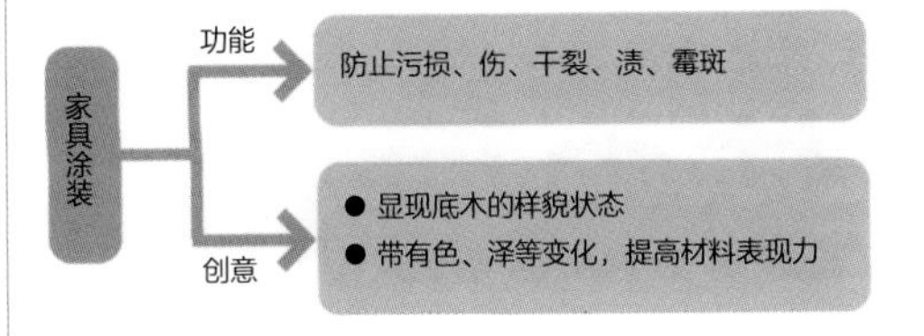

图 2 | 最终涂装的种类

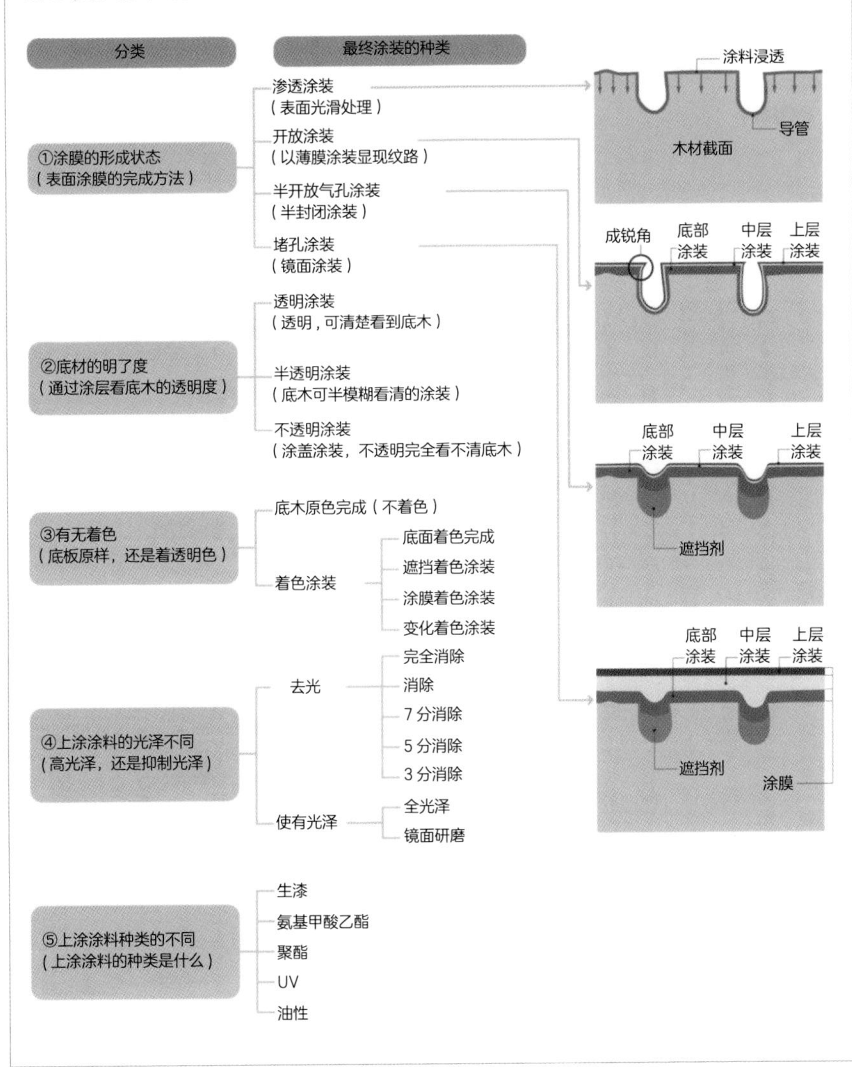

家具涂装的种类

要点

◉ 工厂涂装以聚氨酯涂装为主

◉ 要注意光泽指定不同于建筑涂装

涂料种类与色泽

工厂涂装主要是使用两种液体聚氨酯涂料（表）。不表现木纹的涂装也称作“瓷釉涂装”，也可作为“金属涂装”以及“珠光涂装”等特殊涂装。

这时底层最好使用中密度纤维板，底层调整容易，边端部半径可设置大些，可减少涂装脱落等问题。表现木纹的涂装称为透明着色涂装。其他还有油性完成涂装、肥皂涂装、生漆完成涂装、蜜蜡上光完成涂装等。亚麻油为主原料的渗透性涂料涂装很早以前就一直在使用。最近“自然取向”“天然取向”流行，渗透压、德国 Livos 公司的天然性涂料、桐油等自然涂料很受欢迎。

工厂涂装，根据完成喷涂的“平面涂装”调整光洁度，有彻底全部消光、完全消光、全消光、7 分消光、5 分消光、3 分消光、全光泽 6 个种类。还有比全光更亮的镜面研磨。家具涂装不同于建筑涂装，要注意消光的表现，一定不会省略“有光、无光”，而会加以指定。

容易出错的涂装知识

严格地说“镜面研磨涂装”不是聚氨酯树脂涂料，而是使用聚酯树脂涂料厚膜加以研磨的最终加工，不仅平滑，有光泽的加工称为“镜面加工”。这要区分开。“UV 涂装”是用紫外线照射，短时间使涂料干燥、硬化的涂装方法。绝不是截断紫外线，防止日光灼印的涂装。“UV 涂装”是平滑涂装，所以厂家有时使用有光泽的涂料把“UV 涂装”表现为“镜面涂装”。

表 | 家具涂装使用的主要涂料

家具涂装使用的主要涂料

涂料的种类	正式名称	通称	用途
涂膜类涂料	生漆	生漆	防水性、耐气候性、耐磨性等较差，涂装感觉湿润沉静。适合传统家具（风格、民艺风格 ）
	聚氨酯树脂涂料	氨基甲酸乙酯	主要是工厂涂装，涂膜硬，耐磨性强，涂膜密着。用于家具整体
	不饱和聚酯树脂涂料	聚酯	与氨基甲酸乙酯相比，涂膜厚为特征，硬度高，光泽好，耐气候性、耐腐蚀性强。 多用于高级家具、乐器、佛坛等
	UV 硬化涂料	UV	紫外线强制硬化，所以干燥时间极短，易于获得平滑面。也有厂家称为“镜面涂装”。用于各种家具。仅限于板材涂装
	漆	漆	防水性、耐热水性、耐酸性、耐碱性等出色，富有光泽。需要较强的涂装技术和涂装环境。 用于高级家具
浸透类涂料	油性涂装涂料	油	浸透于木材内部，增强木的风格，耐水、热、伤较弱，用得越久越出光泽，细致保养风格越佳
	柿漆	柿漆	防水性、防腐性、防虫性出色，涂后基本无色，但经年变化为深色度
	肥皂水涂装	肥皂水涂装	木材部涂入肥皂水，是北欧家具涂装的方法。保持木材原有的质感。需要细致的保养

工厂涂装的状况。喷涂氨基甲酸乙酯

对照色样本调色。根据干燥及色泽变化加工，边想象边调色需要经验

照片：STUDIO KAZ　协助：NISIZAKI 工艺

家具涂装顺序

要点

◉ 底面调查决定涂装的成否

◉ 根据用途、涂装分开使用现场与工厂

底面调整是涂装的要点

家具涂装的顺序，不论是现场还是工厂，都为研磨、涂装、擦拭、干燥的反复。这 4 个工序根据涂料和状况进行（图）。这其中，“研磨”作业最为重要，必须仔细进行。底面的木料状态好坏当然极为重要，但根据对底面的调整状态决定其后的涂装好坏。逆纹、刀痕、碰痕、手垢、手油、黏结剂的结痕等必须用砂纸仔细去除。同时，砂纸的粉尘不要留在导管，工厂使用鼓风机吹掉，而不能在现场进行，要注意。

现场涂装与工厂涂装的不同

现场涂装主要使用毛刷，调整底面之后，使用油性涂料着色，最后用清漆等完成涂装（OSCL）。也有喷涂涂装，但考虑周围维护等麻烦，并不合宜。现场涂装是在工程接近最后阶段时进行，所以最好使用出味小的水性涂料。其他也有油性保护涂料、蜜光蜡以及肥皂水的最终涂装。针叶树使用油等以表现湿润涂装，使用蜜光蜡以及肥皂水，可以避免着色。工厂涂装，对尘埃等管理严格，涂装车间也完备，在其中喷涂，可以涂装完美。工程复杂，从底面调查开始，最终要经过 10 个以上的工序，为此，工厂完成的涂装远比现场涂装完美。工厂涂装可细致指定光泽，从完全消光到完全有光，研磨光泽。

图 | **涂装工程**

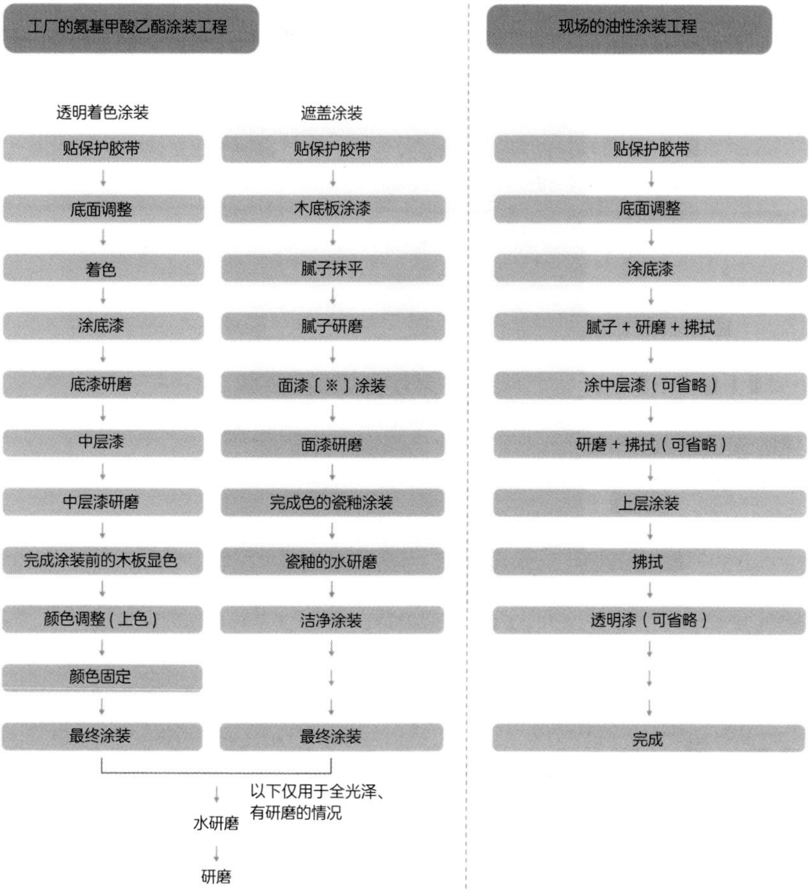

工厂的氨基甲酸乙酯涂装工程

透明着色涂装

贴保护胶带 → 底面调整 → 着色 → 涂底漆 → 底漆研磨 → 中层漆 → 中层漆研磨 → 完成涂装前的木板显色 → 颜色调整(上色) → 颜色固定 → 最终涂装

遮盖涂装

贴保护胶带 → 木底板涂漆 → 腻子抹平 → 腻子研磨 → 面漆〔※〕涂装 → 面漆研磨 → 完成色的瓷釉涂装 → 瓷釉的水研磨 → 洁净涂装 → 最终涂装

→ 水研磨 → 研磨

以下仅用于全光泽、有研磨的情况

光泽指定
彻底全部消光
完全消光
7分消光
5分消光(半消光)
3分消光
全光泽
全光泽镜面研磨

注：家具涂装消光表示

现场的油性涂装工程

贴保护胶带 → 底面调整 → 涂底漆 → 腻子+研磨+拂拭 → 涂中层漆(可省略) → 研磨+拂拭(可省略) → 上层涂装 → 拂拭 → 透明漆(可省略) → 完成

光泽指示
完全光泽
7分光
5分光(半光)
3分光
完全消光

注：家具涂装光泽表示

※ 面漆使涂装黏附增强

论坛

自然情趣的家具涂装

照片

“小窗户边的凳椅”冷杉的3层板结构，涂“MOKUTO”的家具，视觉、触觉完全像未涂装的完成质感

设计、照片：小形彻

现在流行的装修是尽可能增加活用木的质感，这种情况下，一般多使用自然类油性涂装，若考虑防水性及防污等功能方面会略有不安，从功能方面考虑，还是氨基甲酸乙酯涂装占到多数。

于是，保留木质风格的同时，作为涂装功能的开发不断出现创新。

“自然涂层处理”在定做家具的制作、施工中被广泛熟知，NISIZAKI工艺公司的独特涂装技术受到好评。直接感受宛如完全无涂装的木纹肌理的材料质感。同时，涂膜功能与氨基甲酸乙酯涂装具有同等耐久性。“木涂（MOKUTO）”是NITTOUBOUKEMIGARU公司开发的玻璃液体涂料，渗透到木材内部，在酒精挥发的同时，使木材内部形成玻璃层，所以触感似没有涂装，是既保持通气性，同时也提高了防水性、抗伤性、防污性等的涂料（照片）。

“No.59”是M&M贸易公司的木制品保护剂，不仅多用于外部、浴室等常接触水的地方，也可以用于木材、布、纸、石材、皮革等各种材料，提高了应用于家具的广泛性。

第3章

定制家具的材料与涂料

029

板材

要点

◉ 熟知板材种类

◉ 根据各种条件分别使用板材

按施工划分分别使用板材

定制家具的基本构成就是板材组成箱体。不仅是看上去如此，还要具有荷重等功能。设计家具要控制成本就必须熟知板材（图 1、图 2）。

板材分为：空心木合板、框架组合板、胶合板、实心板 4 种。这其中，空心木合板与框架组合板是由木工厂等使用工作机械制作的，用于家具施工以及门窗施工，质量轻而且尺寸稳定，不容易变形。另外，木工施工中，产品化的板材在现场加工,组装。为此，使用木芯板等胶合板、椴木合板、柳安木合板等实芯板。当然，这些板材也用于家具施工中。

根据最终设置处理分别使用板材

板材根据装修方法分别使用，譬如，进行遮盖涂装施工时，使用椴木合板或中密度纤维板材，但中密度纤维板材比重高，所以大的门扇以薄的中密度纤维板材或椴木合板作为表面的空心板材料比较好。

椴木合板的木纹有凹凸，不适合遮盖涂装。另外，底木面色深要避免使用淡色。

有时结构用落叶松合板也作为最终的设置处理，工程成本低，这种生动的木纹也成为创意的要点，但要注意木结及裂缝等的处理。

一般使用板材除了兼用于最终设置处理之外，由施工者（制作者）考虑功能及成本决定。但作为设计者从扩大设计眼界范围角度看要熟知板材。

图 1 | 按施工划分选用板材

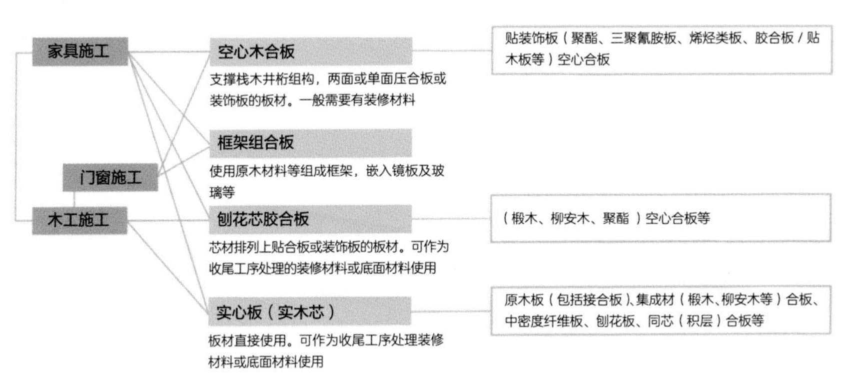

	空心木合板	框架组合板	胶合板	实心板	
活用材料	○	○	○	○	板材形态原样使用的油性涂装、透明着色涂装等
贴装饰材料	○	×	○	×	板材作为底面材料，贴三聚氰胺板、烯烃类装饰板、胶合板材
底面材料涂装	○	○	○	○	板材作为底面材料，遮盖涂装

图 2 | 板材的厚度

空心木合板

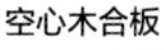
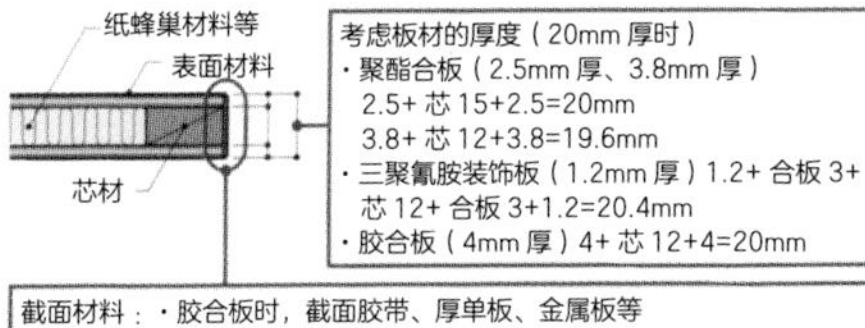

木芯板（胶合板）

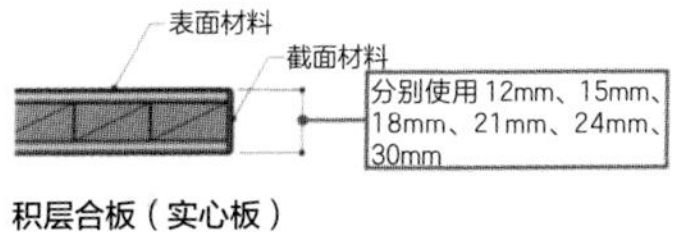

积层合板（实心板）

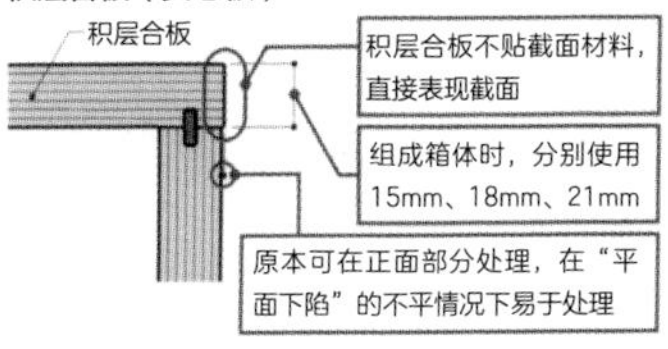

金属部件决定板材厚度

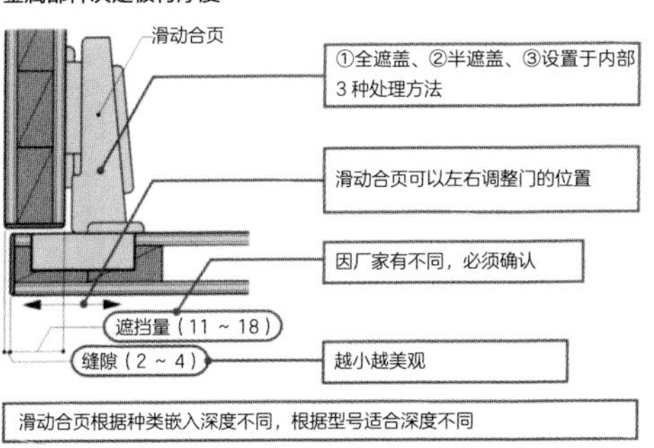

中密度纤维板

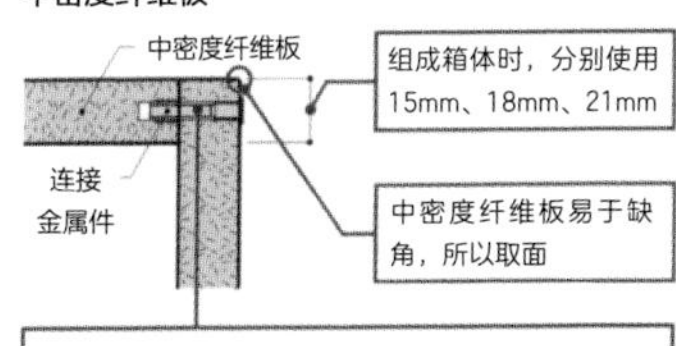

原木材

要点

◉设计要以原木材的变动（变形）为前提

◉熟知避开原木材缺点的木材技术

注意干燥状态

原木材的魅力在于其存在感。使用一张原木材台面，可立即提升空间氛围，其他不必再加以修饰。特别是称为“边侧”的靠近树皮的部分，可以创出独特的气氛。

首先是变形的问题，没有经过充分干燥处理的材料，含水率10%左右为一个标准，干燥到这种程度依然难免变形与收缩，以略有变形作为前提，来决定用于何处（图1）。

再是成本问题，几乎所有的原木材都价格昂贵，尽管有低价的进口原木材流通，但要清楚并非板材、合板的比价。

原木材的使用技术

原木材大都昂贵并且易于变形，这一缺点的解决如图2所示。一张宽100mm的原木材，横方向排列压成，作为宽幅木材的“黏接宽幅板”，比起宽20mm左右的集成材，宽100mm的材料接成的板材印象与原木材相近。再是薄度（12mm左右）的幅面连接的板材，90°交叉3张重叠就会减轻变形及收缩等。称为轻量三层合板（照片）。

多使用杉木及松木等针叶树。流通尺寸与合板相同（也有长的），所以，性价比合适。另外，现场没有必要刨光作业等，使用方便。多作为结构材料流通销售，用于家具、门窗等外观及手触部分也没有问题。结构墙与门窗、家具可以统一用同一材料。

图 1 | 原木材的特点

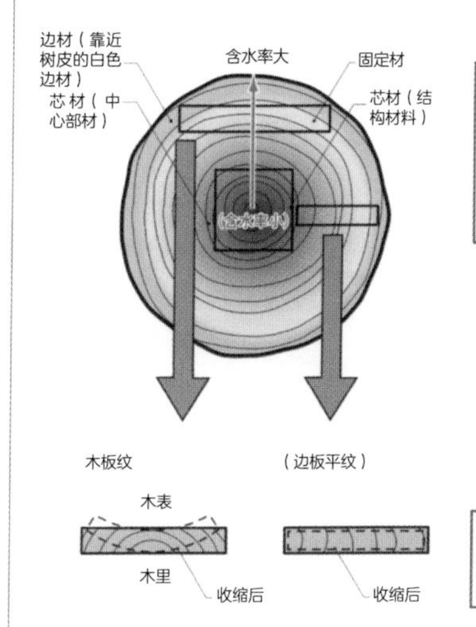

从原木获取芯材的结构材料，外侧的边材作为非结构的装修材料使用，提高有效利用率。离树心越远含水率越高，材料有伸缩。幅越宽的板材越易弯曲、变形，要注意。

木板纹在树皮侧为木表，树心侧为木里。干燥后，木表侧变形。

图 2 | 取于原木材的材料

幅面连接板

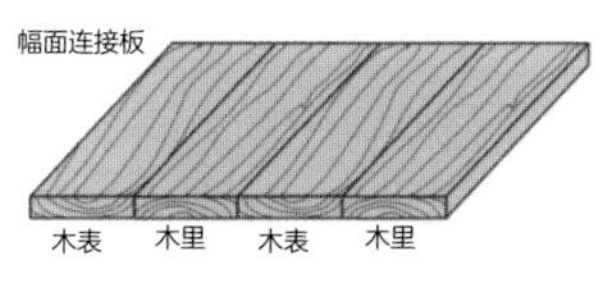

集成材

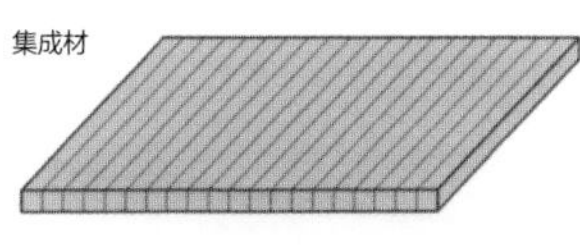

三合板

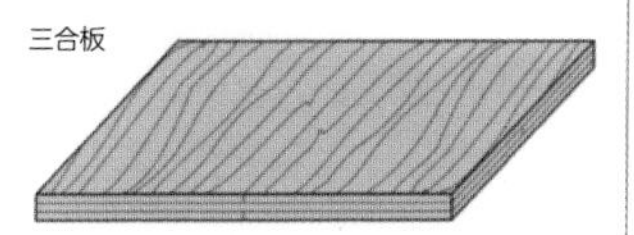

照片 · 图 3 | 三合板使用案例

左：针叶松板　右：冷杉合板

照片：STUDIO KAZ　材料提供：木童公司

冷杉合板使用案例

食品餐具架、墙面收纳、墙壁嵌板、凳子、TV 台等所有之处使用冷杉合板，以植物油渗透涂装

设计：STUDIO KAZ　照片：山本 MARIKO

橱柜状态图（S=1：30）

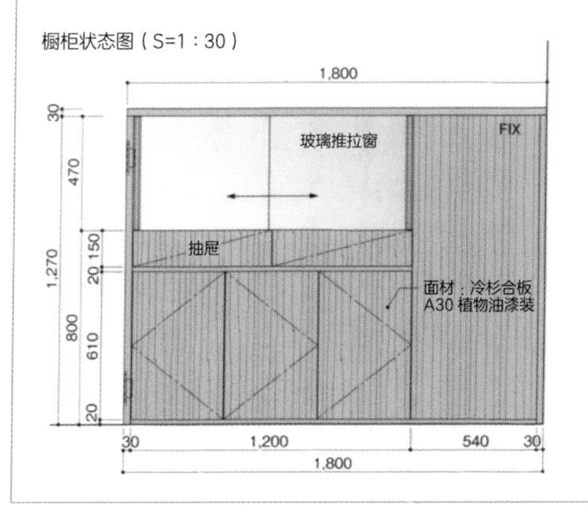

截面图（S=1 ： 30）　玻璃拉门部位详图（S=1 ： 41）

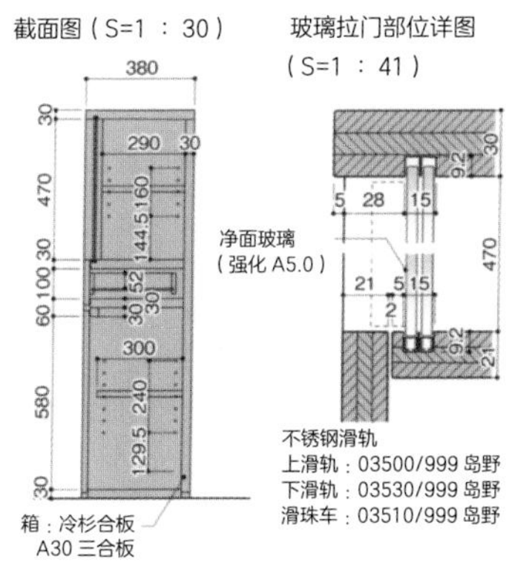

单板

要点

◉ 木板是最适合的家具材料

◉ 木板的粘贴法有学问

木板选择方法

薄木板切片（0.2 ~ 0.6mm）的单板称作“木板片（突板）”（图 1）。0.6 ~ 1mm 左右厚度的木板称作“厚木片（厚突）”。多用于台面的边部等。这以上厚度的称为“厚板（挽板）”。

“木板片（突板）”根据树种及部位，幅宽不同的单板贴成合板状态（胶合板）使用。各种树种具有独特的情状，同时，变形小，具有易于加工的合板性质，所以是最适合做家具的材料。

同一树种的木板木纹也不同，同一树种的木料靠近芯的部分（芯材）与靠近树皮部分的（边材）也具有完全不同的形态。

用于连续门扇时，选用材料，要在门扇关闭的状态下，尽可能所有的木纹连通。

决定胶合方法

选择木板树种的同时选择木纹，蘑菇状多重木纹、平行排列木纹、树根附近部分的不规则木纹、圆环型等，根据切割方法及方向，木纹的形态发生变化。实际使用的木板，委托制造样本，以进行确认。

木板胶合方法也很重要，一般同方向排列粘贴，也有对称粘贴、钻石形粘贴等有特点的张贴方法。可作为一种创意考虑（图 2）。对称状等表里粘贴时，表与里的涂装方法不同，所以，可能产生涂装不平整不匀的现象。特别是光照的场所，涂装不平整不匀就会特别醒目，要注意使用场所。

集成材切割时，集成板以及着色的木板作为积层，将此切割出有特色的纹路，也有这种人工木板。

图 1 | 木板的切割方法

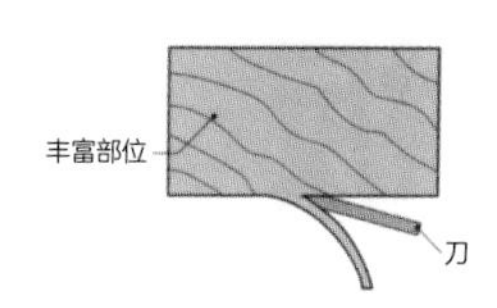

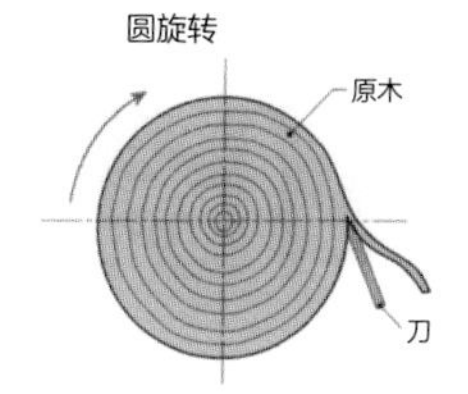

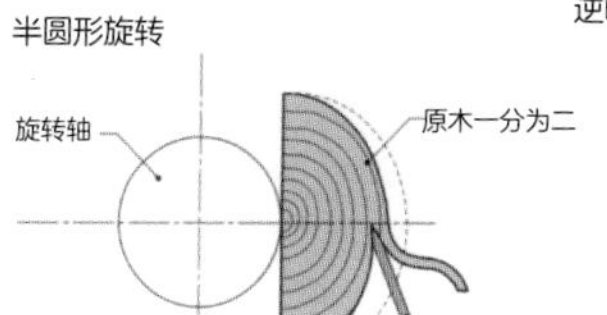

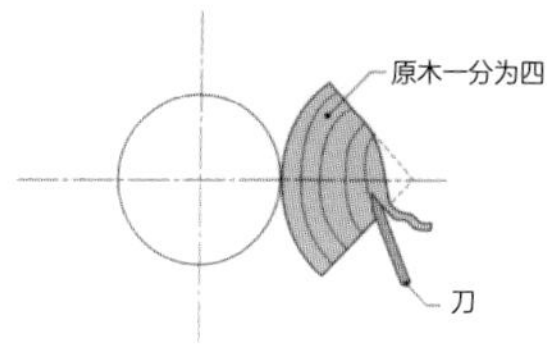

木板切割方法有左侧 4 种，根据树种及原木的状态、蘑菇形木纹、整齐排列木纹、不规则木纹等，根据需要选材，分开使用

娑罗双木胶合板着色氨基甲酸涂装，完全消光，门与侧板等分开的木板木纹也可相通

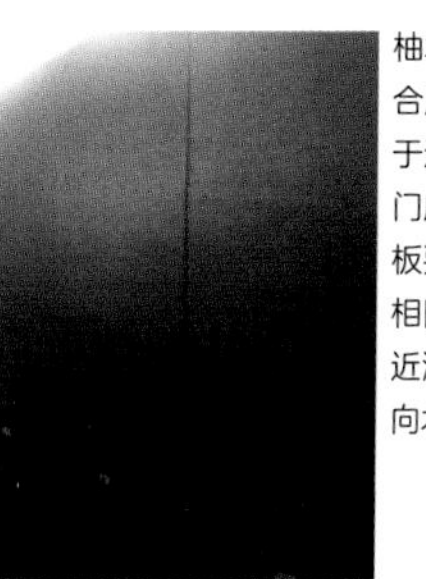

柚木板胶合后，用于连续的门扇时选板要纹路相同。最近流行横向木纹

非洲崖豆木选边部木板的合板涂装前，横纹（横贴）纹路可见

照片：STUDIO KAZ

图 2 | 木板粘贴方法

排纹状粘贴（横贴）

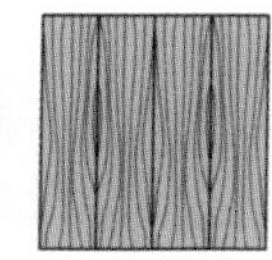

对称状粘贴

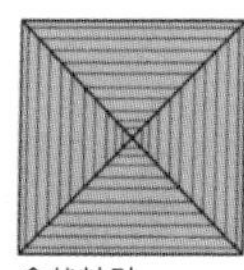

盒状粘贴

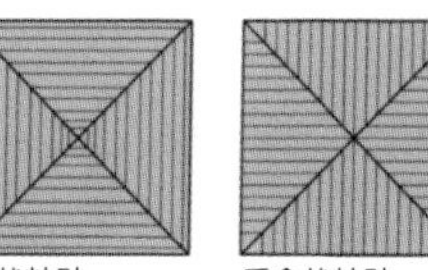

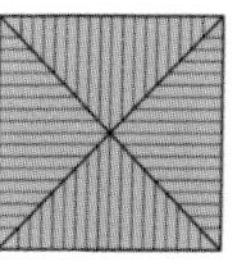

反盒状粘贴

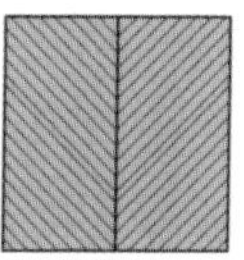

单箭状粘贴

双箭状粘贴

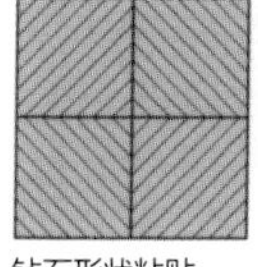

钻石形状粘贴

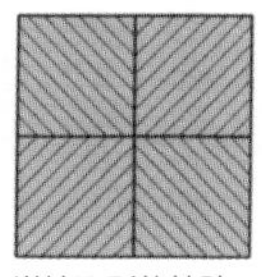

逆钻石形状粘贴

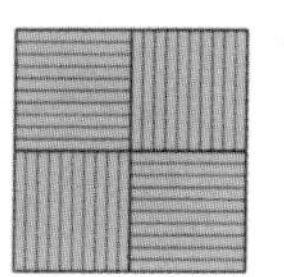

方格状粘贴

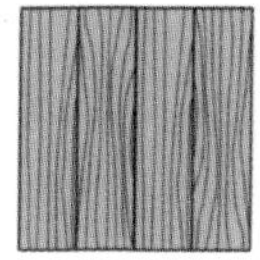

组合错误状粘贴

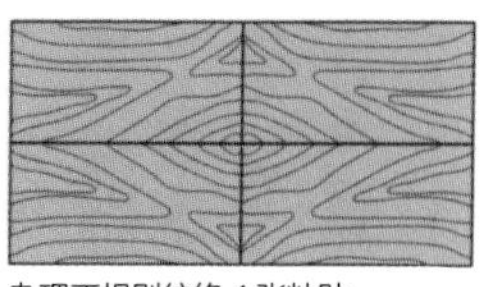

杂理不规则纹络 4 张粘贴

同样的木板根据粘贴方法会出现完全不同的状态，最近几乎都是横排纹状粘贴、对称状粘贴，古典家具多为盒状交错粘贴及钻石形状粘贴等

树脂类装饰胶合板

要点

- 性能完全不同的三聚氰胺装饰板与聚酯合板
- 要求耐久性的平面使用三聚氰胺装饰板

三聚氰胺装饰板与聚酯合板

家具中经常使用的材料为三聚氰胺树脂装饰板（以下为三聚氰胺装饰板）与聚酯树脂装饰合板（以下为聚酯合板）（表）。最近，随着印刷技术发展，出现了质感、纹路几乎与木质无异的装饰板。从成本与耐久性角度看，选用的机会较多。三聚氰胺装饰板为厚1.2mm的树脂板，与空心板等底材黏结使用。用压贴机压贴，所以不适合现场的加工。而聚酯合板表面贴有树脂层2.5mm或4mm的合板，现场也可以加工。

不管哪一种截面都用包边胶带或称为芯材的基体材料，贴与表面同色的三聚氰胺装饰板。在强度上，芯材比较好，但1.2mm的厚度比较显眼。而用包边胶带时要注意黏结剂不要挤出外表。这也是工匠的技术，所以要求制作扇形的样本。

选择使用场所

在耐磨性方面，表面硬度高的三聚氰胺装饰板比较好，为此，桌子与台面等平面上使用三聚氰胺装饰板（图1）。成本上比聚酯合板高出大约2倍，所以垂直面及橱柜内部多用聚酯装饰板。三聚氰胺装饰板加热可以弯曲，作为台面材料可以弯曲加工，贴有合板等的产品很流行。门也可以在专门的加工厂使边端部弯曲，但最终只是二次曲面加工，剩余的截面以贴截面材料完成（图2、图3）。有各种颜色花纹，一件家具混用聚酯装饰板时，须确认色调花纹是否同样。

表 | 三聚氰胺装饰板、聚酯装饰板比较表

		三聚氰胺装饰板	聚酯合板
种类		装饰纸中三聚氰胺树脂含浸加工的树脂板	装饰纸与聚酯树脂的贴层合板
厚度		1.2mm	2.5mm（3×6 型）、4mm（4×8 型）
特点		表面硬度非常高，不易碰伤。防水、抗药品性、维护性出色，抗热性强，但要注意放置热锅等会使装饰板与底层分离剥落	硬质。不抗热，不抗冲击，易伤，易于维修，紫外线易于引起褪色，注意在阳光处使用
截面处理		截面也为同样材料（同样材料或表面材料到基体材料用同色的芯材）	基体材料为合板，所以截面处理要贴其他材料
适合部位		台板、台板截面、门、门截面、主体外部、主体内部、主体截面、架板等整体家具	主体内部、架板
价格〔※1〕	平面	13440 日元	7900 日元
	芯〔※2〕	24640 日元	—

※1：4×8 型的零售价格。其他有压纹、金属类等，价格不同　※2：表面材料到基体材料同色的芯材

图 1 | 不同部位的三聚氰胺装饰板、聚酯合板的分别使用

（1）台面、平板

从强度、维护性来看，三聚氰胺装饰板比较合适，截面贴以同样材料，因为薄，不施以平面切角，考虑台面的安全性，大多采取宽大面，表面及截面以三聚氰胺树脂二次成型张贴的形式最为合适

（2）门、抽屉等明显部分

容易碰到的部分最好使用强度高的三聚氰胺装饰板，截面贴以同样材料，或用厚板。截面不要求强度时，也可以使用 DAP 装饰板（参照 140 页）以及聚氯乙烯胶带。考虑成本，大多使用聚酯合板

（3）主体内部、架板

考虑成本可以说聚酯合板适宜，大面积的收纳等材料费比例大，所以选材对成本影响很大

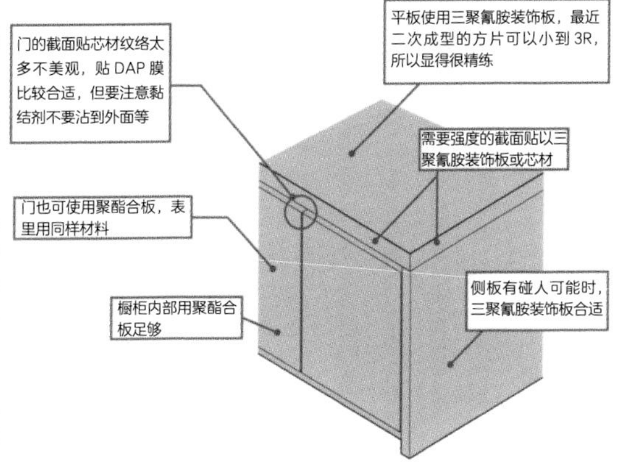

图 2 | 二次成型的门

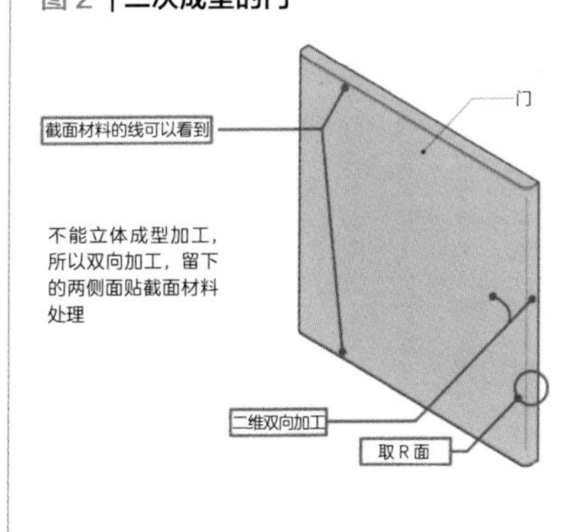

图 3 | 三聚氰胺装饰板截面的形状（一部分）

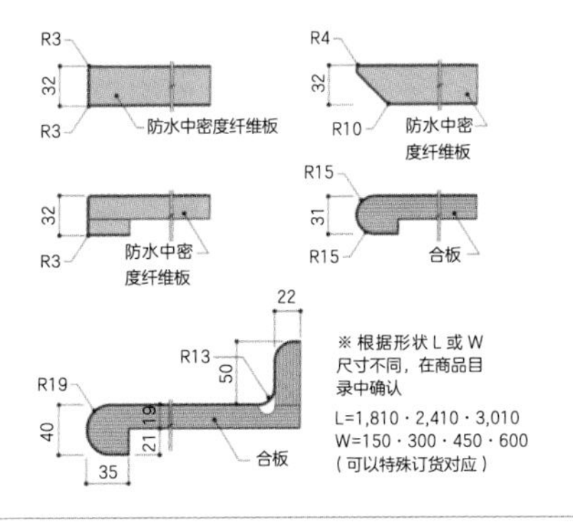

玻璃

要点

◎ 玻璃易碎，却极硬

◎ 玻璃经过各种加工后使用

强度与脆度

玻璃的透明性、平滑性、防污性等出色，因其长处而多用于建筑与家具等（表）。而另一方面则是冷、重、硬、易碎等缺点。抗冲击力较弱，抗压缩力极强。适用于做架板等，比起木架板既薄又具有高荷重性，适合用于跨距大的棚架。

平板玻璃用得最多的是浮法平板玻璃，透明性与平滑性出色，但看截面就可以知道，玻璃本身是绿色的（照片）。透过玻璃所见到的事物是有若干颜色变化的。为避免这一点，则有高透过性的无色透明玻璃用于博物馆的展览器具等。另外，强化玻璃具有一般玻璃 3 ～ 5 倍的弯曲强度及冲击强度，强化玻璃面的冲击强度高，截面脆弱，所以必须进行截面处理。镜子是平板玻璃背面镀有银膜或铜膜的保护涂层。其他也还有透光却有遮挡视线为目的的玻璃如结霜玻璃（壁挂型玻璃）以及织纹玻璃，用于防范目的的合层玻璃、防范玻璃。功能及创意方面有热线反射玻璃、畸形镜面玻璃、彩色玻璃等，可以用于家具装修。

玻璃加工

平板玻璃的制约较多，但却可以进行种种加工（图）。能切断、弯曲、打孔、切缺、喷砂处理、蚀刻处理、V形切断等，根据使用目的及金属件进行加工。还有各种各样的膜片，根据使用目的及设计镶贴。膜片也能防止玻璃万一破损时四处飞散。

表 | 用于家具的玻璃主要种类与特点

种类	厚度	最大尺寸	特点	使用处所
浮法平板玻璃 / 玻璃（结霜玻璃 / 壁挂型玻璃）	2	1,219×610	浮法平板玻璃具有高平滑性，最常用的玻璃，几乎完全透明，但看截面就可以知道，玻璃本身是绿色的 结霜玻璃（壁挂玻璃）是平板玻璃表面喷砂处理加工后，进行氟化化学处理，不易沾染手垢	门、架子
	3	2,438×1,829		
	4	2,438×1,829		
	5	3,780×3,018		
	6	6,056×3,008		
	8	6,046×2,998		
	10	6,046×2,998		
	12	6,046×2,998		
	15	5,996×2,948		
	19	5,996×2,898		
型板玻璃（皱纹、彩、霞）	2	914×813	富有复古感，透视性根据相隔玻璃的远近距离及样态	门
	4	1,829×1,219		
	6	1,829×1,219		
强化玻璃	4	2,000×1,200	具有浮法平板玻璃 3 ~ 5 倍的弯曲强度、抗冲击力，但截面脆弱，万一破损时碎片为颗粒状。热强化加工后不能进行打孔等二次加工	门、架子、板台、店铺器具
	5	2,400×1,800		
	6	3,600×2,440		
	8	4,500×2,440		
	10			
	12			
	15			
	19			
高透过玻璃	5	3,100×6,000	几乎无色透明，色的再现性高。多用于博物馆的展箱等	店铺器具
	6			
	8			
	10			
	12			
	15			
	19			

图 | 玻璃截面加工

皮革研磨			面加工	
丝面研磨	平摺	鱼糕状摺	斜面	宽面
1 分 = 约 3.3mm；丝面	皮革整体面研磨		面加工	10mm 左右；6mm；2mm
玻璃厚度 3mm 以下，可以为丝面，根据面宽为 1 分、2 分面等。用于棚架玻璃、桌面等	皮革整体平磨，可以取得丝面，也有略有弯曲的形态（圆形），用于棚架等	研磨为鱼糕状圆形。也能防止强化玻璃的破损。用于桌面等，表现高级感	适合于玻璃相互接合部的固定。用于展箱、橱窗	斜面广度倾斜玻璃，用于餐具架的门及镜面等需要装饰性的部分。玻璃端部厚 2mm 以上

照片 | 玻璃装饰棚架

仅以玻璃构成的客厅装饰棚架。以特殊的 UV 技术粘结，完全看不到黏结剂痕迹

设计、照片：STUDIO KAZ

环氧树脂板

要点

◎ 丙烯酸树脂适用范围广泛

◎ 要注意丙烯酸树脂、聚碳酸酯的静电

超越“玻璃”的材料

以丙烯酸树脂替代玻璃是以前的事，现在它作为一种像样的材料使用。其透明性高是最大特点（表 1）。比同样厚度的玻璃轻，粘结方法从厚度方向重叠也不损害其透明性。利用这一特点多用于水族馆的水箱以及照片框等。

家具方面多用于装饰棚架以及照明灯罩等。使用重叠粘结的特殊技术方法粘结，积层丙烯酸树脂板具有一体的实芯固体板，看不出接缝，并且与玻璃一样光线直进性强。截面进入的光线不会中途泄漏，一直到达反面的截面。

制作方法是将液体状物成型为板状等各种形状，在这一过程中，也可以封入其他异物。

利用这样的透明性、光透过性、粘结、封入等特点，可以制作出奇特的家具（照片 1）。缺点是易于碰伤，具有带电性而易于附着尘埃。受热变形大。

成本略高

聚碳酸酯板比丙烯酸树脂板抗热、抗燃、抗冲击性强，但透明性差（表 2），不适合粘结，所以连接时基本以螺钉固定。

玻璃及丙烯酸树脂板很少用于平滑状板，多用于波板、截面边端状的重层膜片、压纹加工板等。家具及门窗以木或铝合金框架组成，嵌入其中使用（照片 2）。丙烯酸树脂板、聚碳酸酯板的成本都比玻璃贵 2 倍以上。

照片 1 | 丙烯酸树脂板用于家具事例

丙烯酸树脂板透明重叠粘结，形成独特形状，其中可埋入镜片，如同浮在空中

设计、照片：STUDIO KAZ

积层丙烯酸树脂板块埋入地面形成座椅，只有反面投影画面，利用光的直进性的奇特座椅

设计、照片：STUDIO KAZ

表 1 | 丙烯酸树脂板特点

丙烯酸树脂板特点	
透明性	透明度超过玻璃为 93%，（玻璃为 92%）
加工性	材料的切断、打孔、弯曲等加工自由度高，可以用胶黏剂连接加工
抗气候性	可发挥抗太阳光、风雨、雪等气象条件的抗气候性
安全性	抗冲击性出色，万一破损，碎片不会飞散
抗燃性	与木材同等程度，着火温度为 400℃
比重	1.19
冲击强度	抗冲击强度为玻璃的 10 ~ 16 倍
其他	花色好，丰富多样的色彩

照片 2 | 聚碳酸酯板的特点

断热性出色的双层聚碳酸酯膜片可以作为隔断或制作为门窗，在获取明亮光线的同时确保温度

制作隔断与门窗的端角材料制作的动物出入口

设计、照片：STUDIO KAZ

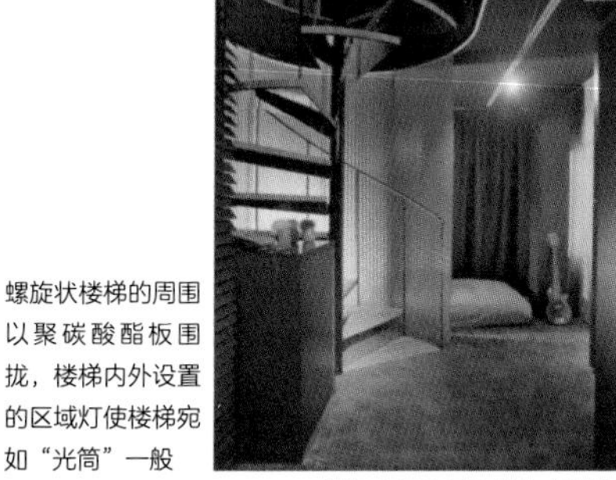
螺旋状楼梯的周围以聚碳酸酯板围拢，楼梯内外设置的区域灯使楼梯宛如“光筒”一般

设计：STUDIO KAZ　照片：坂本阡弘

表 2 | 聚碳酸酯板的特点

聚碳酸酯板的特点	
透明性	透明度为 86%，（玻璃为 92%）
加工性	专用黏结剂之外不可用
抗气候性	可发挥抗太阳光、风雨、雪等气象条件的抗气候性
安全性	抗冲击性出色，万一破损，碎片不会飞散
抗燃性	有阻燃性
比重	1.2
冲击强度	抗冲击强度约为玻璃的 200 倍，丙烯酸树脂板的 30 倍
其他	花色好，丰富多样的色彩

035

钢铁

要点

◉ 钢铁有许多种类

◉ 熟知钢铁的涂装种类

钢铁的种类

钢铁（钢）作为建筑与家具的材料，是用得最多的金属类材料（图、照片1）。有强度大、加工比较容易、制品精度高品质好等特点。钢是纯铁中加入碳素而制成的碳素钢，根据碳素含有量而性质（硬度）有所不同。添加入碳素，镍及铬、钼等元素，会带来特别的性能，称为合金钢。不锈钢也是其中之一种。近年来，钢材镀铝与锌溶液，成为镀铝锌钢板材料，多用于建筑物外部。

钢有钢板、棒钢、型钢、钢管等许多形状钢材流通，对具进行加工、表面处理，以各种各样的形态用于建筑物及家具的一部分或全部（照片3）。

钢铁加工与完成

钢铁具有适当的软硬度，可进行各式各样的加工、处理。板材、棒材、管材等弯曲加工，构成曲线及曲面。板材可以挤轧加工形成筒状、碗状。金属可通过加热熔解，灌入型材成型，称为“铸造”，产品称为“铸造物”。作为家具材料的把手、抓头、锁、装饰金属件等皆由铸造完成。

钢材的接合使用焊接、铆钉对扣、螺钉、黏结剂等。另外，钢材直接原材会腐锈，所以要做表面处理。最一般的处理方法就是涂装（照片2）。材料密接好，现场进行去锈处理后就可以涂装。在工厂以烫刻涂装为主，静电涂装、粉体涂装、电镀等根据使用目的、设置场所环境、美观等进行判断，加以处理。

图 | 用于建筑与家具的钢材种类

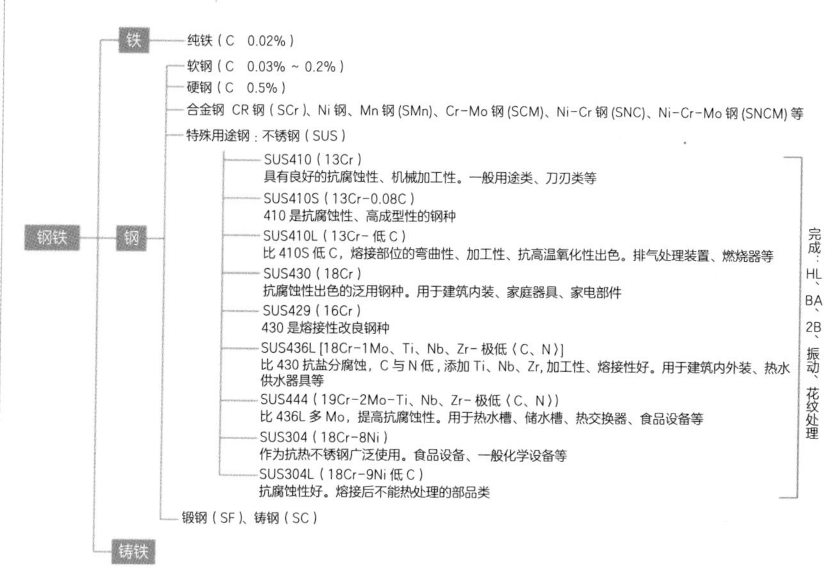

照片 1 | 铁的多样状态

铁的各种状态。从左起铸造、锈、黑皮、特殊涂装

照片：STUDIO KAZ

照片 2 | 铁锈风格涂装

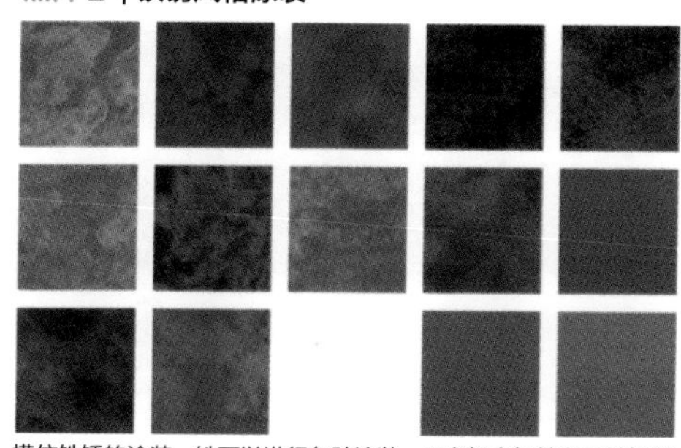

模仿铁锈的涂装。铁可以进行各种涂装，不必担心锈蚀以及铁锈粉附着等

铁染匠、锈匠（铁锈） 照片提供：NOMITUKU

照片 3 | 使用方便的防锈膜片

可贴于家具的防锈膜片

防锈膜片的结构截面图

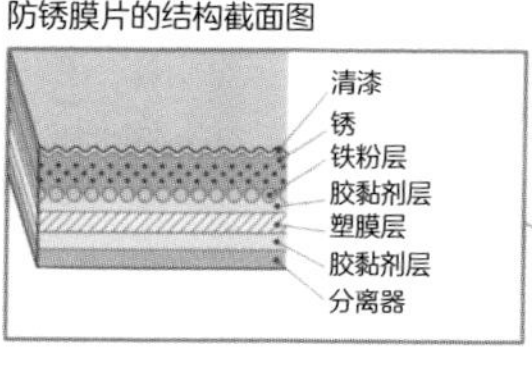

附有防锈膜片的商品。可附在现有的家具、门窗上，对定制家具非常有用

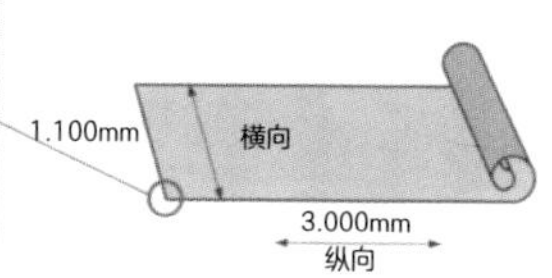

铁锈有趣味，在铁板上铺装锈粉意外地出现状态，并且防锈膜片可以预先选择样态，并且可以贴在木底部，使用方便，但是原本是锈，可能会附着尘埃

防锈膜片 照片提供：中川化学公司

不锈钢

要点

- 不锈钢也生锈
- 了解不锈钢性征

不锈钢的种类

不锈钢是以钢铁为基础加含镍和铬，碳素少，极为抗腐蚀的特殊钢。按照配合比例分为三种，根据用途划分。作为家具的装修材料，一般不锈钢中有SUS304（18-8不锈钢）与SUS430两种。SUS430多用于专业厨房机器（照片1），与SUS304相比价格低、柔软、加工性好，但易于发生“传锈”。

不锈钢称作“stainless steel”，即“不生锈的钢”的意思。而“传锈”是由铁等传来的锈，所以要注意与其他金属的长时间接触。另外，SUS430附着磁铁，SUS304则不附着磁铁，不锈钢的加工中，熔接及对扣、螺钉固定等不使用胶黏剂进行组合连接，所以作为隐患对策及可循环使用的材料而受到注目（照片2）。

不锈钢装饰

不锈钢根据用途及创意性进行各种各样的表面处理来使用，代表性的装饰中，有No.4、细纹（HL）、镜面（No.8）、振动处理等装饰，可以看到各种特点、情态。另外，也可以施以涂装。在不锈钢表面直接涂装，涂料不能附着，而要进行脱脂处理，使表面充分粗糙，涂抹底漆之后再进行氟涂装、树脂类涂装、瓷釉涂装等装修处理（照片3）。

考虑这种涂装工程难以在现场进行，基本是在工厂进行烫刻涂装。其他，还有对不锈钢自身进行药液处理，使之产生化学发色的彩色不锈钢材料。

照片 1 | **不锈钢整体厨具**

①岛式厨具

整体由不锈钢制作的厨具。仅用熔接、对扣组成。不会释放甲醛等有害物质，可以说是对身体和环境无害的家具。橱柜本体使用加工性良好的 USU430，完成施工用 No.4

设计：今永环境计划 +STUDIO KAZ 照片：STUDIO KAZ

②台面

台面是使用 USU304 的 4mm 板，台面以最低值配置完成，但截面部分以 800 目研磨

照片 2 | **不锈钢的椅子**

适合厨房的椅子。脚部以 13mm 与 8mm 的不锈钢管构成，轻且坚固，可承载重量

设计照片：STUDIO KAZ

照片 3 | **陶瓷涂装完成**

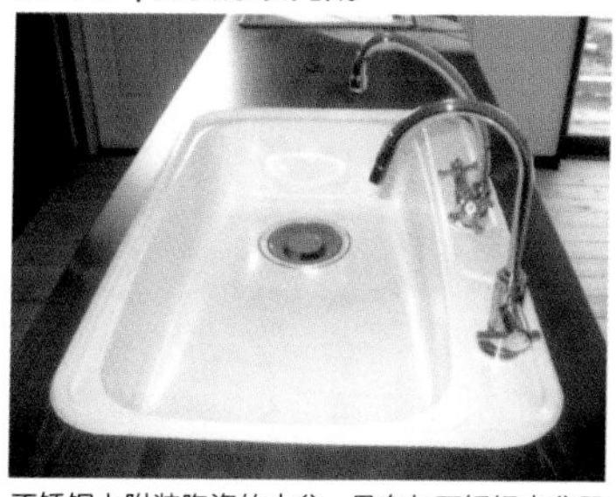

不锈钢上附装陶瓷的水盆，具有与不锈钢水盆同样的轻量与弹性。以洁面乳及尼龙布维护即可，不会像不锈钢那样积污渍或变黑，搁置高温锅也没有问题

COMO 不锈钢彩色水盆 照片提供：SELECT

其他金属

要点

- 了解各种金属的状态与特点
- 把各种金属纳入家具

铝合金

铝（图 1）比起钢铁、不锈钢价格低，质地软，拉伸强度弱，所以几乎不可用于结构负重处，铝的魅力在于柔和的状态和色泽高雅（照片 1），没有不锈钢的强光感，铝多与硅、镁等元素混合作为铝合金使用。作为板、管、棒、挤压成型材等流通。涂装容易，根据电解着色、染色等可以获得多样的色调，富有魅力（照片 2）。另外，也作为易于循环使用的材料而有名。

铝的缺点是熔点低，所以难以焊接，小的 R 可以引起破裂，所以不适合弯曲加工。

铜、黄铜、钛、铅

铜自古就是日本人常用的材料，色与光都美，氧化后带有黑色及青绿色调更美（照片 3、照片 4）。强度弱，所以不用于结构部分。

黄铜是铜加铅的合金，可以深加工，所以常用作建筑及家具的材料。管与棒状的材料常用于装饰，扶手、抓手等铸造物也常用。

钛抗腐蚀、抗热，强度好且轻，有板、管、棒材，但价格贵。

铅的相对密度大，可用于放射线室，用于遮蔽放射线及用作隔音材料。

铅很容易变黑，常有人喜欢这种色调。柔软可用手折弯，也可贴于家具。但铅中毒问题受到重视，已不可用于家具材料等了。

图 1 | 主要非铁金属种类

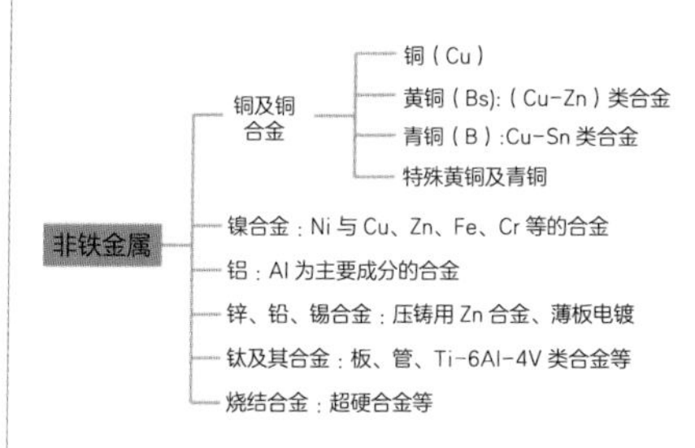

照片 1 | 铝材沙发

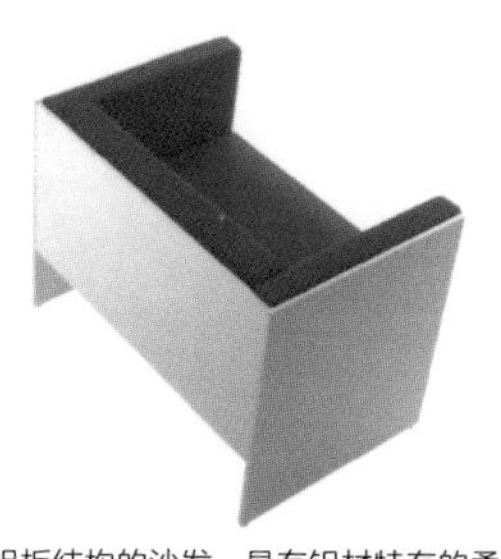

使用铝板结构的沙发。具有铝材特有的柔和与整齐形状

（1 人座宽）
照片提供：KATTUSIINA · IKUSUSI

照片 2 | 染色铝的样本簿

铝的魅力在于色泽良好，浸入电解液中根据时间取出，显色浓淡各异

照片：STUDIO KAZ

照片 3、图 2 | 可贴于家具的绿青膜

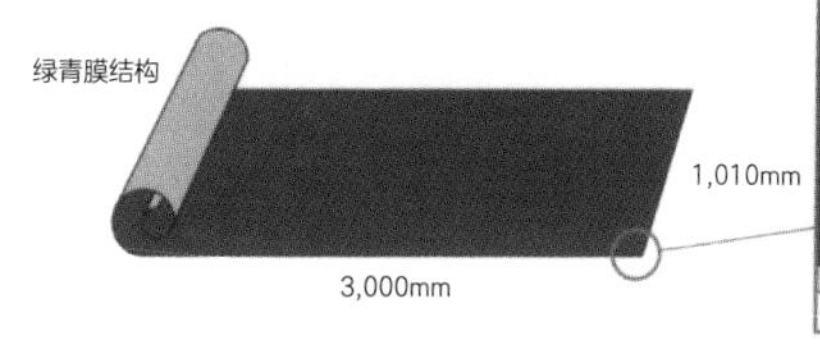

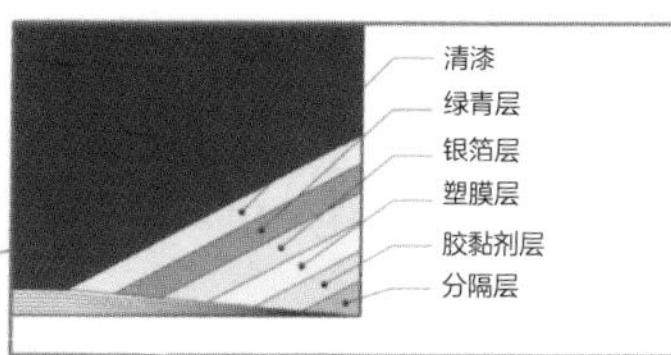

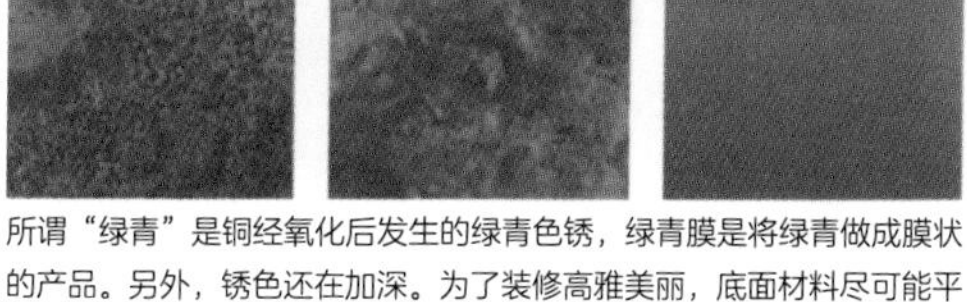

所谓“绿青”是铜经氧化后发生的绿青色锈，绿青膜是将绿青做成膜状的产品。另外，锈色还在加深。为了装修高雅美丽，底面材料尽可能平滑为好

绿青膜　照片提供：中川化学公司

照片 4 | 绿青风格涂装

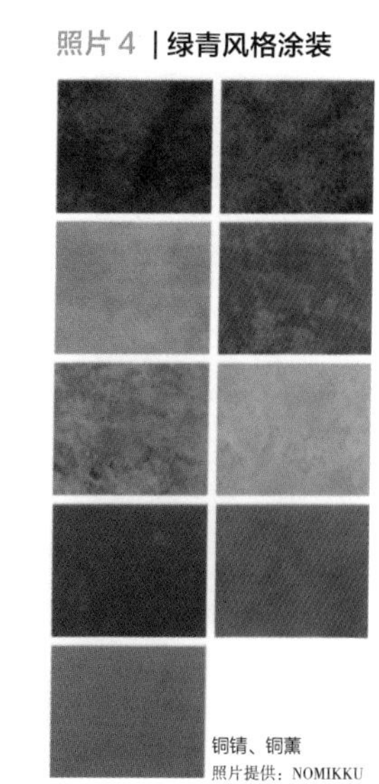

铜锖、铜薰
照片提供：NOMIKKU

天然石材

要点

- 了解天然石的样态与种类
- 了解天然石的特点，根据场所分情况使用

天然石的种类

石材的最大特点是有高档感（照片 1、照片 2）。其存在感压倒其他。并且还具有不燃性、耐久性、耐磨耗性、耐酸性，强度也很好，主要用于高级装饰材料。缺点是加工性差、不耐冲击、昂贵、沉重、难以获得大块等。

天然石的分类大致分为“火成岩”（岩浆岩）“沉积岩”“变质岩”（表）。日本的采石场已经减少，但稻田石、大谷石、伊豆若草石、十和田石、多胡石等依然有名。但现在使用的天然石 90% 以上靠进口。

定制家具使用石材最多的部位是台面，厨房、盥洗、厕所等用水场所也很适用。但对耐酸性较弱，有吸水性，所以大理石、砂岩、石灰岩等不适合厨房。另外，比重高，抗振动强，也可用于设置扩音器的台面。作为建筑材料多切为瓷砖状使用。家具多使用底部切断的大的石材。

石材的装修

根据石材种类最后装修受到限定，根据最后装修，其形态各异也是天然石的魅力。很多场合研磨出光泽，称“本研磨”，控制光泽，磨到平滑面即可的“水研磨”最近也增加。水平面多是这种研磨，垂直面多是粗糙研磨。表面以火烧加工成“喷射燃烧，防滑颗粒状”、锤敲击以形成状态的“精细粒纹”、砂板条等。另外，自然切割状况的毛石形态也很受欢迎。

表 | 主要石材的种类与性质、用途、装饰

分类	种类	主要的石材名称	性质	用途	主要适合的装修
火成岩(岩浆岩)	花岗岩	(通称磨石) 白:稻田、北木、真壁 茶色:惠那锈 紫色:万成(韩国)、紫博利(西班牙) 红:因佩里亚红(瑞典)、桃花心木红(美国) 黑:浮金、折壁、蓝珍珠(瑞典)、加拿大黑(加拿大)、贝尔法斯特(南非)	硬、有耐久性、耐磨耗性强	(板石)地面、墙壁、内外装修、阶梯、桌面、台板面、其他	水研磨 主体研磨 切割原纹 火烧纹 细敲打 人工敲打的凹凸面 海带纹
	安山岩	小松石、铁平石、白丁场	细结晶玻璃质 硬、暗色调 耐磨耗性强 轻石 隔热性强	(石板)地面、墙壁、外装修、(方石)石墙、基础	水研磨 切割原纹
水成岩(沉积岩)	粘板岩	玄昌石、仙台石其他多种中国产	层状剥离 暗色调 有光泽 吸水性小、强硬	屋顶葺铺、地面、墙壁	切割原纹 水研磨
	砂岩	多胡石、砂基米色石、砂基红石(印度)	无光泽 吸水性大 易磨耗 易污染	地面、墙壁、外装修	粗研磨 切割原纹
	凝灰岩	大谷石	软质 轻量 吸水性大 耐久性小 耐火性强 脆弱	墙壁(内装修)、炉、仓库	细敲打、锯切缝
变质岩	大理石	白:散石、比安科卡拉拉(意大利)、希巴库(南斯拉夫) 米色:坡特赤瑙、卡罗琳(意大利) 紫色:玫瑰奥劳鲁(葡萄牙)、挪威吉恩·罗斯(挪威) 红:罗斯布茹卡特罗(意大利)、红波纹(中国) 黑:波尔图露(意大利)、残雪(中国) 绿:深绿(中国) 洞石:特罗巴琛瑙·罗马瑙(意大利)、田皆 红玛瑙:安巴玛瑙(原南斯拉夫)、富山玛瑙	石灰岩是高热、高压而结晶的，光泽美丽、坚硬细密、耐久性中等、耐酸性差、在室外渐渐失去光泽	内装地面、墙壁、桌面、台板面	主体研磨 水研磨
	蛇纹岩	蛇纹、贵蛇纹	与大理石相似，研磨后变黑、深绿、白色花纹，美丽	内装地面、墙壁	主体研磨 水研磨
人造石	水磨石	种石:大理石、蛇纹岩		内装地面、墙壁	主体研磨 水研磨
	拟石(铸石)	种石:花岗石、安山岩		墙壁、地面	细敲打

※ 石材名称根据销售公司各有不同

照片 1 | 形态丰富的石材

照片：STUDIO KAZ

在宫城县开采的“伊达冠石”。如同原木材一般有边缘肌理。石材整体含铁，接触空气，经过多年成为二氧化铁，出现铁锈色，但出现锈色仍有光泽。仅用于雕刻墓碑有些可惜，形态丰富，但缺点是无法大片取材

照片 2 | 贴有天然石片的架子

电视收纳的装饰部分。天然板材剥离成厚 1.2 ~ 1.8mm 的薄材，成膜片状的建筑材料“天然石膜片”，贴在木底面制作而成

设计、照片：STUDIO KAZ

人工石材

要点

◎ 丙烯酸类人工大理石是厨房台面的主流

◎ 石英类人造大理石受到注目

石英类人造大理石

提到人工制造的石材首先在脑海中浮现的大概是水磨石。天然的大理石及花岗岩的碎片作为碎石，混入用颜料染色的水泥中，在现场多次研磨制造。但是，到制作完成很费工费时，所以最近已经看不到了。

作为大理石的代用品开发出的材料是丙烯酸树脂、聚酯纤维树脂为主要成分的称为“人工大理石”的材料。其中，使用一种丙烯酸树脂制作的人工大理石，抗热性、耐磨耗性出色。在现场也可以切割，接缝粘结可以达到辨认不出的程度，所以在厨房台面中所占比例极大。

但是，与天然石相比，柔软易受伤，是可燃物质，未取得不燃认定，所以用于墙壁需要注意。20 年前制造的厂家也很少，现在有几个厂家推出同样的产品 (照片 1)。

石英类人造大理石

最近数年，受人欢迎的是石英类人造大理石（照片 2）。由树脂连接、混入石英等天然石料，经压缩、研磨完成。其制作方法类似水磨石，且带有天然石的风采；相比天然石，在吸水性、抗冲击性上更强的材料。欧洲举办的厨房展览会，比丙烯酸类人工大理石更多见（表）。使用方法与天然石同样。比天然石难以黏结，接缝更为漂亮。

这种材料也没有获得不燃认定，有必要注意使用场所。

照片 1 | 丙烯酸类人工大理石制品

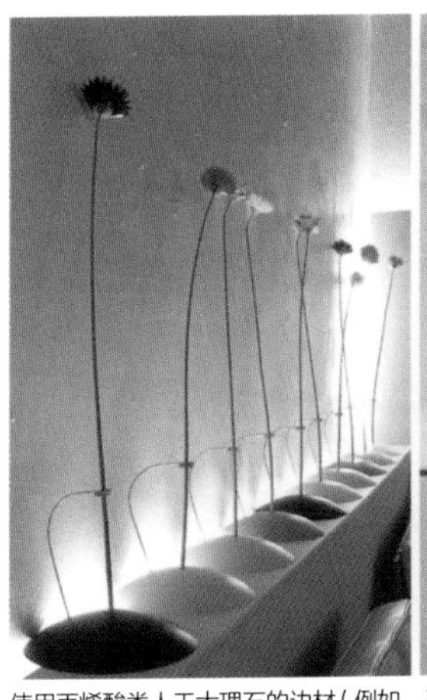

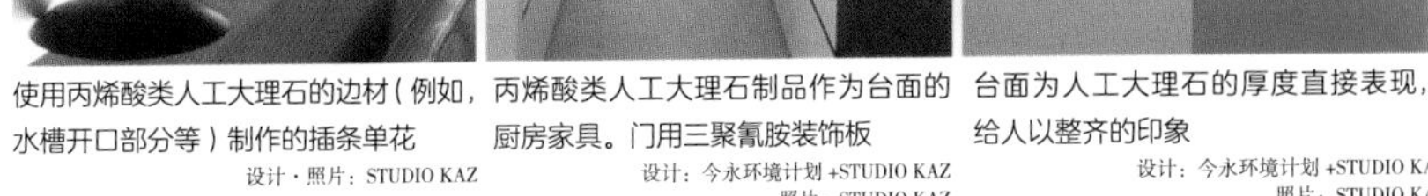

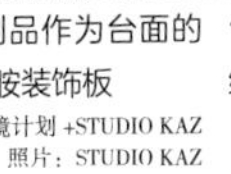

使用丙烯酸类人工大理石的边材（例如，水槽开口部分等）制作的插条单花

设计·照片：STUDIO KAZ

丙烯酸类人工大理石制品作为台面的厨房家具。门用三聚氰胺装饰板

设计：今永环境计划 +STUDIO KAZ
照片：STUDIO KAZ

台面为人工大理石的厚度直接表现，给人以整齐的印象

设计：今永环境计划 +STUDIO KAZ
照片：STUDIO KAZ

照片 2 | 石英类人造大理石制品的台面

石英类人造大理石今后会成为厨房的主流

照片提供：大日化成

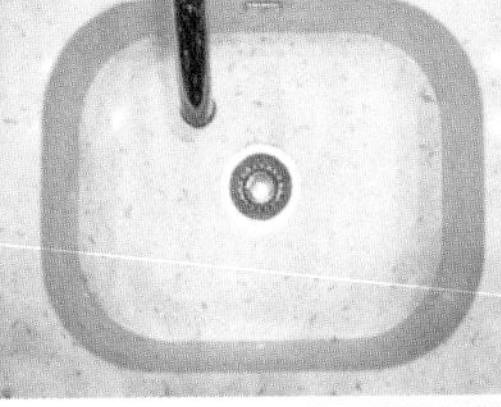

石英类人造大理石加工的水槽。不如甲基丙烯酸类的制品，比天然石的黏结美丽很多

照片提供：大日化成

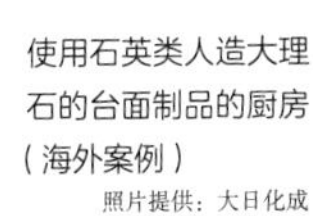

使用石英类人造大理石的台面制品的厨房（海外案例）

照片提供：大日化成

表 | 天然石、人工大理石、人造大理石的性能比较

材料比较		抗冲击性	弯曲强度	抗化学药品性	耐褪色性	耐磨耗性
天然石	花岗岩	◎	○	○	◎	◎
	大理石	○	○	△	○	○
丙烯酸类人工大理石		○	○	○	○	△
石英类人造大理石		◎	◎	◎	◎	◎

◎强　○中性　△低

瓷砖

要点

- 瓷砖根据贴法及线缝颜色氛围会显著变化
- 根据瓷砖片数决定家具尺寸

瓷砖种类

瓷砖是“由天然黏土、岩石成分的石英、长石等为原料，薄板状烧成的陶瓷产品的总称”。耐火性、耐久性、耐药品性、耐气候性出色，具有难以大面积制作、抗冲击性弱、尺寸精度不够等缺点。

最多见的形状是正方形、长方形，其他也有多角形及圆形等。颜色也多种多样，根据产地具有不同特色。一块的大小从边长10mm的方形到600mm×1200mm不等，一般比边长50mm方形略小的称为“马赛克瓷砖”。

瓷砖根据用途、材质（表）、完成（有无釉层）、形状尺寸、制作方法等分类。瓷砖并不多用于家具，例如，田园风格台面贴有瓷砖。这时，为避免边端部缺损，周围以木框保护，或是用称为“作用物”的边端部专用“L”形瓷砖。

线缝起决定作用

瓷砖的线缝防止瓷砖背面进水，以及防止瓷砖剥落、活动等，炉窑烧制而成所以尺寸精度差，要精确分割施工。并且设计也很重要，完成面要线缝齐整（网状）构成平面的侧面（图2）。根据瓷砖与线缝的凹凸强调阴影的立体侧面。这时，线缝的颜色、粗细程度、种类等成为重点（图1）。最近，各厂家也都增加线缝颜色种类，可选择的余地变多。线缝裂碎无法完全避免，使用环氧树脂类特殊树脂的线缝，使线缝追随变动，减轻了线缝裂碎的可能性。

表 | 砖瓷的种类

材质	吸水率	烧成温度	日本国内产地	进口砖瓷的产地
瓷器质	1%	1250℃以上	有田、濑户、多治见、京都	意大利、西班牙、法国、德国、英国、荷兰、中国、韩国
石器质	5%	1250℃左右	常滑、濑户、信乐	
陶器质	12%	1000℃以上	有田、濑户、多治见、京都	

图 1 | 线缝的种类

平线缝

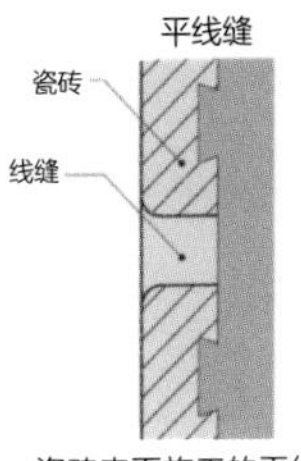

瓷砖表面施工的平线缝，没有凹凸

下沉线缝

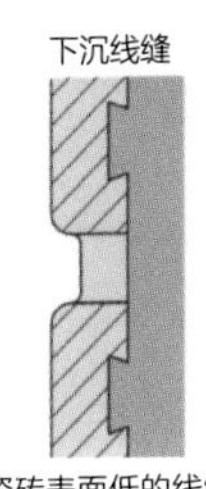

比瓷砖表面低的线缝，具有立体感的形态

深线缝

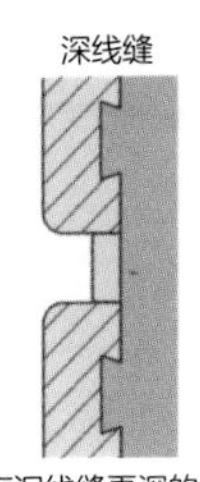

比下沉线缝更深的线缝，更具有立体感

膨胀线缝

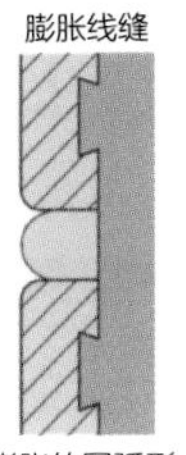

截面为膨胀的圆弧形，与瓷砖面同高度的线缝。多见于砖缝，最近比较少见

沉睡线缝

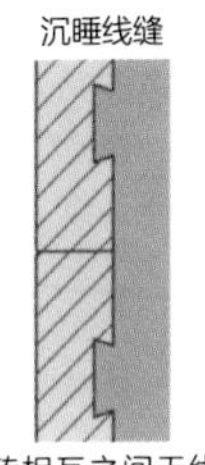

瓷砖相互之间无线缝的施工方法，瓷砖本身的精度不够，所以不能完全密接

图 2 | 瓷砖的贴法

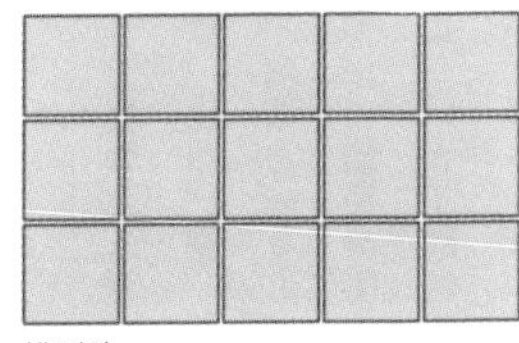

排列贴

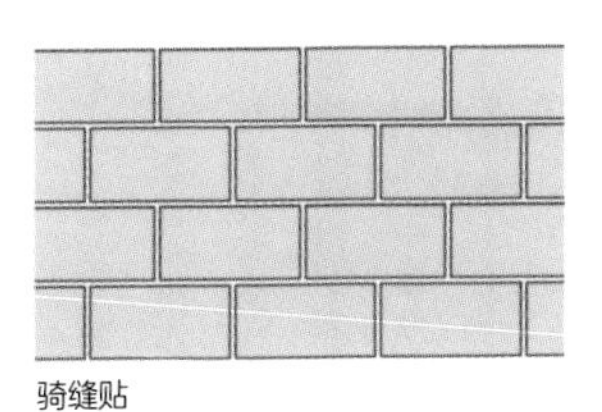

骑缝贴

照片 1 | 贴马赛克瓷砖的开放棚架

贴马赛克瓷砖的厕所的开放棚架，每一个壁龛空洞按照厕所卷纸所定大小，考虑瓷砖设定

照片 2 | 贴瓷砖的店铺接待台

贴瓷砖的店铺接待台。台面是人工大理石，其下是木纹的三聚氰胺装饰板，中间腰部贴瓷砖，底部内设照明

设计：STUDIO KAZ　照片：垂见孔士（照片 1、2）

041

皮革、布

要点

- 区分天然皮革与合成皮革
- 沙发以外的天然皮革、合成皮革、布用于家具

天然皮革与合成皮革

定制家具使用的材料除了前述的材料之外，还可以列举出皮革、布、和纸（日本纸）等。皮革通常指真皮革，但因价格、保养以及动物保护等问题，大多使用人工模仿皮革的合成皮革以及乙烯皮革（照片3）。天然皮革主要有牛皮（照片1），其他还有猪、马、羊等皮革，还有利用毛皮制成的家具（照片2）。沙发面的面积大，材料浪费少，但成本却令人担心。为提高桌子及矮橱柜的高雅感，也将固态皮革贴于台面。另外包卷在扶手等的部位，手感也良好。

合成皮革与乙烯皮革严格说是另类物质，哪一类都是以布为底材施以聚氯乙烯类物质。合成皮革进一步施以聚合物的尼龙及聚氨酯，颜色、质地多种多样，根据预算及用途选择面较宽。

布料

沙发的包面经常使用布料，与窗帘不同，要求耐磨耗性，必须用专门的布料（照片4）。

天然皮革、合成皮革、布料等也用于门的镜板以及作为墙纸使用，直接铺贴，或垫物铺贴（氨基甲酸乙酯弹性材料填充，包裹柔软皮革或布料）。垫物铺贴一般施以绗缝加工及针脚缝加工等，更具有装饰性。

另外，布料也可夹于透明玻璃，称为“布艺玻璃”。并非哪种布料都可以，要选择，嵌入窗户，或固定某处，用法广泛。

照片 1 | 使用皮革的沙发

大福尔沙发（LC2）
设计：勒·柯布西耶、皮艾鲁·江努莱、夏鲁罗德·帕里安
发表年：1928 年
铁管框架的靠背、座、胳膊扶手的弹性放入，实现了最小结构和最大舒适度

LC2（勒·柯布西耶） 照片提供：KASINA·IKUSUSI

照片 2 | 使用毛皮的沙发

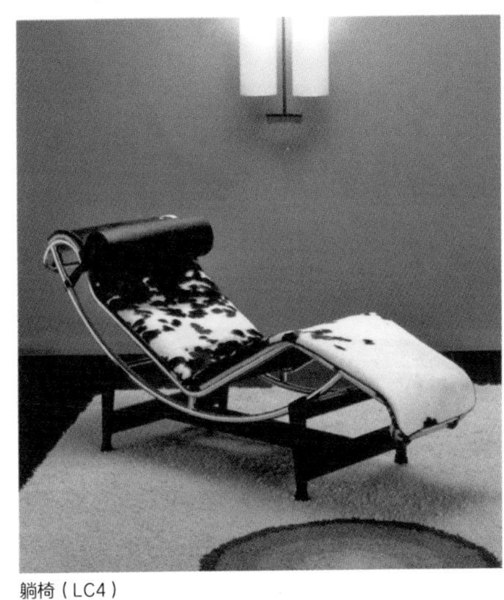

躺椅（LC4）
设计：勒·柯布西耶、皮艾鲁·江努莱、夏鲁罗德·帕里安
发表年：1928 年 描绘成弧形的铁管框架与勒·柯布西耶独特的身体曲线构成的睡椅，使用毛皮，这一照片很有名

LC4（设计：勒·柯布西耶） 照片提供：KASINA·IKUSUSI

照片 3 | 使用乙烯皮革的沙发

贴有乙烯皮革的沙发

照片提供：SANGETU

照片 4 | 布艺样本

贴椅子用的花色多样。比窗帘等要求高耐久性

照片：STUDIO KAZ 样本：国际布艺

纸、膜类材料

要点
- 要注意和纸的尺寸与建筑材料、组件有不同
- 贴膜要有想象力

纸类材料

和纸可用于门的装饰（照片 3），木底板上贴以和纸，施以聚酯纤维涂装，镜面加工完成。这种情况下，要注意和纸的尺寸。与建筑材料的规定尺寸不同，小很多。大的门和纸一张不够，要接续一部分。有接缝、V 沟、其他材料（不锈钢等）、覆盖等。其他还经常用于和纸灯罩（照片 1）。也用于纸箱增加强度，以及家具的结构（照片 2）。

膜类材料

用于家具的膜类材料有聚氯乙烯类膜与非聚氯乙烯类膜。

聚氯乙烯类膜材料为 DI-NOC 装饰贴膜（3M）、Belbien 装饰贴膜（CI 化成公司）、切割 Cutting 裁剪膜（中川化学）等较有名。各有各的特点，要分开使用。最近印刷技术日新月异，木纹逼真。导管的凹凸等质感都忠实再现。特别是装饰贴膜的 DI-NOC（3M），与称作揖斐电（ibiden）装饰板厂家的 ibiden 商品花色共有，可以完美地配合墙面与家具。

另外还有贴玻璃的膜（照片 4），透明度、色泽、花色等有许多种类可供选择。用于灯罩的玻璃贴上半透明的膜，光的映射方式以及地板、墙壁所映出灯影都可进行调整。这种贴膜还可以防止万一玻璃破碎而飞散，透明玻璃可以适时使用透明膜。

照片 1 | 使用和纸的灯具

设计：喜多俊之
发表年：2005 年

照片提供：谷口・青谷和纸公司

照片 2 | 使用纸板的家具

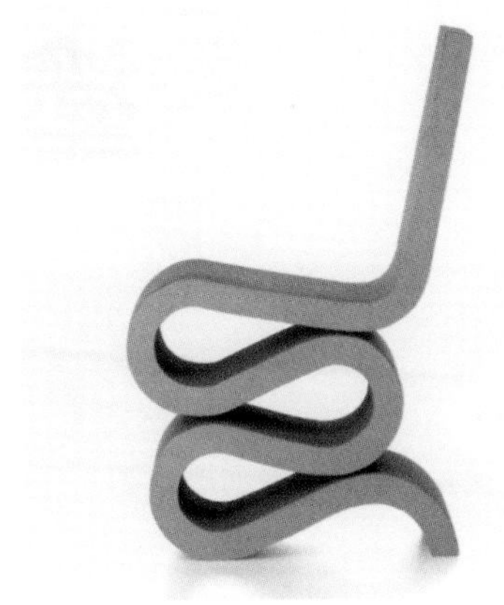

纸板椅子　设计：弗兰克・盖里
发表年：1972/2005 年　厂家：韦德拉公司

照片提供：hhstyle.com

照片 3 | 收纳家具门贴和纸

和纸的尺寸比门小，所以门窗设为 V 形缝隙，那里以和纸相互张贴

像描绘成 S 形曲线那样，设置 V 形缝隙作为设计

缝隙（和纸重叠）部分详图（S=1:2）

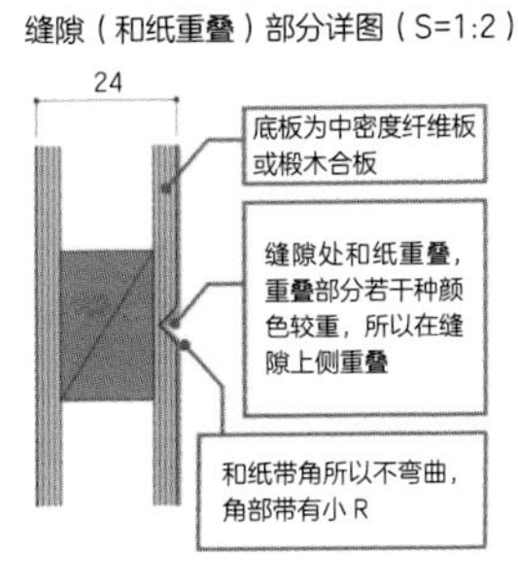

照片 4 | 贴有特殊膜的例子

贴有透明度层次的膜的案例。靠近地板的部分只通过部分光，侧影轮廓也难以看清，超过 FL+1000mm 左右起，慢慢增加透明度，到顶棚附近完全透明，划分内外。

设计：STUDIO KAZ　照片：山本 MAEIKO

涂料

要点
- 根据涂装目的区分使用涂料
- 了解自然涂料

涂膜类与渗透类

装饰板之外制作的定制家具，作业完成必须涂装，家具涂装使用的涂料有在木材表面形成涂膜和涂料渗透到木材内部的两种。涂膜类涂料有底漆、聚氨酯涂装、聚酯涂装、UV 涂装等，UV 完全是机械涂装，聚酯也是由研磨等机械依赖率高，所以在工厂作业。聚氨酯基本也是在工厂进行作业，在现场喷涂时必须充分做好防护。

渗透类涂料

渗透类涂料以油渗透木料，完全不形成涂膜，所以有木的原样质感，越使用越增加其风格。可以说是发挥木材本来魅力的涂料。

主要使用瓦透靠油气公司（照片4）、柚木油、亚麻油、桐油（照片3）等。油性渗透成为“濡色”，木纹清楚地表现出来。但是木板胶合板的表面板很薄（0.2 ~ 0.4mm），所以油渗透也没有什么意义。另外，OSUMO公司（照片1）、里保斯公司、AURO公司等为代表的自然涂料也很受欢迎（表）。日本自古使用的自然涂料中就有“柿涩”（照片2）及漆（照片5），“柿涩”有防虫、防腐、防水、抗菌效果。

最近有称为“液体玻璃涂料”的涂料受到注目，液体状态的玻璃浸透木材，形成玻璃层，所以形成看似无涂装的状态，却具有抗污染、耐久性、耐磨耗等特点，具有可抹消木材缺点的功能。但终归是浸透类涂料，所以对于原木材效果好，但对胶合板却没有太大期望效果。

表 | 自然类涂料表

涂料名	材料特点	进口、制造
OSUMO 公司色彩	葵花油、大豆油等植物油为底部涂料	日本 OSUMO 公司
AURO 公司自然涂料	天然涂料 100% 德国制造自然涂料	干燥
艾夏公司自然涂料	亚麻油、桐油、红花油、彩笔树脂等天然材料制造的日本产涂料	调谐色彩
里保斯（livos）公司自然涂料	彻底的“健康”与“生态”产生出的自然涂料。亚麻油等为主	池田公司
星球公司色彩	使用 100% 的植物油与光蜡的天然木材用保护涂料	日本星球公司

照片 1 |OSUMO 公司的色彩

自然涂料代表的 OSUMO 公司的涂料，可表现木纹的透明、半透明装修完成用涂料。轻松简单涂装。但擦拭后的废布有易燃可能性，所以要注意处理

照片提供：日本 OSUMO 公司

照片 2 | 柿涩

日本自古使用的涂料。有防虫、防腐、防水、抗菌效果

照片提供：TOMIYAMA

照片 3 | 桐油

桐木种提炼的植物油。可以出色表现木纹，最适合原木材

照片提供：木童

照片 4 | WATCIO 公司油漆

英国出的亚麻仁油为主的涂料。可以去除光泽，以湿润感为装修特点

照片提供：HOXAN

照片 5 | 涂装作业中的涂料

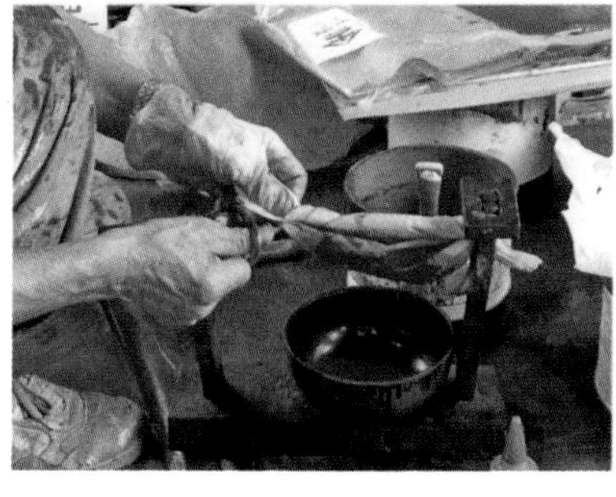

涂漆作业的环境保护很重要。必须要在认真监控温度、湿度的状态下涂装

照片提供：NISIZAKI 工艺

论坛

铁用于结构

照片 | 厨房再建造

有外板的柜台，仅用特制的支架支撑

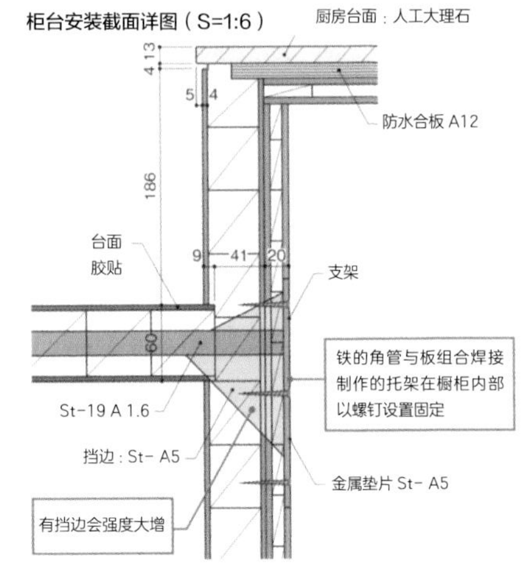

设计·照片：STUDIO KAZ

铁经常用于木制家具中，例如，为使跨距较大的架板不变形，架板的结构不是轻量而是固定芯。这依然强度不够时，在固定芯的部位使用铁管。

另外，重量大的吊柜背板与底板上，也可嵌入“L”形铁管。

照片的案例是厨房的台面，纵深的最深处是710mm左右。其他的部分为600mm。仅靠橱柜侧设置的支撑栈木强度不够，所以从橱柜内部焊接“T”形铁管插入台面内部。这样一来形成橱柜整体支撑结构，不设置脚腿也可以支撑住台面。

台面及架子下部带有支架就不会有问题，但因会影响美观而不想设置，就采取这一措施。木与铁的密接性等问题必须解决，所以在工厂难以处理，可以说是家具施工的细活。

第4章

家具的金属部件

金属的种类

要点

◉ 经常查看最新说明册

◉ 有效利用 CAD 数据

金属部件的分类

家具金属部件有创意类金属部件与功能类金属部件两大类（图）。创意类金属部件有把手、扶柄，日本式家具经常见到的装饰性金属部件就属于这类。其承担了定制家具设计中材料、颜色协调的一个方面。当然，装饰性金属部件也兼备把手这样的功能。

另外，功能类金属部件控制家具的动作，或起辅助作用，使家具使用方便，为解决家具制作上的课题，各厂家开发出的产品日新月异。

通过产品说明书收集整理信息

定制家具使用的金属部件生产厂家非常多，不可能把握全部，大致可以限定数个厂家。这样的产品名目、数量、品种变化也非常庞大。有时不使用家具金属部件，也必须使用建筑（门窗）金属部件，要经常查看、整理产品说明书等信息（照片）。家具业者会推销库存的金属部件产品，那时要明确表达意愿。有关金属部件要遵照使用、安装、动作方法等标准。

标准的使用方法可以在产品说明书的图纸及厂家的认可图纸中得到确认。最近，也有提供 CAD 图纸的厂家，利用这些可以进行更精确的设计。掌握安装方法、与材料的关系、动作方法等，可以注意到与标准不同的使用方法（比如改造等，在不损害产品的基础上）。由此，可以将家具在空间中设置得更完美。

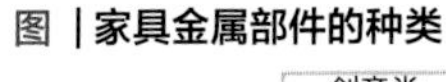

图 | 家具金属部件的种类

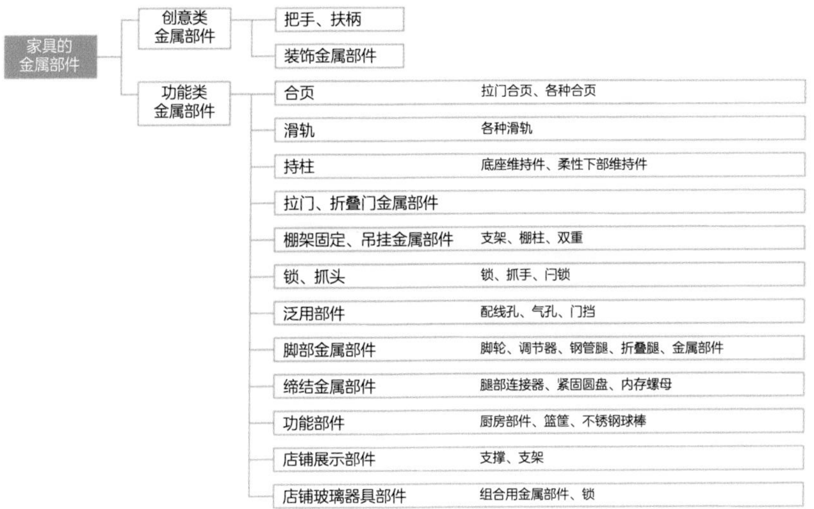

照片 | 金属部件厂家的说明书

金属部件厂家的说明书每次修改都加厚。有如此之多的数量，要全部把握是困难的，平时要尽力多过目

联络处：
HAFELETE 日本公司：TEL.045-828-3111
http://www.hafele.co.jp
MURAKOSHI 精工公司：TEL.042-384-0330
http://www.murakoshiseikou.com
SUGATSUNE 工业公司：TEL.03-3864-1122
http://www.sugatsune.co.jp

家具的金属部件～开

要点

◉ 了解合页形状与动作

◉ 了解各种门扇开法与对应的金属部件

各种各样的合页

家具门的开关方式主要有6种（推拉门除外），各自都有专用的金属部件（图、照片）。现代的开合门扇所使用的合页是滑轨铰链，其特点是关闭时看不到合页，具有数个旋转轴，开关时动作复杂。除了全隐蔽、半隐蔽、内设方式之外，还有用于拐角、玻璃等的种类。调整余量、精度、耐久性等各厂家有不同，扁合页、长合页（钢琴合页）、P合页、隐蔽合页等可以认为是门窗合页的小型版。基本都是设置于内部，用于门扇180° 全开的场合。骑跨式办公桌使用向前拉下开门的下降合页，但要注意安装使用隐蔽式合页的板要有调整余量的必要。这时，必须并用维持部件。其他也还有用于卡环契合的壁框斜角合页等。

最近，常用带有柔和性关闭结构的合页，最新的滑动合页内藏这一结构。其他也还带有嵌于橱柜截面及侧板的闸板减振器。

特殊开法的门

除了简单开法的门之外，还有特殊开法的门，主要多用于厨房，厨房经常开着门作业，所以各个金属部件都凝结着保持开门状态的智慧，这些金属部件不仅仅用于厨房，也可以有效地用于更衣室等狭窄场所，有电视收纳时，也要保持开着门的状态。音响装置收纳也多用这样的门，所以考虑开法是最先要解决的问题。

图 | 门的开法

开门

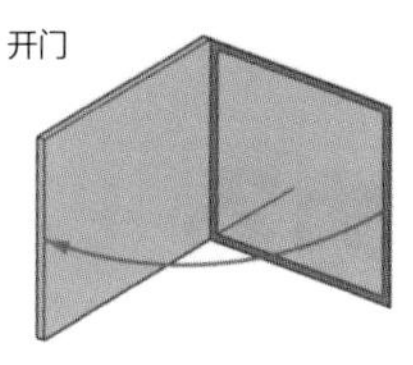

一般的开合门。要注意门宽

拍打下开

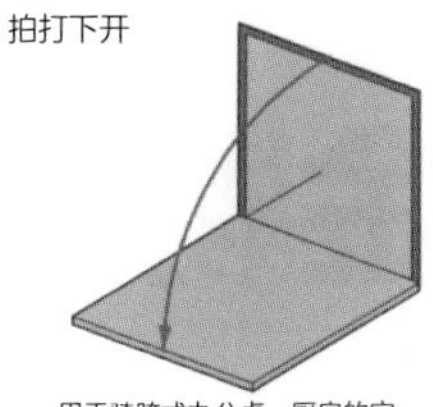

用于骑跨式办公桌、厨房的家电收纳，骑跨式办公桌向下

拍打上开

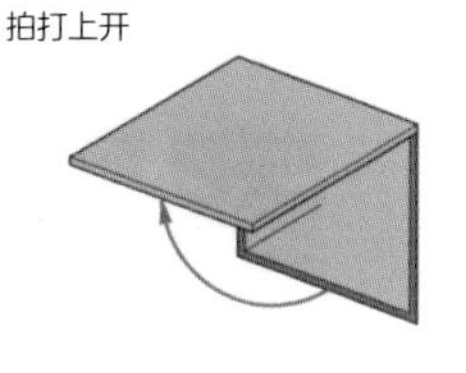

必须要接受垂直荷重。其他还有视频播放器收纳等

摆动门

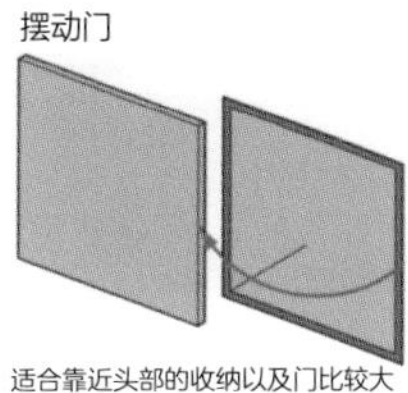

适合靠近头部的收纳以及门比较大的收纳，开放不关闭使用。厨房收纳等

水平折门

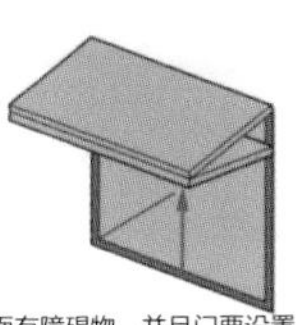

适合前面有障碍物，并且门要设置平面时使用。厕所收纳、厨房收纳、电视收纳等

摆动上开

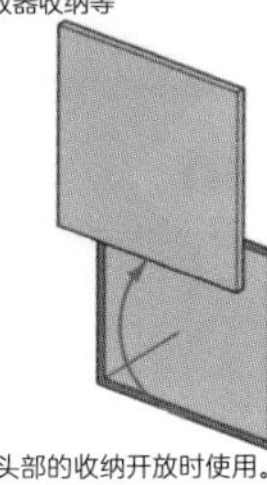

适合靠近头部的收纳开放时使用。厨房收纳、家电手纳等

照片 | 家具用合页的种类

下落式合页（用于拍打下开）

①

软式下开的维持固定部件（用于拍打下开、拍打上开）

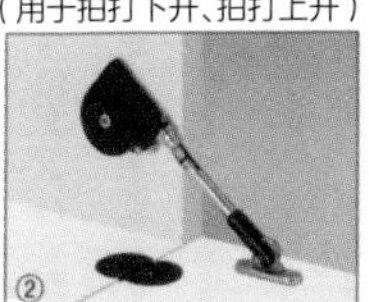

②

维持固定部件（用于拍打合页）

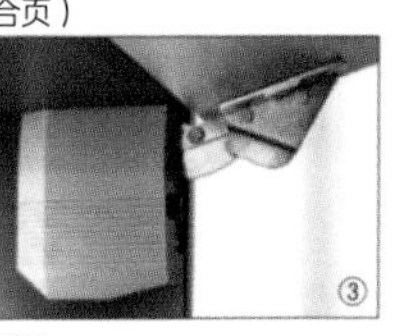

③

水平折门维持固定部件（水平折门用）

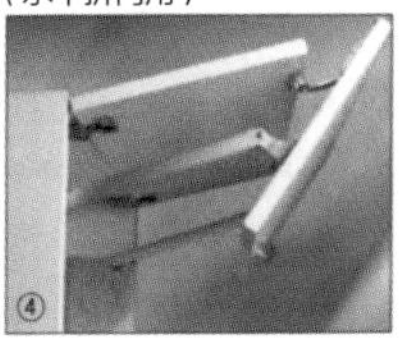

④

滑动合页（开门用）

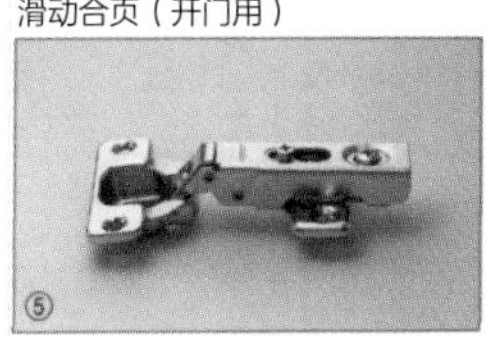

⑤

摆动门的金属部件（合页）

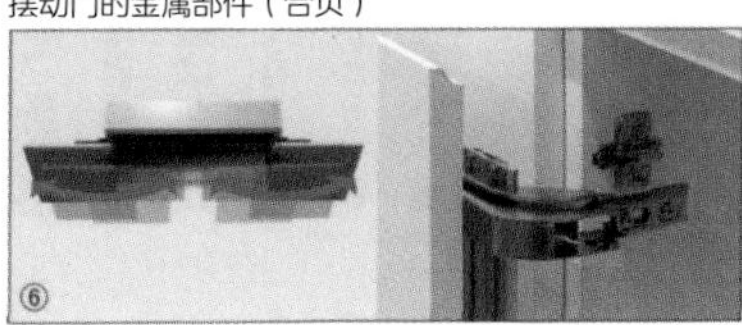

⑥

摆动门开关时的动作（左）这一摆动门的金属部件可以一次性安装（右）

摆动门上开维持固定部件（用于摆动门上开）

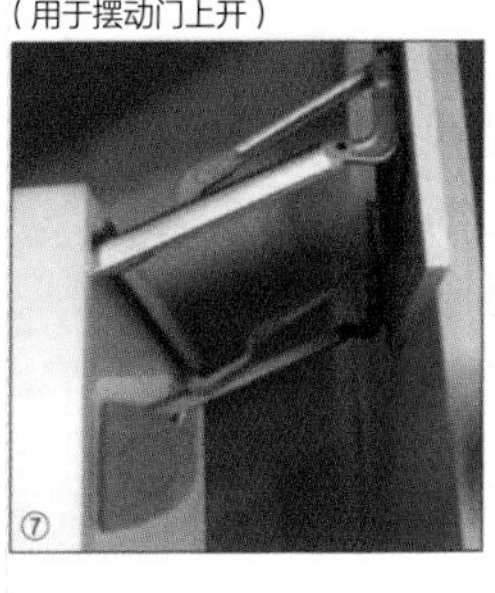

⑦

拍打开闭维持固定部件

⑧

照片提供：HAFUERE（①③④⑦）、SUGATUNE 工业（②⑤⑥⑧）

家具的金属部件～停

要点

◉ 适合门扇重量的维持件

◉ 注意维持件的大小与动作

并用维持件

一般开合门之外的门扇并用维持件。为保持开的状态的简单的维持件，以及带有开关动作自始至终和缓的减振器。最近，为防止事故，后者多用。带有减振器的维持件要是不适合门的重量，反而会使用不便。过强则打开时费时间，过弱则减振器不起作用。应必须把握好门的重量。

不论何种开法，要把握门开关时的轨迹与开放时的位置。除了轨迹中有无障碍物，还要特别注意高方向的门的位置是否要弯曲身体，开放时门是否过于前伸而看不到内部（图 1）。

必须要注意的是要考虑所有的维持固定部件必须具有门重量以上的荷载重量这一点。譬如，骑跨式办公桌等，门打开后门上会放物品，身体会依靠等，要能够经受住这些荷重。

注意金属部件自身的大小

容易忘记的是金属部件自身的大小，特别是维持固定部件，包括其轨迹，在橱柜内部占有空间（图 2）。在橱柜内部所占尺寸大（图 2），占橱柜内部全部尺寸收纳时，会碰到金属部件而放不进去。高度有时会碰到顶板。

要注意滑动合页打开时门会留在内侧一点，全部遮蔽时合页自身高度约 22mm，门伸出 15mm 左右，特别是内部抽屉及筐等，有必要计划考虑。

图 1 | 确认门开放时的位置法

摆动门上开的失败案例

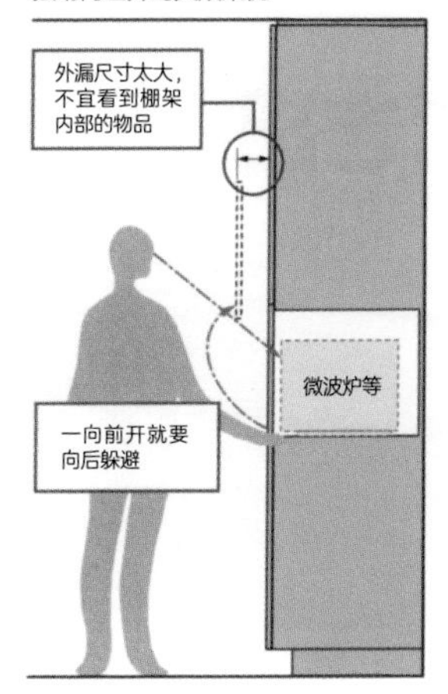

对应高门外伸出的尺寸过大，位置低则看不到内部，难以使用。打开时下端在头部位置正合适

拍打门上开的失败案例

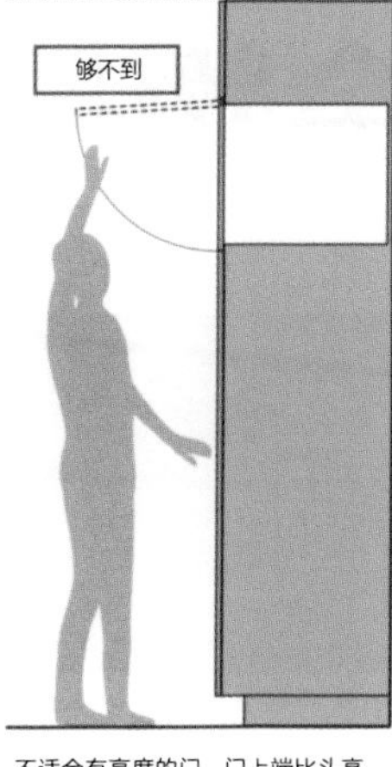

不适合有高度的门，门上端比头高为前提，但过高，关闭时手够不到

水平折门的失败案例

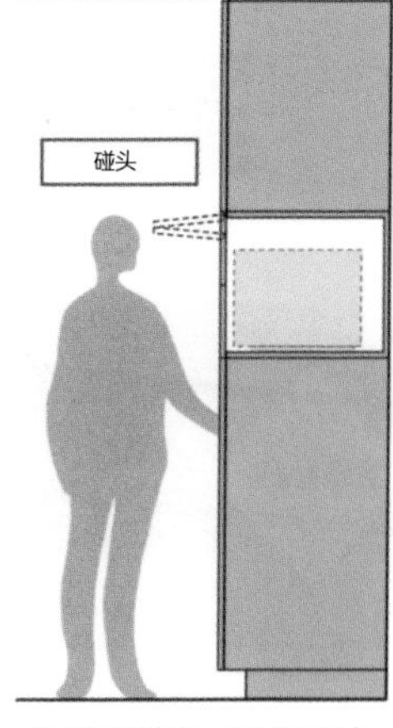

适合有高度的门，设计为打开时，门比头高

图 2 | 注意金属部件的动作与大小

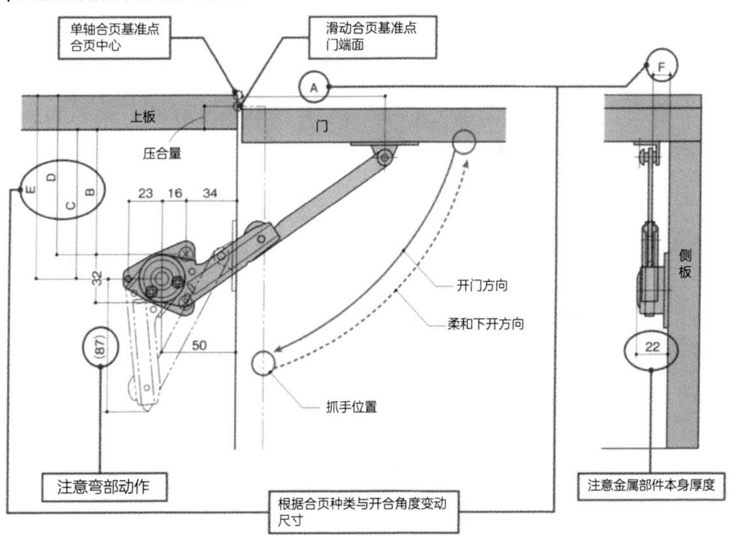

家具金属部件～拉出

要点

◉ 了解滑轨种类及特点

◉ 缓冲关闭装置要实际确认动作后再采用

滑轨种类

现在家具抽屉几乎都使用滑轨，只有在当难以确保有效尺寸及抽屉纵深时等才会使用称为“折栈”的木轨道。

滑轨的种类大致分为三种（图1、图2）。外观及使用感觉等各有特点，按照使用部位以及有效尺寸等分开使用。这三个种类各自有抗荷重、滑轨长度等多种类，也有的带有附加选择。最近，厨房为中心的“带底轮式滑轨”成为主流。带底轮式滑轨加上通常的种类，带有缓冲关闭装置，抽屉盒成为一体型，推开型、推开型与缓冲关闭装置双方都以电动进行的方式被推出了。

缓冲关闭装置

厨房已经完全装备“缓冲关闭装置”的，一个好处是缓冲关闭方的关抽屉的动作，另一个好处是地震时减轻抽屉的突然打开。以往，只是使用带底轮式滑轨的结构，最近在边侧带有轮式滑轨出现了。可以确实紧闭，拉开时非常沉重，尽管在展览室的体验较好，也要避免无条件地选用。

另外，根据移动距离有完全滑轨与2/3滑轨两种。完全滑轨正如其名，抽屉可以完全从橱柜拉出。通常使用这种类型没有问题。使用2/3滑轨时，要确认拉出的尺寸。

图 1 | 抽屉滑轨的种类及特点

抽屉名称

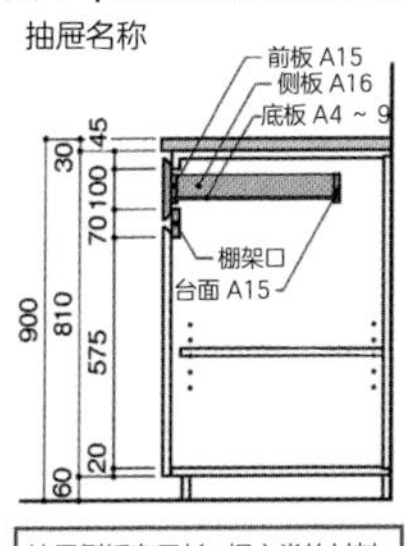

抽屉侧板有云杉、桐之类的材料，使用聚酯合板等，底板为椴木合板、聚酯合板等，放入重物时需要有 9mm 厚度

注：尺寸为估计，实际按照收纳物大小判断

旁边带滑轮的

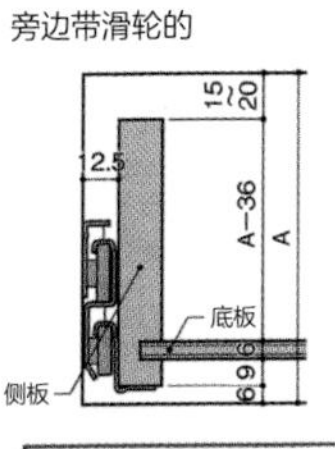

活动顺畅，但滑轮声音时有令人厌烦而减少有效高度。最深处的滑轨向下倾斜，可确实卡紧。地震时抽屉很少滑出

支撑条板

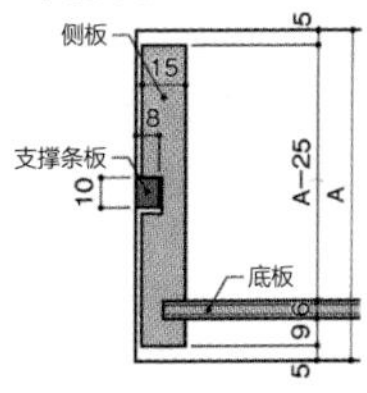

抽屉内部宽度、高度的有效尺寸扩大，活动的顺畅性不足

旁侧带滑轮的滑轨

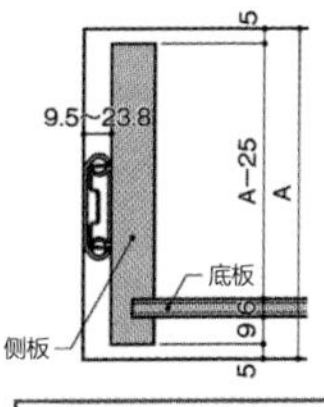

有效高度大，地震时抽屉会自然打开，最近对此安装功能性配件使之不出或慢慢缩紧

带底轮式滑轨①

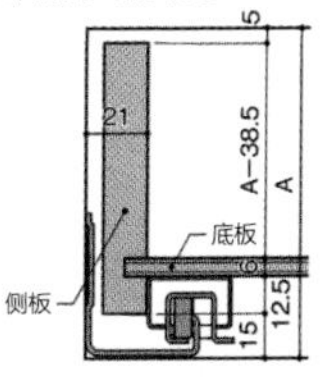

最近的主流。活动顺畅没有声音，慢慢卡紧型以及一按即开型等种类繁多，抽屉下部结构集中，所以牺牲有效高度

带底轮式滑轨②

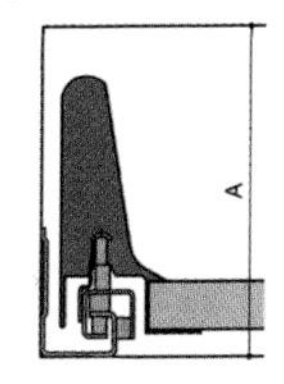

侧板与滑轨成为一体。决定侧板高度，变化少。另外，常有侧板内侧倾斜的，易于清扫但使用不方便

滑轨。抽屉拉出时可看到滑轨，动作时的声响给人低端廉价的印象，所以逐渐减少。比较便宜，动作轻，作者感觉不错的滑轨种类之一

照片：BURUMU、DENIKA

底部带轴承型滑轨。抽屉拉出时滑轨本身看不到，清爽的装修。动作顺畅，当刚开始拉时感觉沉重，带柔性关闭结构会更沉重

照片：BURUMU、DENIKA

图 2 | 开放货架周围的详图

基本装修

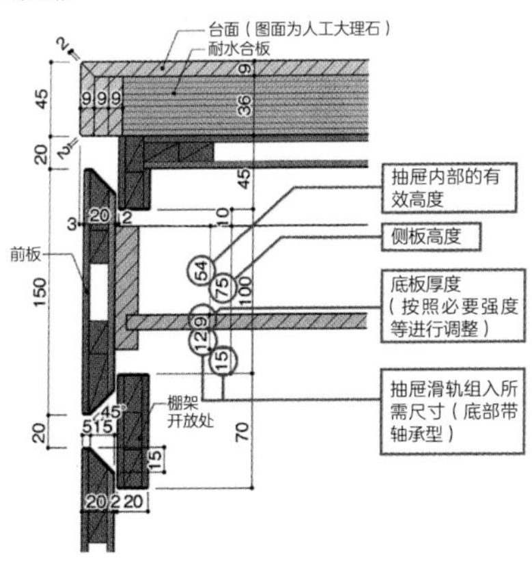

挂钩形状的变化

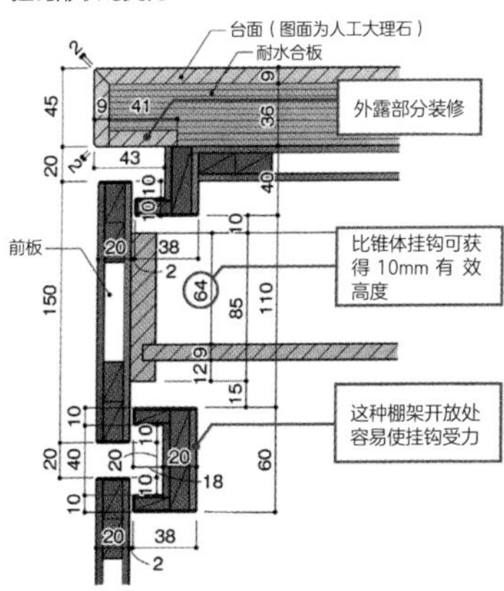

金属部件 ~ 滑动

要点

◉ 嵌入与外设置分开使用

◉ 确认金属部件的荷重

拉门金属部件的种类

自古餐具棚架等在家具中就使用拉门。门的上下有凹凸沟槽，从上部开合的插入方式是正统的收纳方法，现在也有采用。但最近，几乎都使用拉门滑轨了（图 1）。

建筑门窗也同样，拉门的金属部件采用上挂式或下荷重式。上挂式金属部件的优点是动作顺畅以及不需要下部导轨，所以容易清扫，并且装修方法多样。下荷重式只有一种装修方法。因此，多使用上挂式金属部件。开关的方式有互插式、分开式、单开式、平开拉门等多种形式，根据设计分开使用。

拉门的装修方法通常为内设置，也有经过研发而成熟的外设置金属部件，其大多用于橱柜的上下部，要有金属部件吊挂的大空间。在家庭主妇看来是“易于积存灰尘的场所”，采取慎重选用的态度。大多为动作自身顺畅，十分实用。

选择金属部件着重看荷重

拉门的金属部件多有吊挂式，所以耐荷重是选择金属部件的要点。说明书中记述：“门重 25kg 以下”“门高 2400mm 以下、幅宽 1200mm 以下、门厚 19 ~ 25mm”等。这不是说 2400mm × 1200mm 的门就可以，而 25kg 以下重量为要点。作者使用门重量的简单计算方式为“门宽（m）×（门高）（m）× 厚（mm）× N”，作为 N= 0.5 ~ 0.8 来计算（图 2）。这是简略算法，实际操作时要向家具业者确认。

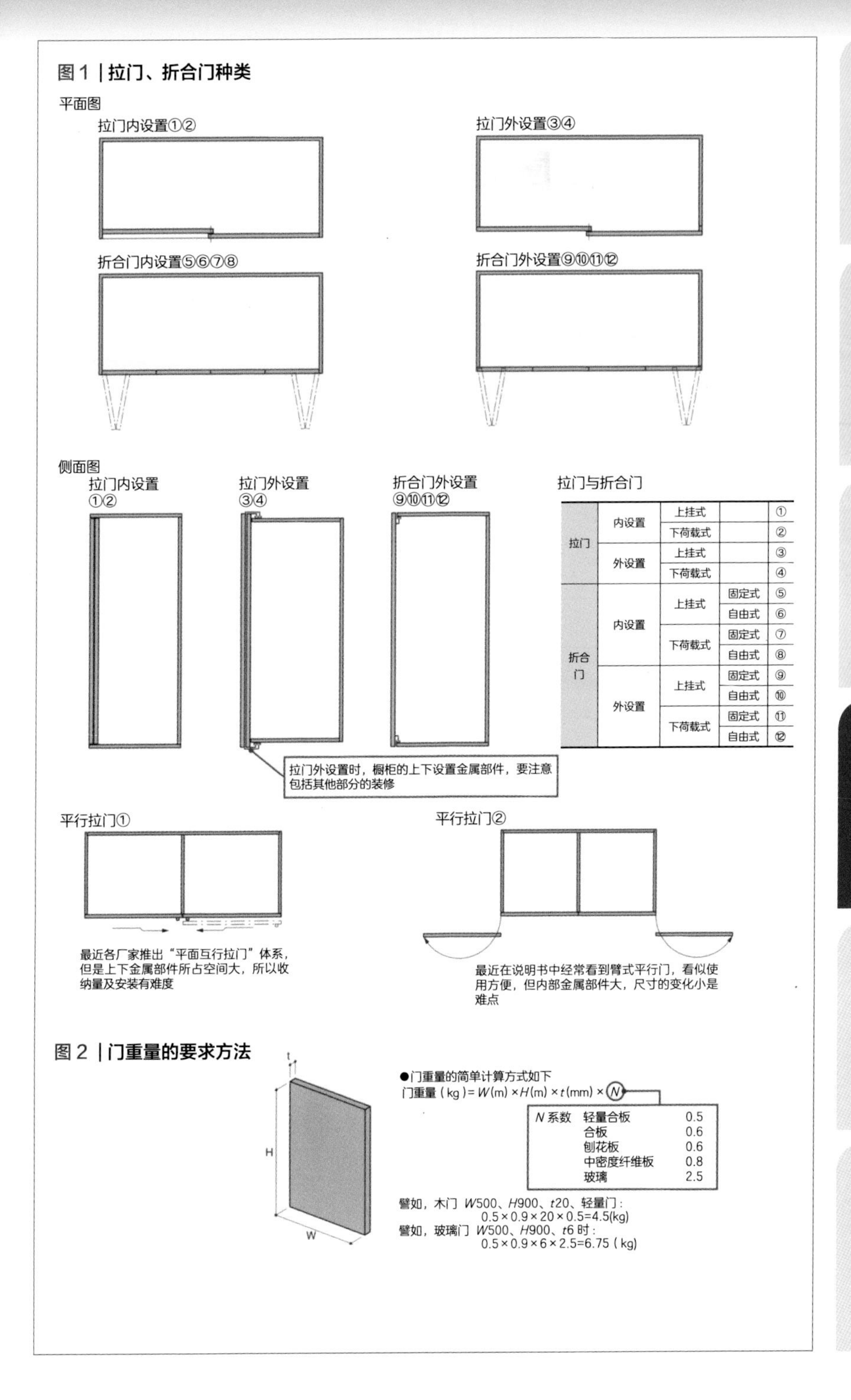

拉门	内设置	上挂式		①
		下荷载式		②
	外设置	上挂式		③
		下荷载式		④
折合门	内设置	上挂式	固定式	⑤
			自由式	⑥
		下荷载式	固定式	⑦
			自由式	⑧
	外设置	上挂式	固定式	⑨
			自由式	⑩
		下荷载式	固定式	⑪
			自由式	⑫

金属部件 ~ 动作

要点

- 材料与施工划分棚架部件使用
- 棚架部件的位置也在图纸上确认

棚架的可动结构

可动棚架的收纳种类较多（照片、图），家具施工固定时，用专用机械在侧板上等间隔挖孔，打入主定位销，安装插入式螺钉，承载架板。

这时，为使架板不移位，在架板背面插入半圆的桶形定位销 ※ 承载部件。考虑使用方便，台面抬架以细为好。但是，孔数增加作业量，抬架数也增加。使得成本增加，橱柜最重要的是内部，感觉烦琐。木架及饮料箱 30 ~ 40mm，其他收纳间隔 40 ~ 50mm 左右比较适宜。

玻璃橱架承载维持件有的有专用的塑料制护壳，玻璃棚架使用专用的防止滑动的承载部件（图形）。这时的木制棚架与承载部件位置有变化，须注意。

木工施工中并不打螺钉孔，所以，现成产品的棚架螺钉（螺柱）安装到侧板，有在侧板上嵌入沟槽型和直接固定型，螺钉轨道的可动范围大多为 20mm。

注意金属部件的位置

橱柜内部安装有滑动合页和维持件等金属部件。棚架板、定位销、滑轨的位置与这些金属部件相关联。经常有在需要安装架子的位置却碰到有金属部件而无法安装。或是柔软型下降维持件碰到棚架板而门无法关闭等状况。对此，制作图上要准确记载螺钉的位置、金属部件的形态，这样就都可以获得解决。自己描绘时，要注意不遗忘检查。

照片 | 定位销的种类

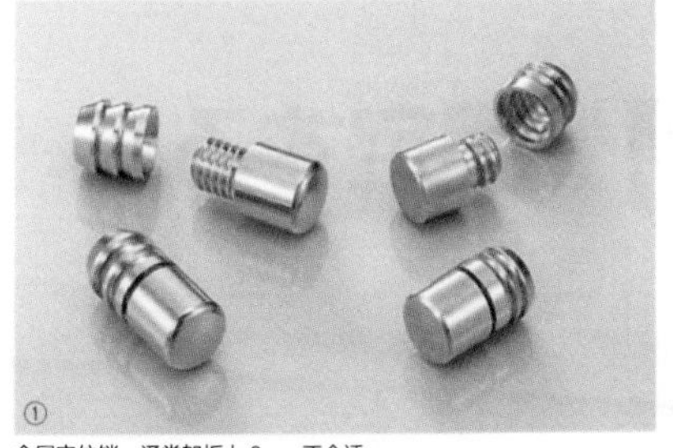

金属定位销：通常架板上 8mm 正合适

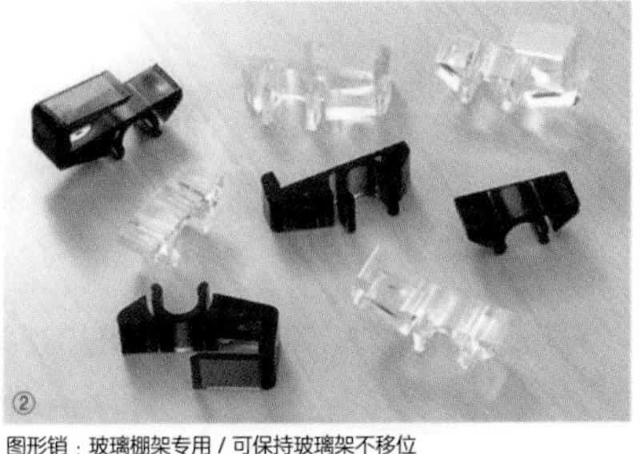

图形销：玻璃棚架专用 / 可保持玻璃架不移位

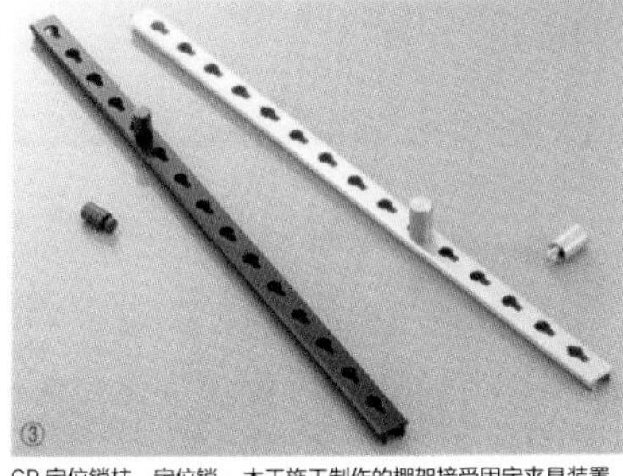

GP 定位销柱、定位销：木工施工制作的棚架接受固定夹具装置，平板的沟槽上嵌入定位销柱

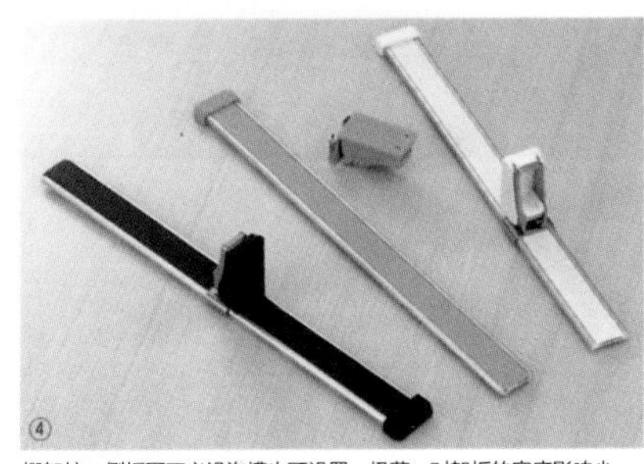

棚架柱：侧板面不必设沟槽也可设置，极薄，对架板的宽度影响少

照片提供：野口硬件（①~③）、SANUKI（④）

图 | 可动式棚架的契合

家具施工的契合

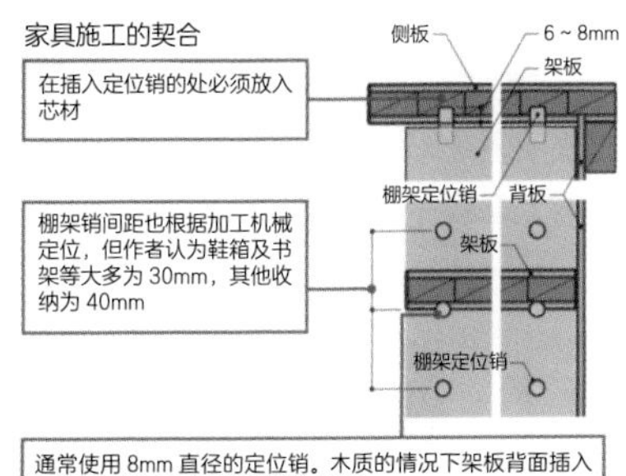

在插入定位销的处必须放入芯材

棚架销间距也根据加工机械定位，但作者认为鞋箱及书架等大多为 30mm，其他收纳为 40mm

通常使用 8mm 直径的定位销。木质的情况下架板背面插入定位销的半圆形定位销孔以防止挪位

木工施工的契合

侧板

架板

背板

棚架柱

架板

架板

棚架受力底座

棚架柱

埋入式棚架柱较美观，但要避开角的 R，可以 1mm 左右突出。另外，木工施工埋入棚架柱时，在板中央难以设置沟槽，而是通到上下端部

棚架柱与棚架受力底座种类多，根据设计性、荷重、成本等分开使用

玻璃板的契合

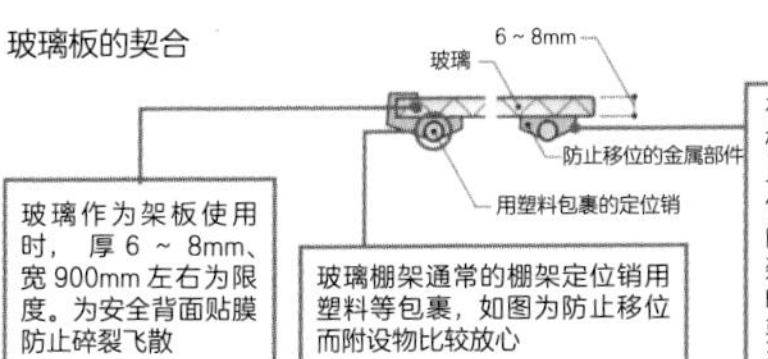

玻璃作为架板使用时，厚 6 ~ 8mm、宽 900mm 左右为限度。为安全背面贴膜防止碎裂飞散

玻璃棚架通常的棚架定位销用塑料等包裹，如图为防止移位而附设物比较放心

在背板为木质及装饰板的情况下不需要防止移位的金属部件，仅设置 1 ~ 2mm 的间隙即可。装饰棚架等在背板镶嵌镜面时，背面的定位销也要包裹，以防止移位，避免碰撞

棚架板宽度，一般收纳 900mm、书架等 600mm 左右，超过此尺寸时，通常两端的 4 处以定位销支撑处也可以用背板部分支撑，这时，背板定位销部分也设置木芯，通常架板厚度为 18 ~ 20mm，书架等承载较重物品时为 24 ~ 25mm，不是以轻量合板，而是用实心合板，芯材也可以用不锈钢管

家具金属部件～固定

要点

- 为固定橱柜、棚架而指定底材
- 金属部件及螺钉不外露而固定

橱柜固定

地震时，防止家具倒塌已是常识，定制家具几乎都固定于墙壁或地板，所以不会有大问题。但要略微说一下。

放在地板上的橱柜框缘要固定在地板上，这样虽很固定，但上部固定于墙壁就更完善了（图1①）。因为是螺钉固定，底部不牢就没有意义。特别是仅由墙壁支撑全部荷重的吊柜，底部支撑很重要。在住宅中，替代石膏板插入控制面板，作为固定用的底部。安装前要商谈、指示。

这一方法在橱柜内部可以看到螺钉，要用螺钉盖遮蔽。但开放棚架时，螺钉盖不美观，这时要用称为“挂扣”的物件（图1②）。

固定在地板时，要注意地板暖气。家具下部很少设置地板暖气，但万一有铺设，可用短螺钉对应。不可以碰伤热水管以及电板。

固定棚架

墙壁只附有棚架时，最简单的方法就是墙壁上固定托架，托架种类很多，其中还有可折叠式的，所以也可用于玄关的凳椅等。但托架有美观上的问题，三面靠于墙壁时要有壁栈，从正面插入以夹着壁栈（图2）。只有背面是墙壁时，使用金属件固定支撑棚架很方便。也可以调节水平，所以安装作业很方便。

图 1 | 家具的固定

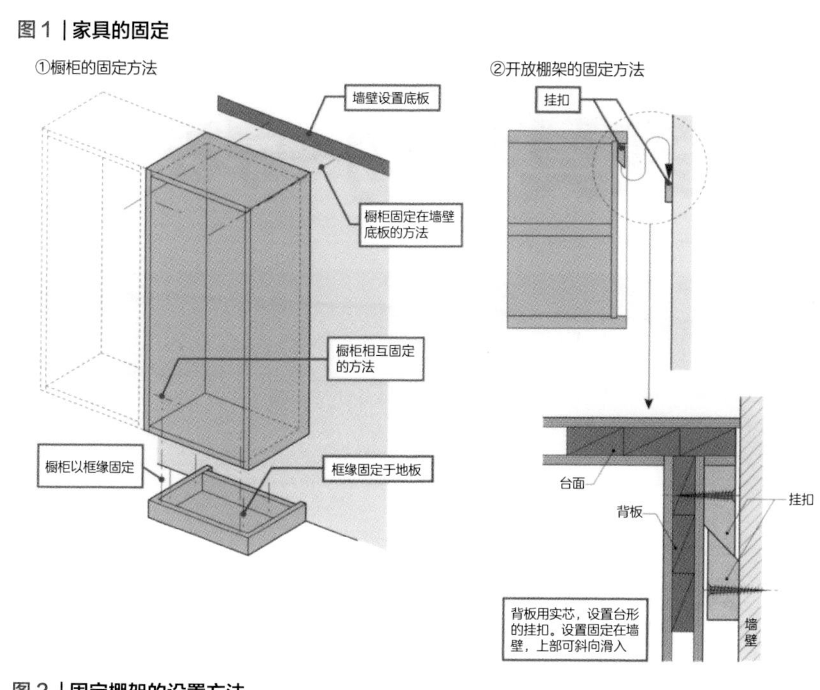

图 2 | 固定棚架的设置方法

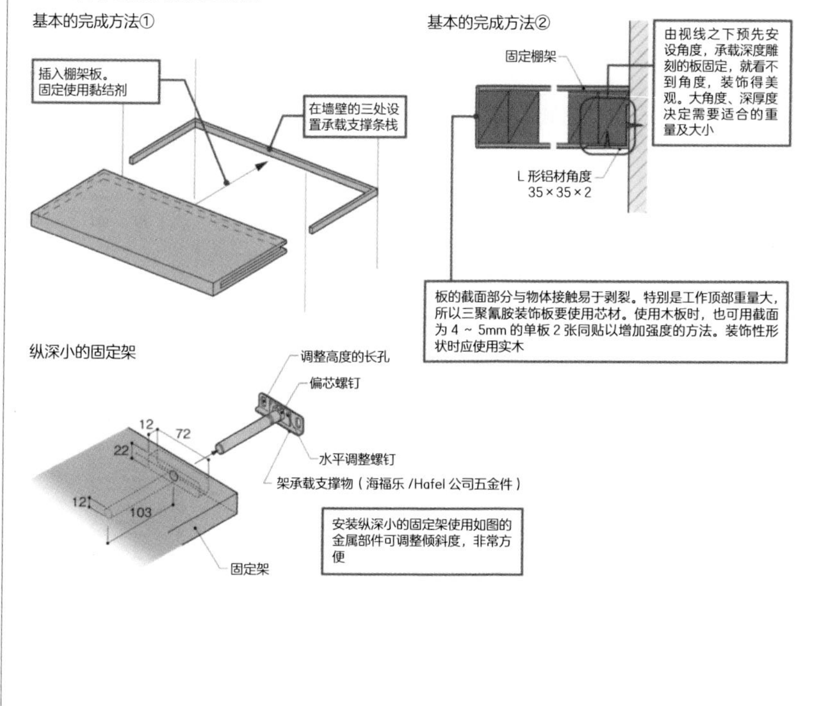

家具金属部件～保护

要点

◉ 头部以上高度的门固然要设防震门闩

◉ 考虑将来的安全、防范计划

防震

发生强烈地震，门震开其中的物品掉落，所以放入重要物品的收纳，以及头上位置的开门一定要安装防震门闩（图1）。最近的防震门闩分地震收紧与解锁结构，解锁并不麻烦，但最初打开时要注意有无靠在门上的餐具等。另外，最近还有用于抽屉的此类构造，可以使用。

锁住

店铺器物及办公家具理应锁住，但定制家具的抽屉及门也可以加锁（图2）。

锁分为木质门用与玻璃门用。一般的圆柱锁与凹坑锁形式，开锁时不拔钥匙，而外设门则有圆柱锁交换形态等多种多样。另外，不像大门锁那样，钥匙多不同数目，也有对应主钥匙的，一把钥匙可以开关数种锁。在办公室见到的，也有数个抽屉一次开启的形态。还有关开壁橱等高处门的3点锁（照片）。这种锁的抓头是按入式，按入锁的抓头，上下与横方向的3处可简单锁住的一种结构形式。

也有为防止儿童乱动及错误动作的金属部件。推动把手而打开，总之，开关动作一次性完成（图3）。但孩子长大后就不再需要，设计要考虑将来。

图 1 | 防震门闩

防震门闩的完成图

固定螺钉：T.Pϕ3.5
（容许范围）上侧：4mm
下侧：6mm
$B+A=33.5^{+3.8}_{-1.2}$

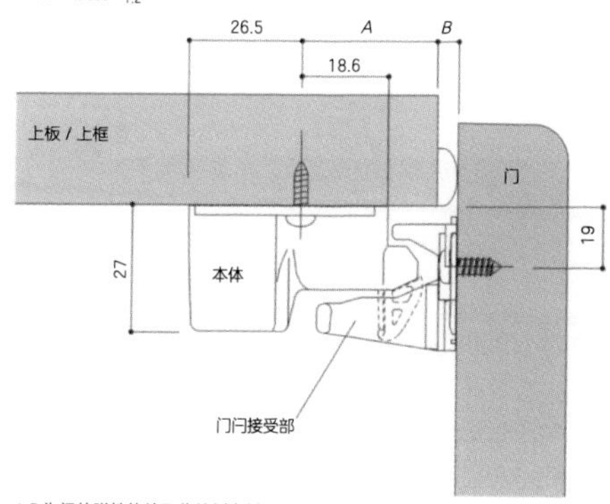

※B 为门的弹性垫片及收纳侧密封片的厚度。无设置时 B=0，本体与受部安装位置的移位为左右 ± 3mm 以内

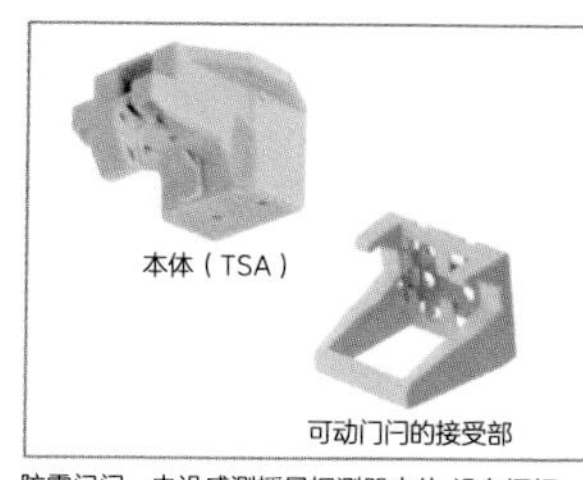

防震门闩：内设感测摇晃探测器本体 设在橱柜一侧

照片提供：村越精工

用于抽屉的门闩：本体设置在侧板内

照片提供：村越精工

照片 | 3 点锁的系统

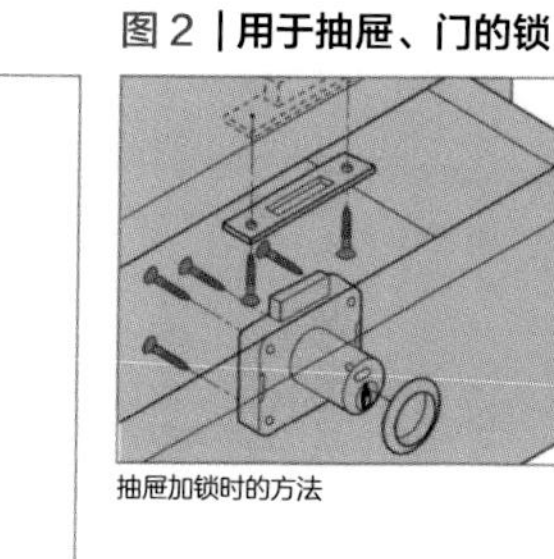

推动把手使大的门的上下及横部锁住

照片提供：村越精工

图 2 | 用于抽屉、门的锁

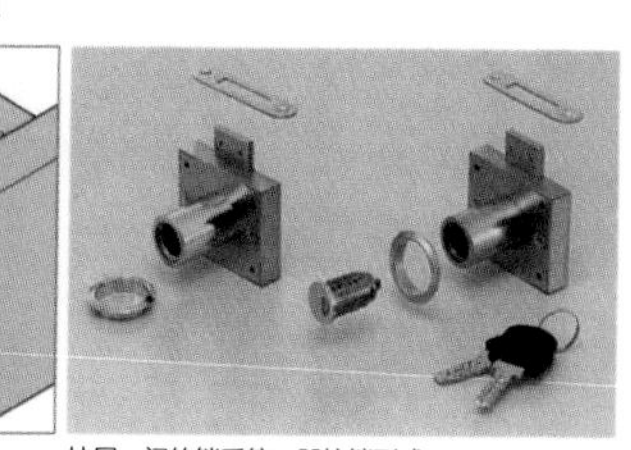

抽屉加锁时的方法

抽屉、门的锁系统：凹坑锁形式

照片提供：菅津根工业

图 3 | 把柄门闩

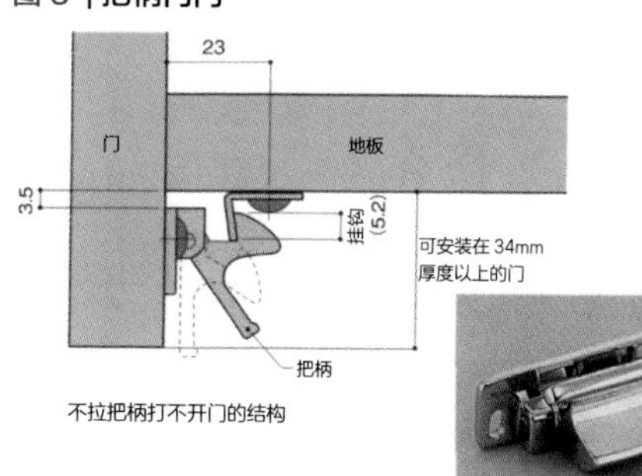

不拉把柄打不开门的结构

照片提供 :SUGATUNE 工业

家具金属部件～把手、抓柄

要点

◉ 是否安装把手要根据方便与设计

◉ 不安装把手时要考虑重量

选择把手

各厂家推出了各种各样的把手、抓柄（照片），仅把手的介绍就可以归纳为一册，材料有木质、树脂、金属等，大多使用金属品。在金属品之中，有铝、铜、不锈钢、铸铁等材料制作的，施以烧制涂装、研磨、细纹、镀锌、镀铬等种类。

希望设计简洁时，不使用把手、抓柄，而是使用手抓部位。但这样棚架开口大，内部有效空间就会减少。这种情况下，可以使用挤压成型的铝质的长桥式把手的种类（图）。但在色彩变更的情况下，几乎只有表面银化处理及黑色的可用。长桥式的长把手可用切断的方法，所以任何厂家都可生产，交货期要 2 ～ 4 周，应尽早决定门的宽度（实际尺寸）。

不安装把手

最近因为使用柔性紧闭体系的拉槽开拉时略感沉重，所以不使用抓柄而是使用完全紧握的把手比较好。当然也有因设计优先而不愿用把手的情况，交货后多有投诉，要确认房主的使用感觉之后再决定。设计吊柜的情况下，有时把手会来到眼前，除了框架组合门之类的古典式设计之外，基本上是不设把手。门下部挖入手的抠入部，或比橱柜大出 10mm 左右，作为把手的替代。这时，要注意不要碰到正面墙壁的瓷砖等。

照片 | 把手的种类

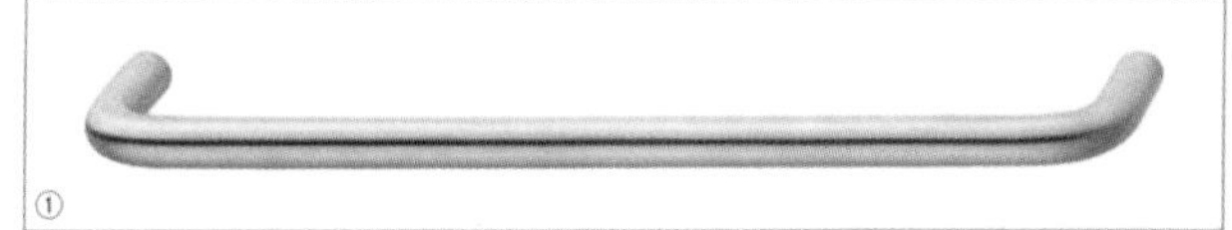
①
简单的圆棒形态的把手，直径小，不过分强调

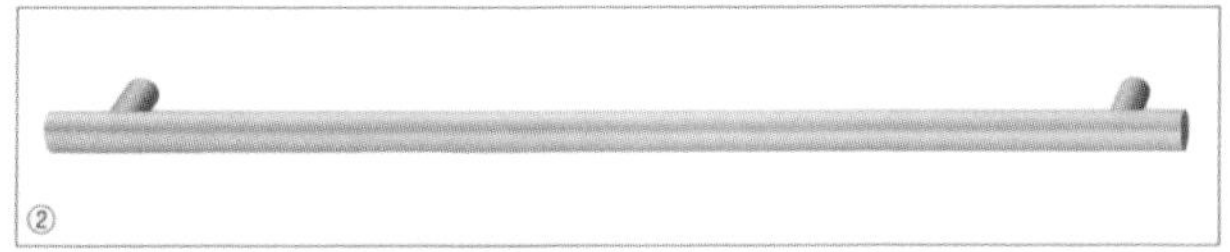
②
长桥式把手，有各种长度，也可以挂毛巾

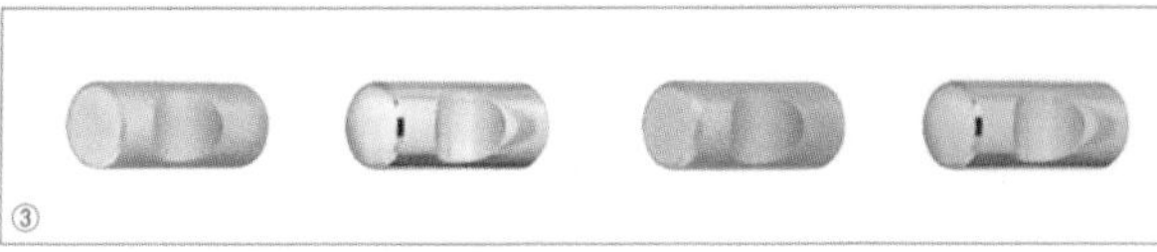
③
小型把手，这也不过分突出。有多样种类颜色，使用方便

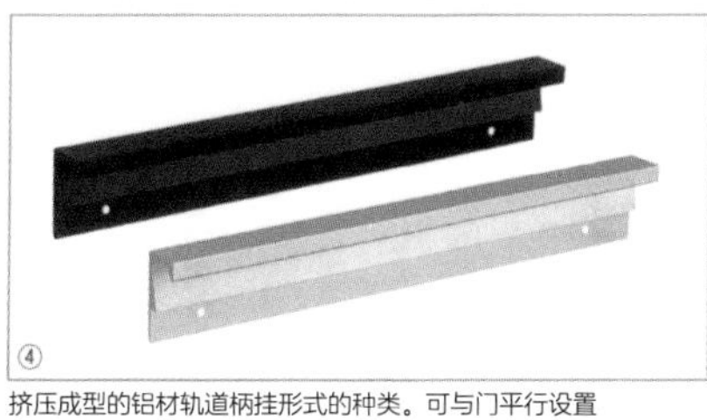
④
挤压成型的铝材轨道柄挂形式的种类。可与门平行设置

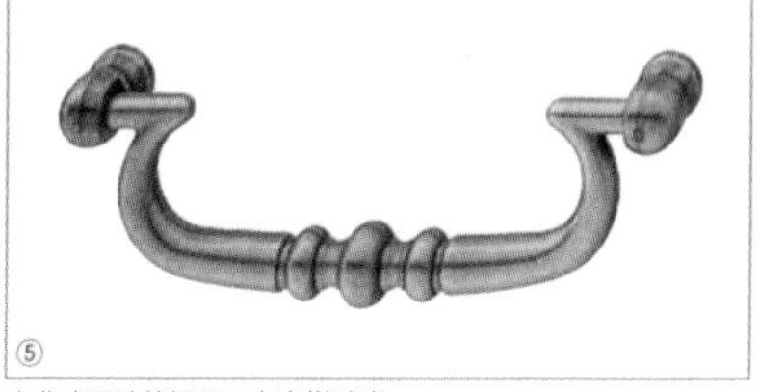
⑤
古典式设计的把手。有多样种类

照片提供：HAFELETE（①～③、⑤、UNION ④）

图 | 使用挤压成型的铝材轨道柄挂形式种类的事例

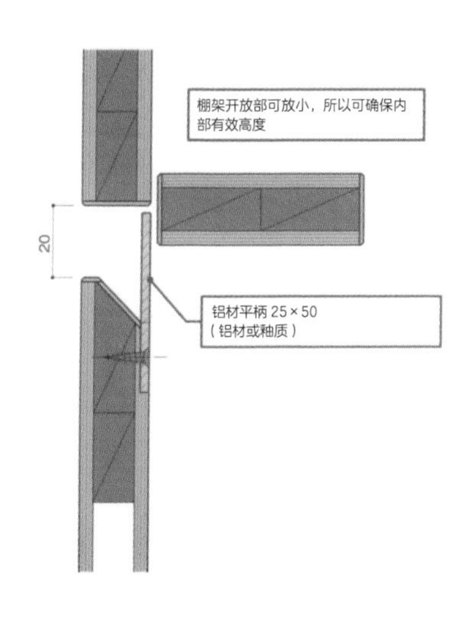

横长抽屉前板上部使用铝质角材加工成型的把手。与横缝的相互效果，有助于强调横向线条感

设计：STUDIO KAZ　照片：垂见孔士

家具金属部件～脚部金属部件

要点
- 探讨脚部金属部件的成品
- 选择脚轮注意荷重与材料

桌子及写字台的脚

设计书房的收纳及厨房的台面时，桌子及写字台也都纳入计划，这时使用方便的是桌子及写字台的脚部金属部件（照片1）。原来店铺的展示桌柜所用的部件，用于住宅的桌子也没有问题。管的部分、调节器，设置垫圈，按照指定的长度切断交货，按照标准色镀铬之外，交货期及费用也要花费诸多，日工涂装或DIC的指定色的特别订货也可以对应。若考虑桌子单体（餐饮店的桌子等），有现成制品，价格低廉货品齐全（照片2）。脚部为木质材料时，腿关节连接器很方便。能保持台面的刚性就不必设边板，固定完成。没有边板，有带胳膊肘的椅子也可以放入桌子下部。另外，安装后也看不到金属部件，不会损害设计性（图）。

底轮

桌子及厨房周围设置的台架使用底轮（照片3），要注意地板材料。松木及杉木等软木材种类及复合地板材料，聚酰亚胺的底轮设有“辙”，聚氨酯底轮较好。橡胶类的轮子无法设“辙”，橡胶有时会掉色，污染环境。

底轮可以隐蔽在台架的内部，但荷重力点会移向内侧，所以移动台架以及拉抽屉时，台子会倾斜倒地。特别要注意抽屉内放有文件等重物时。最好下部放入重物以保持平衡，抽屉底面也有设底轮等措施的必要。

照片 1 | 脚部金属部件

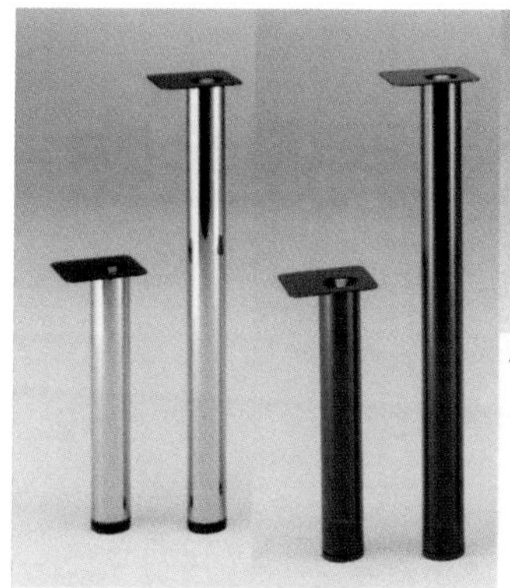

系统腿部：设有调节器，地板不平可用之调节。订货要指定粗细度、长度、色彩等以与台面组合

照片提供：SUGATUNE 工业

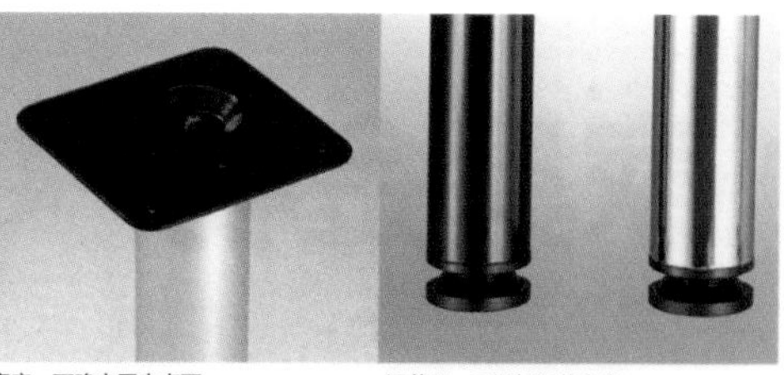

底座：可确实固定桌面　　调节器：可顺畅调节高度

照片 2　桌台基座

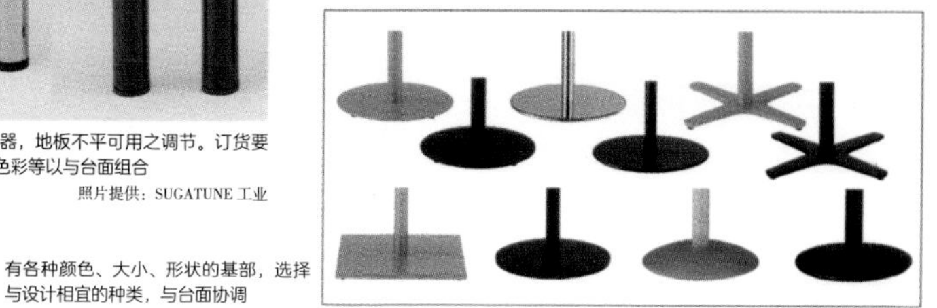

有各种颜色、大小、形状的基部，选择与设计相宜的种类，与台面协调

照片提供：大众

图 | 腿关节连接器安装

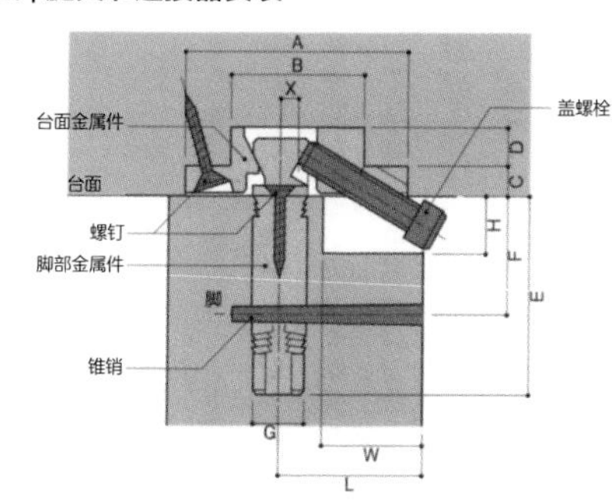

腿关节连接器在现场安装桌面与木制脚时使用。整体难以搬入时很管用

腿关节连接器　　照片提供：野口部件

品名	A	B	C	D	E	F	G	X	H	W
70-42	70	42	9.5	11	61	36	16	5.5	(L-13.5)×0.58	L-13.5
56-35	56	35	8	10	51	30	13	5	(L-11.0)×0.53	L-11.0
40-25	40	25	6	8.5	36	26	9	3.5	(L-8.0)×0.68	L-8.0
D72-30	72-30	40×16	8	10	51	30・20	13	5	(L-10.1)×0.53	L-10.1

(单位：mm)

照片 3 | 底轮的种类

为使用天然木时设计的底轮

底轮外周为聚氨酯

使用不锈钢的承重类型

照片提供：SUGATUNE 工业

家具金属部件 ~ 与电气相关的金属部件

要点

◉ 家具用接电板部件的简略概括

◉ 规整易于杂乱的缆线

家具用接线板

定制家具也有电源接口或电源开关，设置在橱柜内部时，多为一般的电源接口，药品箱等内部空间小的情况下，或设置于家具表面时，使用称为“家具电源接口”的较小电源接口(照片1)。有现成产品按照指定的大小设置开口，嵌入即可的形态；还有一般电源接口那样设置垫片，在其上设电源接口及开关，可以根据使用方便安排设置的形态。后者可设置电源接口、带保险盒的电源接口、电源开关、电话、电视等组合。最近，这一电源板块开发为与平板一同设置，这种情况下，器具与电施工及家具施工如何安排就成为问题，所以在报价的时候要清楚明确。另外，电源接线要有执照，所以必须由电工施工。

配线电缆的处理

桌子及写字台上有电源接口很方便频繁拔插，但电源接口周围的状态及电线很不雅观，因此在台面上开孔，将插头由下面插入。这一孔附带的圆形或四角形盖称作“配线孔盖”，有数种颜色及大小的现成产品，根据配线根数及台面颜色协调选择（照片2）。原理简单，也可自制（照片3）。与台面同样材料的话，可以不明显而雅观地完成。

写字台周围及视频播放机电缆尽可能规整，这种时候称为“缆线处理”的盒状筒可纳入配线类（照片4）。

照片 1 | 家具用电源接口

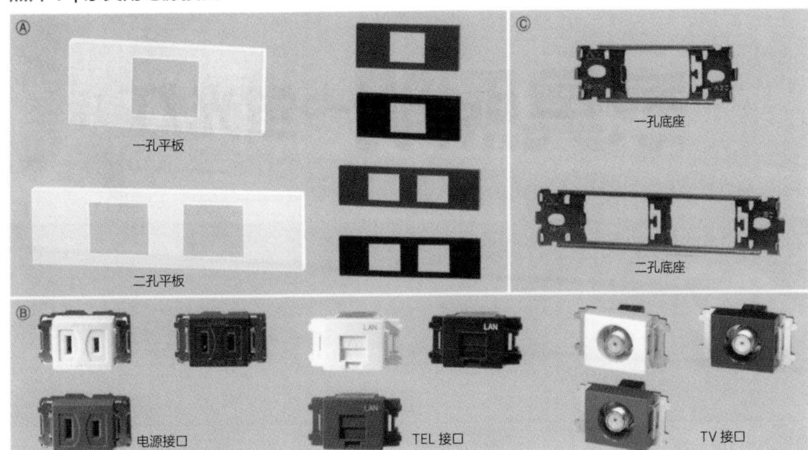

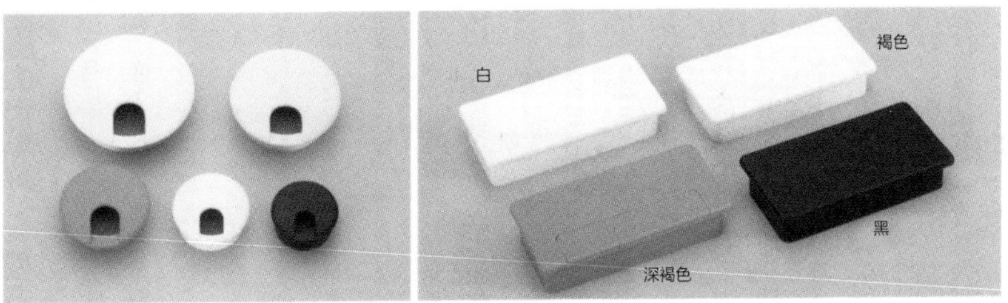

将 B 组入 C，嵌入 A

照片提供：神保电器

照片 2 | 配线孔盖

根据缆线粗细、数量、大小分开使用。一般小的足够，有圆形、四角形，方便程度相同，由设计选择

照片提供：SUGATUNE 工业

照片 3 | 配线孔盖

与台面相同材料制作的配线孔盖

设计・照片：STUDIO KAZ

照片 4 | 缆线盒

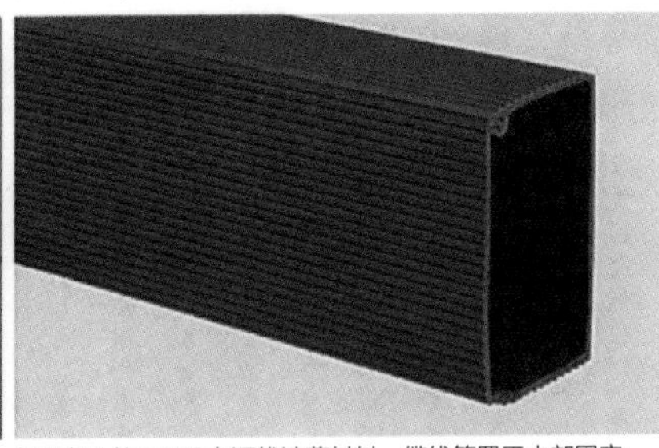

归置杂乱的 PC 及电源线遮蔽材料。缆线等置于内部固定

照片提供：SUGATUNE 工业

家具金属部件 ~ 荧光灯

要点

- 荧光灯间接照明装修要考虑换电灯
- 荧光灯也必须放热

店铺用荧光灯

定制家具有时组装照明器具（图1 ~ 图3），店铺用具中展品架大都带有荧光灯，但是称为“槽式条灯”的一般荧光灯太大，所以荧光灯本身、灯管都要使用适合店铺的形态。与一般荧光灯一样，由长度决定亮度，用于店铺的荧光灯尺寸为固定插件方式，设计方便。另外，色温丰富，适合店铺使用。

荧光灯为线光源，所以使用光柱照明，譬如吊架横宽完全为照明，用于盥洗室化妆台镜子上下或左右的间接照明、脚部照明、对天花板的间接照明等。

连续使用荧光灯时，光线不出现底座部分，所以会出现阴影（光的不均匀），对此可以利用这种“无影灯”。底座横向设置，所以直到灯管端部都均匀闪光。将此连续设置可形成没有断缝光线的域带。

注意光与热

无论光线如何均匀，光源外现就不优雅，要考虑创意家具板等设计，另外地板材料反射光源，不优雅。有光泽的地板材料，设置脚灯要慎重。然后是不像钨丝灯（白炽灯）那样发热，荧光灯也散发热度，若热度不能顺畅散出就会成为发生故障或火灾的隐患。必须设置散热孔道，但是有孔部分光的放射发生变化，不能形成均匀光线，有必要进行设计处理。

图 1 | 家具上部间接照明示例

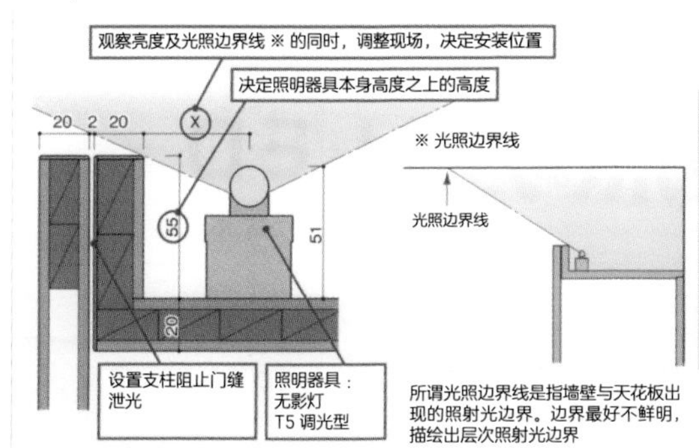

所谓光照边界线是指墙壁与天花板出现的照射光边界。边界最好不鲜明，描绘出层次照射光边界

无痕超薄间接照明器具

照片提供：DN 灯业

图 2 | 店铺用照明器具使用示例

埋入底板示例

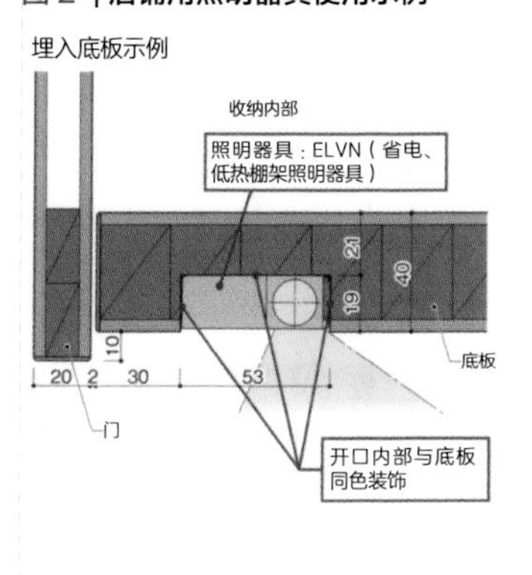

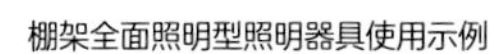

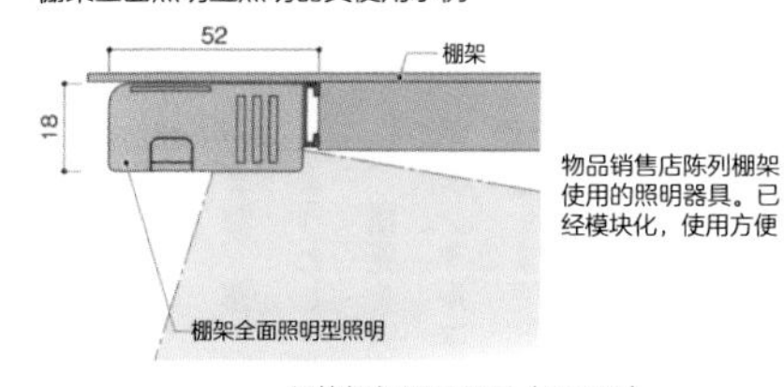

物品销售店陈列棚架使用的照明器具。已经模块化，使用方便

低热棚架照明器具（ELVN）

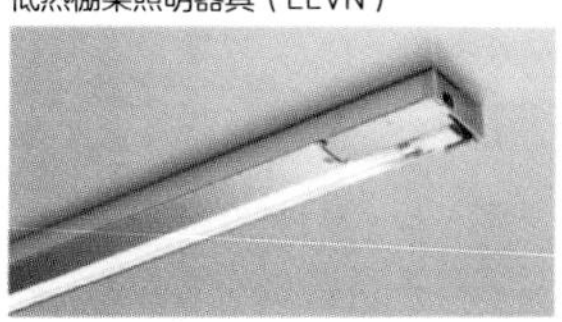

照片提供：DN 灯业

图 3 | 使间接照明优雅表现的示例

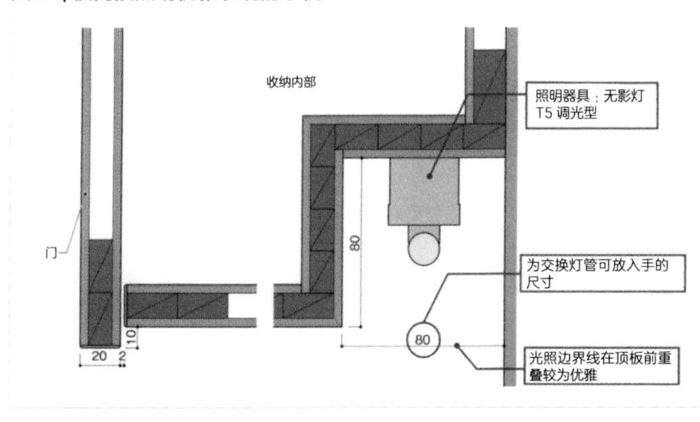

家具的照明 ~ LED

要点

◉ 家具用照明 LED 为主

◉ 注意 LED 光的质量

LED 的优点

LED 迅速普及（照片），用于家具的点光源棚架照明以往为 10 ~ 20W 的小型卤素灯，但最近几乎都换成 LED 灯了。功率也只有 1 ~ 3.5W。

LED 棚架照明灯的优点是寿命长、发热少。小型棚架灯的交换比较难，但几乎没有交换灯的担心。

另外，棚架设置开关，误操作而触碰灯体，也不会发生烫伤指尖等事故。初始成本也降低，与小型卤素灯相近，选用较易。当然 LED 不仅是点光源，也可作为间接照明等光源线使用。本体小，无电灯交换的担心，发热少。这些都是很大的优点。

家具设计的变化

假若陈列架前面两侧组入 LED，以往用荧光灯，侧板的定位就只得加厚，而现在用薄板就可以，取光的家具设计发生了变化（图 1、图 2）。

我们的眼睛已经习惯于钨丝白炽灯及荧光灯，而使用完全不同的 LED，光线直接发散，光的浓淡清晰，亮度高，所以有些场合会感到刺眼。考虑这些情况，比起直接照明可能更适合间接照明。

棚架使用照明时的配灯与至今相同感觉的钨丝白炽灯会比较好。

照片 | 各种各样的 LED 照明灯

代替小型卤素灯的埋入式下沉灯，完全不伸出，装饰清爽整洁

玻璃边闪光的器具，可用于装饰棚架

棒状的下沉灯，带有感应开关，两手挥挡就会亮灯，适合厨房

电压、光源的间距，颜色丰富多样，光源也容易纳入小家具，与以往相比明亮度提高

使用软管可以随意移动，方便在床边读书等

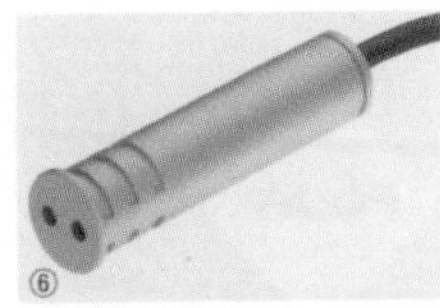

门感应器，门一开就亮灯，不是按钮形，拉门也可使用

照片：HAFELETE（①～③⑤⑥）/ PROTELASU 事业部（④）

图 1 | LED 带片状灯竖形装饰架（S=1:3）

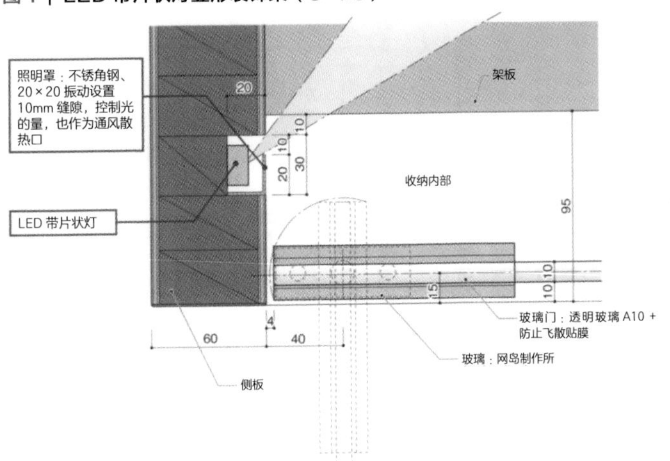

图 2 | LED 带状灯横形装饰架（S=1:3）

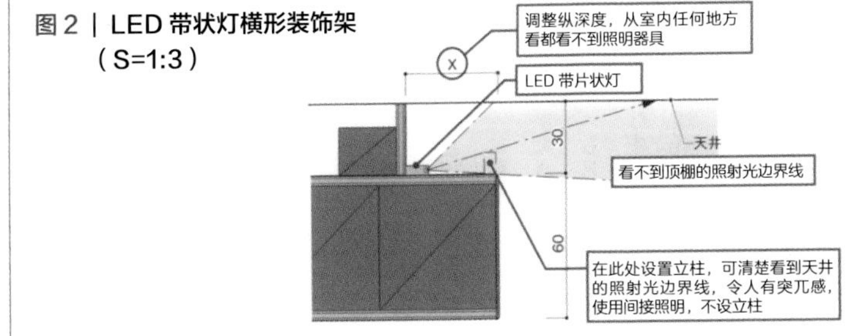

家具的照明～规划

要点

- 要认识照明规划的根本是亮度与色温
- 并非所有都用 LED，要探讨并用荧光灯

要分开色温度

定制家具的照明规划必须作为室内整体照明规划的一部分来考虑。不仅限于家具，照明规划的根本是“照度”与“色温”。以往房间均质地明亮手法已经消失，至今只考虑棚架灯程度的家具照明作用增多了。譬如，使用间接照明或家具应用的照明器具等方法（照片）。

照明规划首先要考虑分开色温，居住空间尽可能齐备，但店铺根据所照的商品及展柜，可以变化色温。例如，想把白色显得更为美丽时，用 2700K 的照明会映出带有黄色的颜色。

另外，LED 尽管同样色温，但因生产厂家不同也会有色调不同，所以，同时使用不同厂家照明器具时，要加以注意。其他光源也是如此，荧光灯与白炽灯的色温标记尽管相同，气氛却完全不一样。照明器具选择必须要慎重。

光质要分开

LED 光质不同于白炽灯，不是柔和扩散，而是直线照射。设计盥洗室等时注意不要让光直接照射人的脸，对老年人眼睛负担大，所以要慎重设计。与以往灯光的相同感觉设计 LED，光会出现浓淡差别，整体感觉黑暗，非长时间开灯的场所，荧光灯就足够了。调光型荧光灯只用 80% 左右的照明光，灯的寿命会延长近 2 倍，性价比与 LED 相近。荧光灯也好，LED 也好，预算允许就应使用可调光型。

照片 | 定制家具的照明规划

① 客厅、餐厅左右夹着的定制家具上的间接照明

② 所有墙壁以收纳围拢的空间，其中一部分是面发光照明，形成灯笼般的照明状态

③ 门厅收纳设置的脚部荧光灯，作为夜灯。地面瓷砖消除釉质，所以没有荧光灯的反射

④ CD 机的架板后部设有照明灯作为间接照明，CD 盒透明丙烯酸树脂部分漏过光线

⑤ 餐厅旁边的低桌台面置入荧光灯淡淡映照着褐色墙壁

低桌台面置入间接照明的示例（S=1：30）

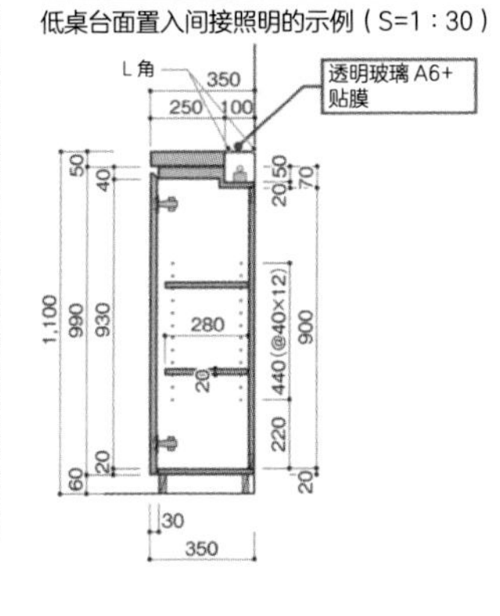

设计：STUDIO KAZ　照片：垂见孔士（①②）、山本 MARIKO（③）、STUDIO KAZ（④⑤）

家具金属部件说明书的看法

要点

- 各厂家的说明书只选取必要信息
- 不仅是说明书的信息，也要听取生产及流通者的意见

整理必要的信息

说明书包含着各种信息，并非所有都与设计者相关。譬如，螺钉的固定位置等，制作者决定底部位置与大小所必需的信息。作为设计者看说明书必须分清金属部件本身的尺寸与螺钉位置的尺寸，不可混同。根据厂家有的只记载固定位置的尺寸。

设计者从说明书中必须获取金属部件本身的大小、荷重，以及对应门的大小、安装方法、吊挂方法、可动区域、颜色以及尺寸等各种情况，与同类金属部件的明确差异（图）。

备有自存的说明书

说明书当然只记载厂家发出的商品信息，但金属部件到达现场要经过多人之手，就算是性能非常出色的金属部件，也会有厂家的对应不善、安装方法复杂、国内没有库存交货迟滞等，以及生产及流通过程中可能会发生种种问题。

进一步说详细一点，批发商与家具业者的交易条件差，与设计者没有直接关系等为理由而不选用。另外，说明书尽列举了优点，而实际上并非如此，容易损坏，这样的真实信息只能向家具业者打听。

以这些信息为基础，自己加以取舍，选出制定出自己的说明书，滑动合页、滑轨没有必要选择同一厂家，根据当时情况选择最适合的厂家、最合适的系列组合，由此可设计出最好的定制家具。

图｜家具金属部件说明书的要点（BURUMU、BAFERE 的说明书之例）

滑动合页

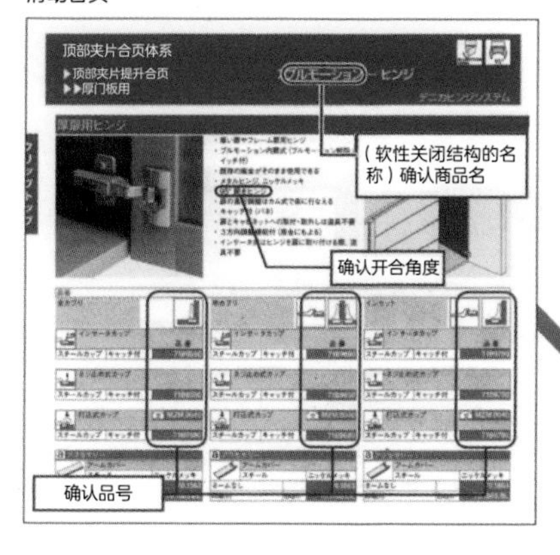

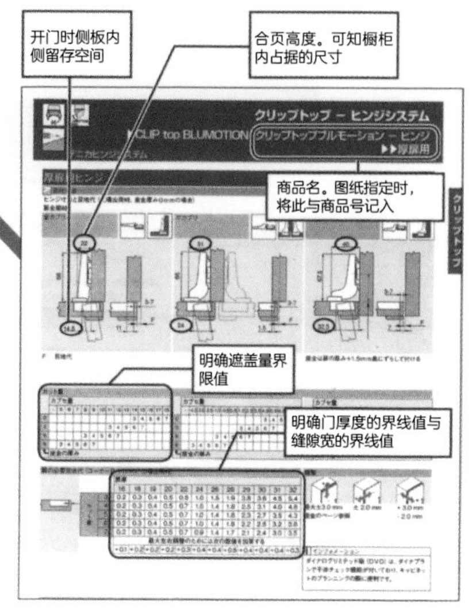

滑轨

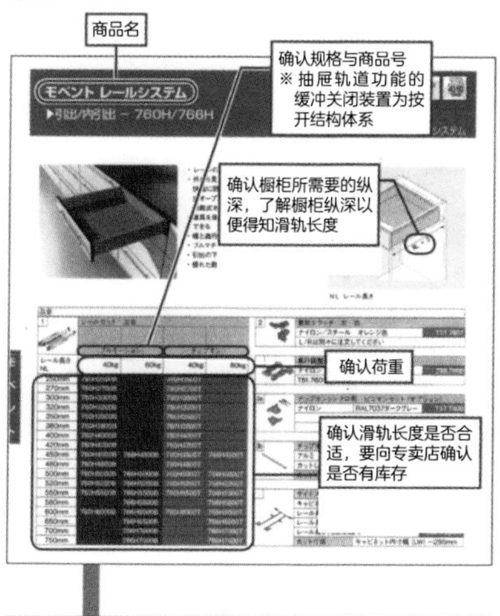

安装图　确认有效尺寸等的同时决定抽屉高度

明确纵深方向的有效尺寸

明确上部方向的有效尺寸

明确横方向的有效尺寸

拉门金属部件

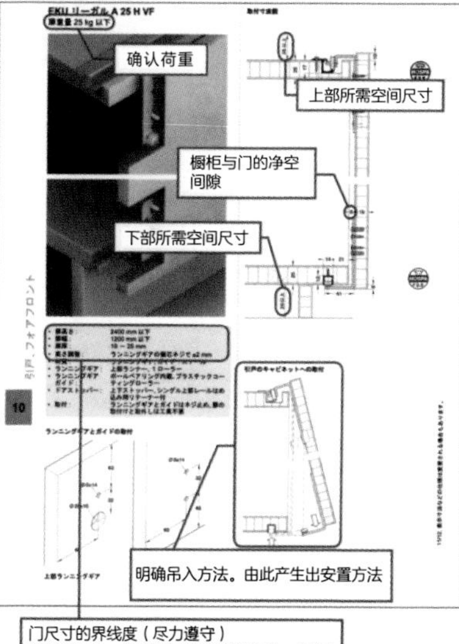

门尺寸的界线度（尽力遵守）
注意之处：门的高宽界线记载，不是2400mm×1200mm 的门就可以，而是考虑能否承重为主

说明书提供协助：BURUMU、TENIKA、HAFERE

论坛

展览会上的信息收集

照片 | interzum 的网页

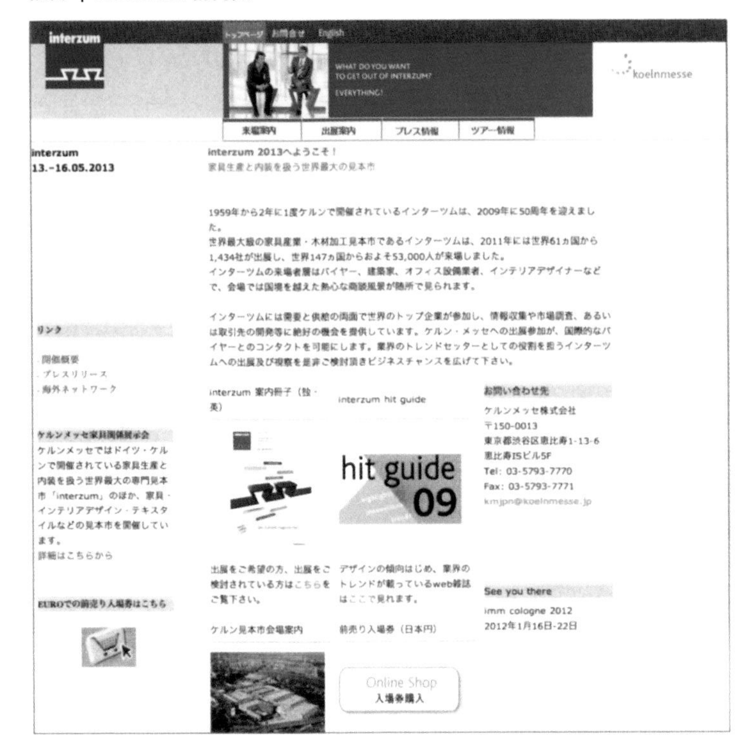

看一下世界家具样本展，每年一次的米兰家具展很有名。同样，每两年一次的德国科隆“interzum”家具金属部件及家具材料的展览会（照片）。虽是非完成品却激发起设计者的想象力及欲望。会后还特别召开金属部件进口方面的厂家报告会，所以可参加会议收集信息。

另外，interzum 在中国广州每年召开，虽不算主要但也展示了面向亚洲公司及市场为主的产品。

interzum 国际家具产业、木材加工的专业展
主办：德国科隆展览公司
频度：隔年
展览商品：家具材料、橱柜、办公家具、厨房家具以及材料，表面涂装材料、装饰材料、表面装修工具、配件、结构部件材料、自我建造用部件、灯具、家具生产机械、木材加工机械、弹性包裹材料、弹性材料、半成品、弹性材料加工机械及部件、顶棚及墙壁装饰品、窗户、装饰品、板材、木材地板、层压板、地板装修机械工具等
http://www.koelnmesse.jp/interzum

第5章

定制家具的设计与细部

基本细部～误差调整

要点

◉ 工地精度与工厂精度的差异用“误差调整”消除

◉“误差调整”作为设计的一部分

消除精度差

木工施工与家具施工最大的不同在于精度差，当然家具施工精度高。要消除这二者之间的误差，照明器具、空调、火警报警器、开关、框架等要避免成为从顶棚、墙壁的伸出物，必须有误差调整。

家具施工中，为消除误差，在墙壁之间设间隙填充物，在与地板之间设框缘，与顶棚之间设称为“箱柜檐口”的材料（图 1 ~图 3）。另外，木工施工中，不用材料进行调整，而是直接削减板材进行调整，所以没有空隙的想法。主要分别使用金属部件来进行调整。

家具施工中，与墙壁的“误差调整”认为需要 20mm 左右，超过此就会感到空隙过大，过小 3 ~ 5mm 左右靠近墙壁，间隔不均匀就会一目了然。20mm 左右认为是正好。按门的整体比例来计算，设为 16 ~ 20mm 之间。

利用“误差调整”

许多设计者好似不想设“误差调整”，但如果积极纳入设计则可以很协调地设置家具。譬如，扶手的填充物 20mm 左右，所以隙间也为 20mm，扶手与误差调整间隙（空隙）几乎相同尺寸，这就会成为创意的一部分。

另外，要设计沉稳感觉就要框架大，因此就要利用误差调整空隙填充物。通常 20mm 左右的填充空隙要设计为 60mm 以上。若填充空隙为 20mm 时，就要将下降到箱面的空隙填充物延伸到门面。天花板檐口也用同样尺寸。再是材料与颜色协调，由此完成有厚重沉稳感觉的收纳家具。

图 1 | 设计与墙壁的误差调整空隙

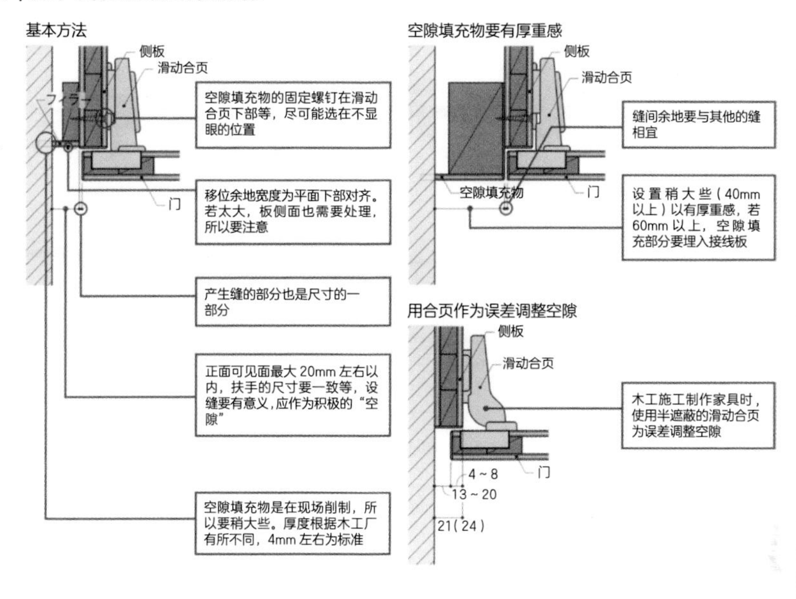

图 2 | 设计与顶棚间的误差调整间隙

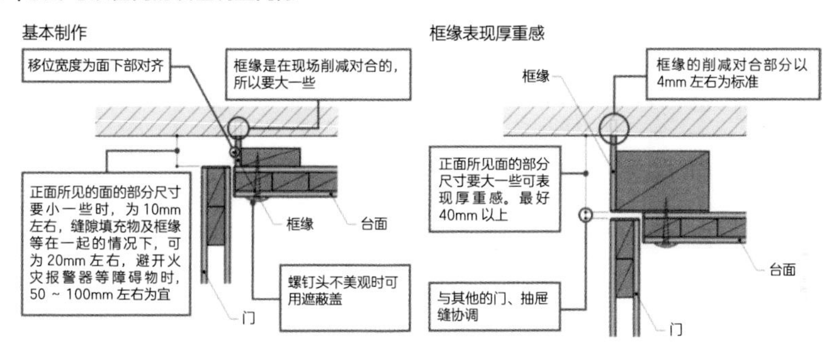

图 3 | 与地板、护墙板的误差调整间隙设计

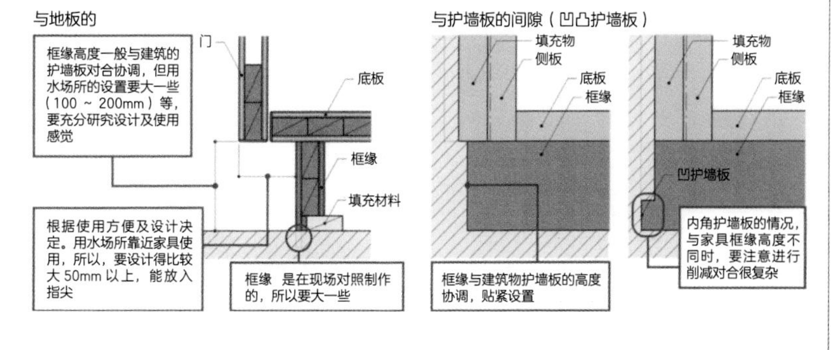

基本细部～接合部

要 点

◉ 接合部的优美与否可知成否

◉ 以截面材料的贴法防止破裂

接合部是细部之要

定制家具基本是由板材接合而成（参照38页），这在家具施工中也一样。为此，板与板的组合方法及细部很大程度上取决于设计。

家具施工与木工施工的作业工程、作业环境、工具都不同，所以，各自采用不同的接合方法（图1～图3）。

板材接合方法有5种。木工施工中，大致可认为是以榫接为主※。

透明着色涂装时，使用双侧插榫接合，但也要考虑木工的技术水平。

根据现场，有时箱体状态无法运进，只能在现场组装。于是，连接用的金属部件便极其方便。实际上系统家具几乎都是使用这种金属部件组装的。板材端部的连接盘插入另一方端部的轴上，把连接盘半旋转可将轴拉动紧固的体系。现场加工难，但在工厂把部件组装，然后可在现场简单地组合起来。这一连接盘金属部件在必须将架板与板截面部固定时很方便。

考虑截面设置

制作油漆涂盖的开放棚架时，对截面的贴法要考虑，地震摇晃或碰撞时的振动会使连接盘部分破裂，以及使涂装显现裂纹。尽力避免此状况的方法是，将板材垂直连接，截面胶带横接贴后涂装，这样板材截面分别活动，减少涂装裂纹的机会。

※ 木工施工中，板材的面与截面以黏结剂螺钉固定，多以榫卯接合。

图 1 | 设计接合部

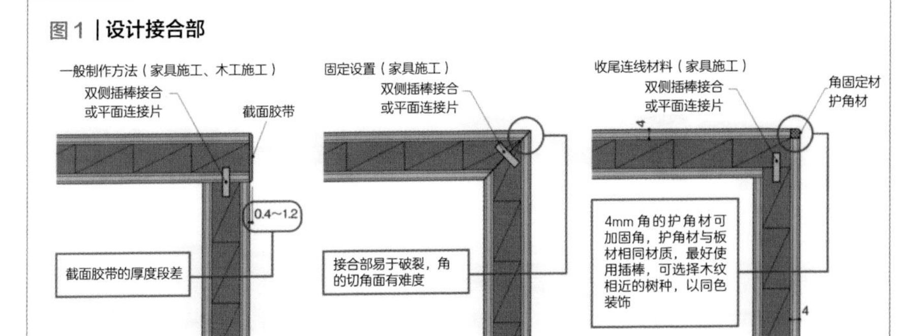

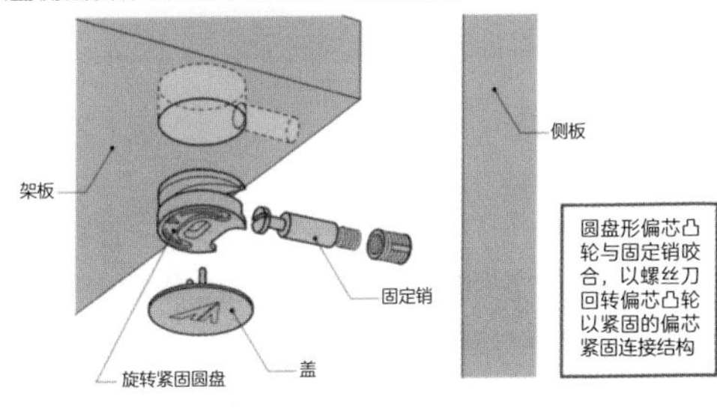

图 2 | 要隐蔽开放棚架的接合部

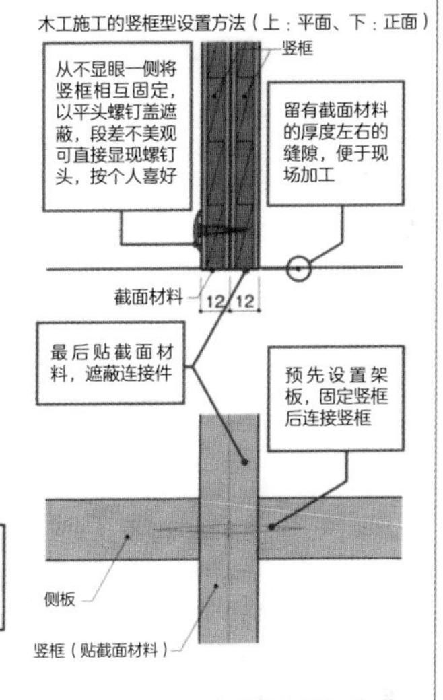

图 3 | 接合部的完成方法

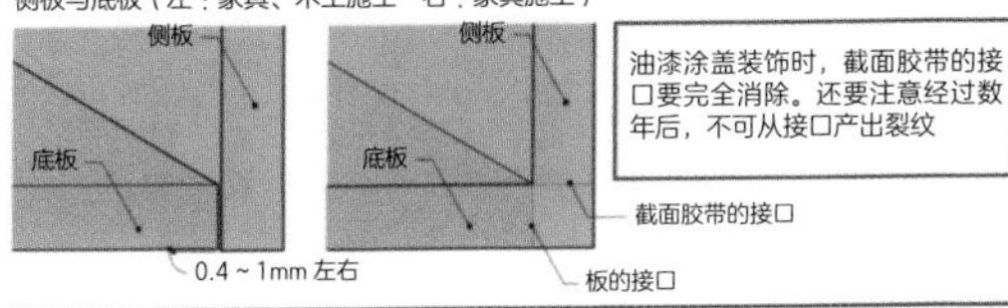

基本上橱柜截面部分与门同样装饰。油漆涂盖装饰时，在装门处设置胶带厚度的段差（左上图）与接口不易破裂，有安心感。不设门的开放棚架有段差会影响美观，所以平面即可。此时为预防接口产生裂纹，板的连接与截面连接要错位（右上图），裂纹不易出现

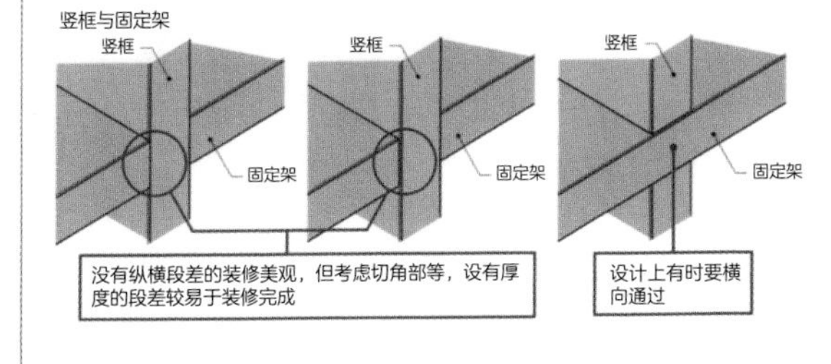

木工施工制作的书架与桌子
设计、照片：STUDIO KAZ

基本细部～开合门

要点

◉ 滑动合页的设置方法有 3 种，由设计决定

◉ 注意玻璃合页的对应尺寸来决定玻璃门的大小

基本的滑动合页

一般门的开合除特殊情况，都使用滑动合页，滑动合页与橱柜的关系有全遮蔽设置、半遮蔽设置、内设置 3 种（图 1）。进一步根据门厚度、开合角度、遮蔽量、调整量、玻璃用、镜面用、铝框用等细致划分，厂家也推出独自特色的滑动合页，所以整理家具的条件，看金属部件说明书为宜（图 2）。

滑动合页有数个旋转轮，所以比普通合页强度低，不适合大的门。高度方向可增加合页数以对应，但门宽尽可能设计在 600mm 以内。

最近，门及抽屉都使用柔性关闭结构，这已成为常识。设在橱柜截面的形态、滑动合页本身就带有的形态等，最新的滑动合页本身结构就内藏柔性关闭结构。

玻璃门的开合

玻璃门使用的合页主要有两种。玻璃用的滑动合页，还有轴吊合页（图 3）。这些几乎都需要在玻璃上开孔或切割。强化玻璃在端部到孔的距离有限制，所以有的合页无法使用。

选用玻璃门的意义多在于可以展示内部，门尽可能用大的，但与木质门相比，玻璃门重，合页负担大。说明书中记载有该合页可对应的玻璃大小与厚度，要仔细确认门的大小。

图 1 | 开合门的细部

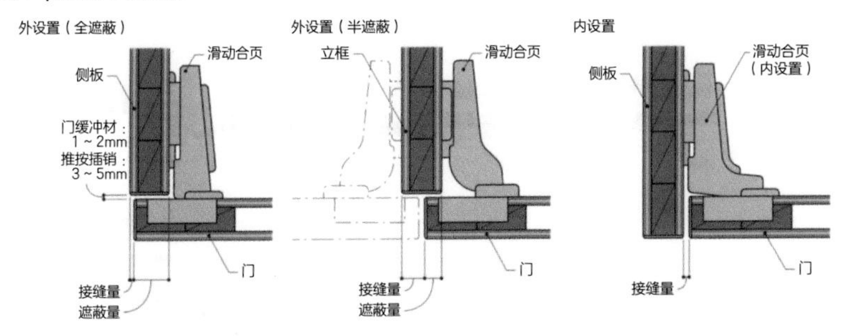

内设置或外设置（全遮蔽、半遮蔽）主要由设计决定。半遮蔽在制作上，是双门共用一个立框时采用，但根据木工厂有全遮蔽和半遮蔽混在的情况，不合要求。这时，将立框厚度加倍，统一为全遮蔽。但内部有效宽度因厚度（约 20mm）变窄，所以要注意收纳何物

图 2 | 双门中间交合处的细部

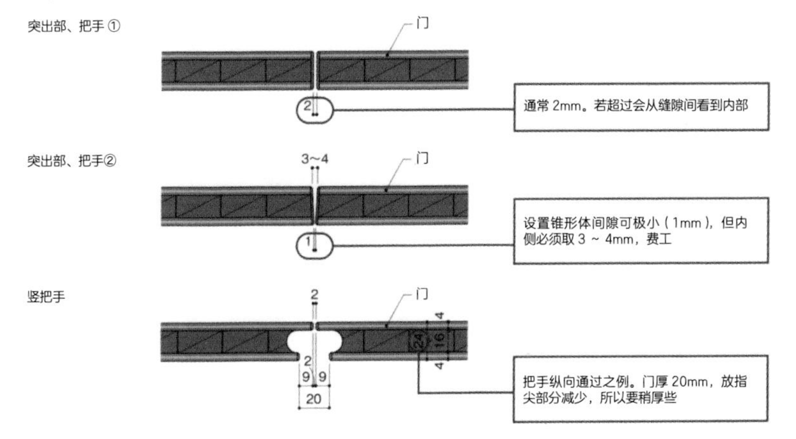

图 3 | 玻璃合页的细部

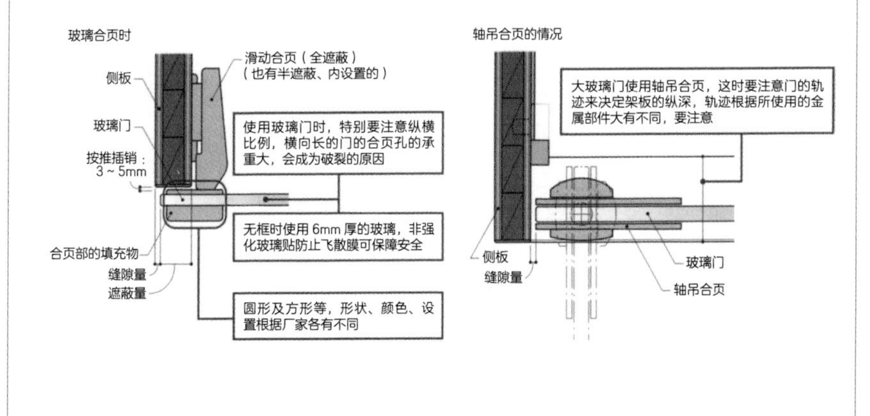

基本细部～抽屉

要点
- 抽屉收纳增多。了解滑轨、分类使用
- 注意柔性闭锁结构的使用感进行设计

滑轨的种类

最近流行的宽幅抽屉给人以设置简明的印象。门的木纹为横向，所以抽屉更显得宽大，空间有时也显得大。门的数量减少，使得成本有所降低。这种抽屉从厨房到客厅都有，厨房开放化，一居室空间的流行加快。

好物靠打扮，但也有问题。滑轨本身有缝隙，所以左右移动，不能利索地开门。这一现象在侧轴承型更为明显。各厂家同步开发出活动结构的滑轨，可想而知今后这种滑轨将成为主流。最后设置等有微小变化的可能，尽早熟悉为好。

开法如何

打开抽屉时，重要的是要有把握处，一般使用把手，但设计上及外伸处所引人注意，前板的上下留有 20mm 左右的空间设置“把手”（图）。在抽屉中放置沉重物时，拉手最初要用力。特别是“底部轴承式的滑轨”附设柔软性关闭结构得更为明显，长指甲的女性甚至难以打开。其他的开法有按开式、电动按开＋柔软性关闭结构式等，选择范围更广了。在厨房使用方便是决定房主满意度的要点，所以制作出组入各种滑轨的“抽屉样本小车”，让房主实际体验（照片）。

图 | 把手的设置方法

基本

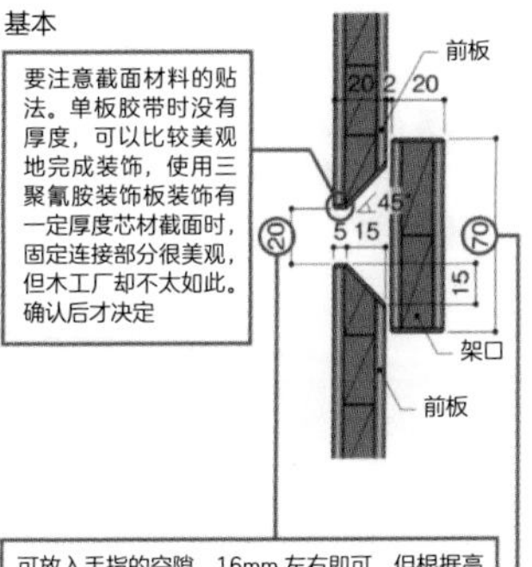

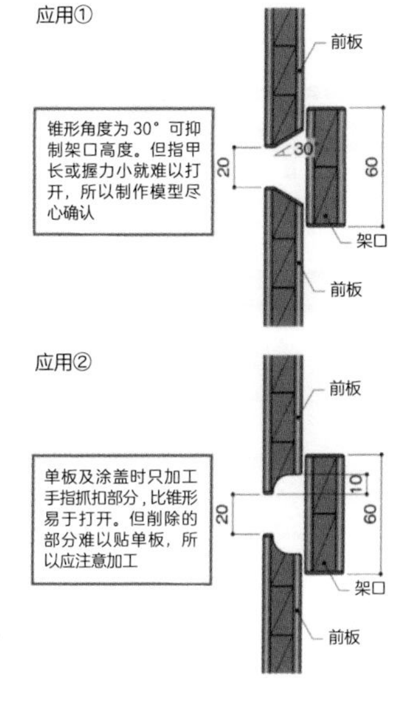

应用③

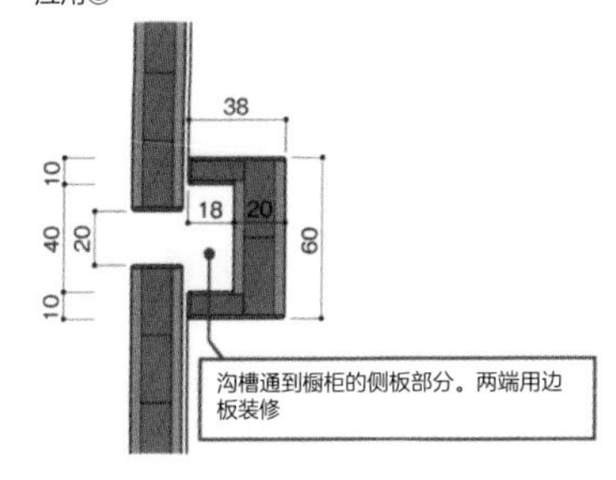

无手柄（把手、抓扣、按键、开放部）

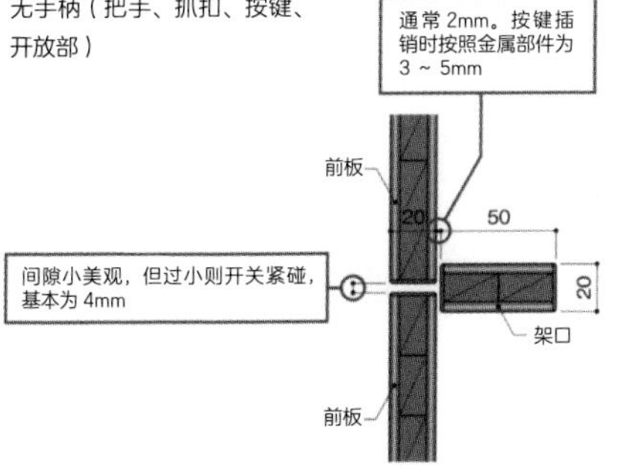

照片 | 抽屉小柜样板

小柜的各个抽屉都设有不同滑轨，为确认打开时的方便度而作为样本制作

照片：STUDIO KAZ

基本细部 ~ 拉门

要点

- 由说明书掌握基本安装
- 根据安装图得知金属部件大小、活动、安装方法，进行安装

基本安装

所有的金属部件都有标准的安装方法。说明书上如果没有作图面和概念图的记载，可以向厂家索取认可图纸。最近许多厂家推出CAD数据的下载服务，所以可以描绘出更精确的图纸，便于探讨。家具的金属部件中，特别是拉门轨道多有复杂的安装方式，所以CAD数据的存在很有帮助。

基本上按照标准进行安装不会有什么问题，但与标准的差距太大，以及重复过多，成品率低的时候，要考虑采取一定的方法。因此，把握标准安装之外，还要知道金属部件的安装方法、门的吊设方法、与其他材料的关系、动作方法等（图1、图2）。由此注意到标准之外的设置方法（并非损害产品保证的改造），定制家具才有可能美观地设置在空间中(图3、照片)。新的家具金属部件创意才会由此产生。

与其他厂家的部件组合

拉门的金属部件由上滑轨、下滑轨、上轮、止动塞、防止摇晃部件等基本部分组成。其中防止摇晃部件使用其他厂家的也毫无问题。两面拉门的重合尺寸以及与橱柜的关系，也可以考虑采用其他厂家以及特定的产品。

另外，对开合门也可以说有关系，收纳家具的情况下，门的内外易产生温度、湿度的差异，成为门变形的原因。特别是有高度的大门要特别注意。门的内面可设置校正变形的金属部件。

图 1 | 拉门的设置方法

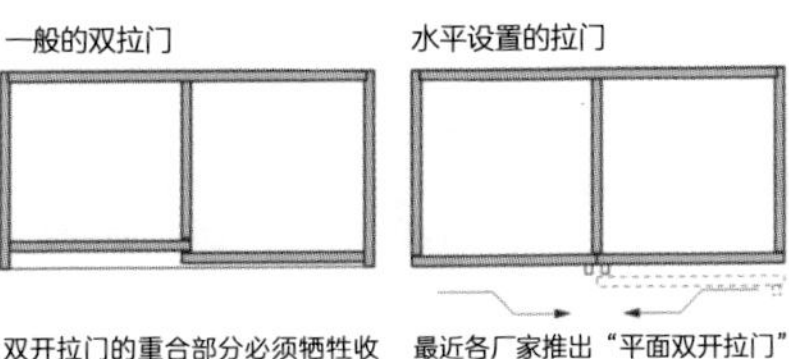

双开拉门的重合部分必须牺牲收纳的纵深方向，门的大小显得不同，要避免门面不齐

最近各厂家推出“平面双开拉门”体系可参考。但上下金属部件的专用空间大，所以有时收纳量及安装会有麻烦

图 2 | 拉门对开的中间交合处

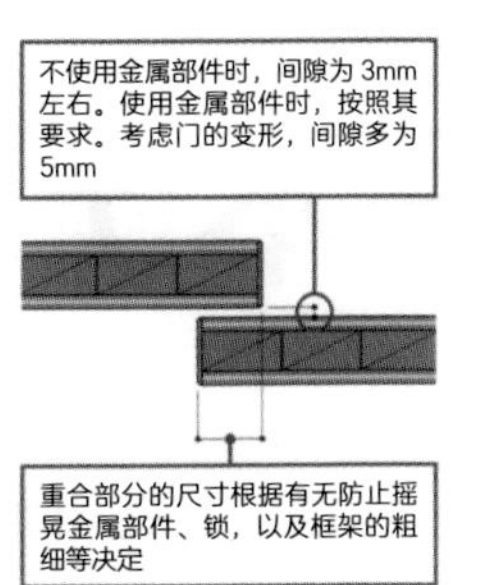

图 3 | 拉门金属部件的基本安装

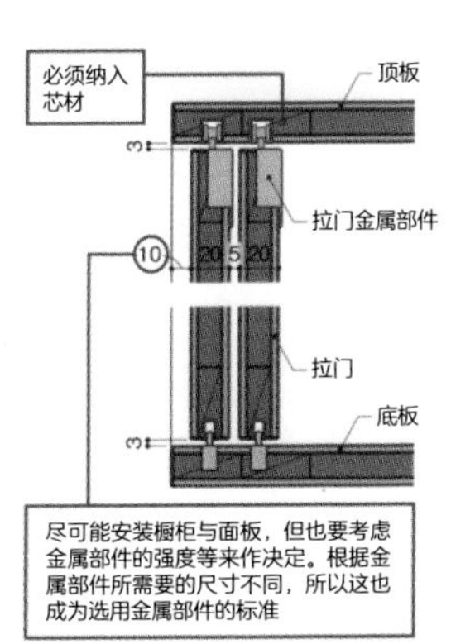

图 4 | 拉门金属部件的安装示例

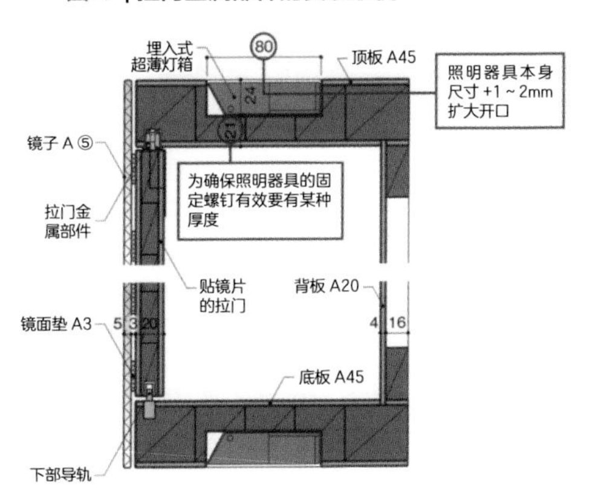

图 5 | 玻璃拉门金属部件设置安装

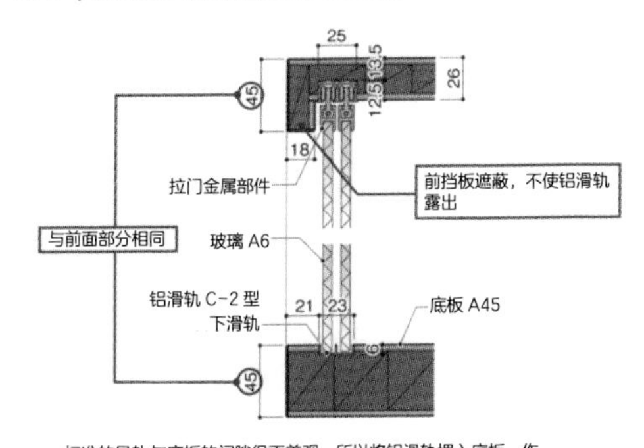

标准的导轨与底板的间隙很不美观，所以将铝滑轨埋入底板，作为防止摇晃导轨

照片 | 玻璃拉门金属部件设置安装示例

金属部件不显露，只显示玻璃拉门的吊挂金属部件以顶板前挡板遮蔽，不使用标准规格的防止摇晃导轨，以埋入底板的铝滑轨代用

设计、照片：STUDIO KAZ

基本细部～截面

要点

◎截面的设置处理方法影响设计

◎按照设计及要求性能选择截面材料

面材为木质

定制家具中，一个小截面的形状也会极大影响整体印象（图）。

使用原木材时，形状及加工方法自由度高，特别是“侧边”直接保留截面，只有原木材可以做到。除了原木材外，三合板及同芯合板多显露截面。但这是为了显示“积层”，所以截面形状也要酌情考虑。

其他材料贴截面材，截面使用的材料根据面材种类、各个使用部位要求的性能、设计美观来分别选定。一般使用与面材相同的材料，按照颜色、纹络使其看似一张板。面材为单板时使用相同树种的单板胶带为好。平板要更有强度时使用厚板，也可以两张单板贴在一起用。以前，有的现场贴4mm左右的平板截面，但感觉不柔和，使用同样树种，同样颜色，平板与板的涂装方法不同，很醒目。

面材为树脂

面材为三聚氰胺树脂、聚酯树脂时，贴截面使用专用膜或三聚氰胺材料。三聚氰胺底材为黑色或深褐色，所以，截面也贴三聚氰胺材，这样边角的贴合部分就出现黑线（照片）。不希望有黑线时可用称为“色芯”的同色三聚氰胺底材，但颜色并不齐全，并且，与表面颜色有一些不同。尽管说是同色，因为贴12mm的材料，所以会出现接缝。若不太要求强度，薄DAP膜即可。只要注意黏结剂不外露，就会完美完成。

图 1 | 截面设计

原木材

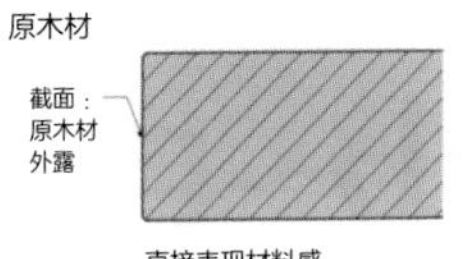

直接表现材料感

原木材（边材）

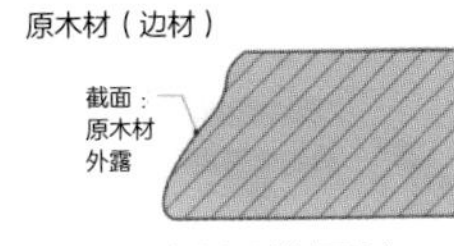

突出表现材料厚重感

三层板

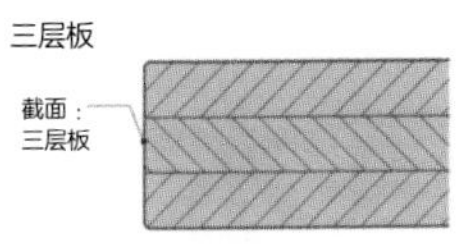

可称为三层的原木板材。截面直接表现感觉较明了，但因人而异

胶合板、轻量合板①

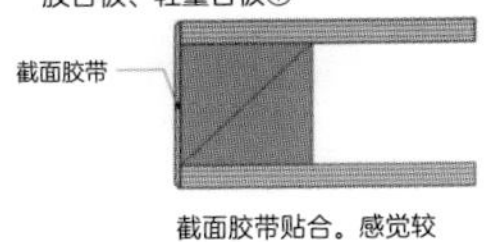

截面胶带贴合。感觉较明了

胶合板二层单板贴合、轻量合板②

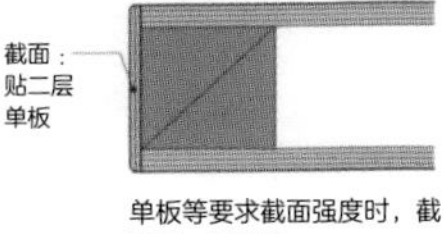

单板等要求截面强度时，截面贴二层单板

胶合板、轻量合板③

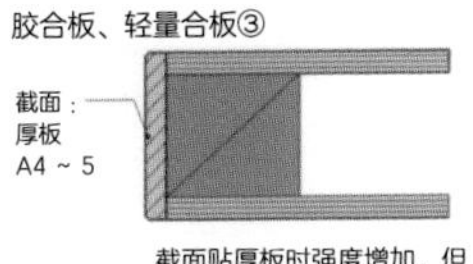

截面贴厚板时强度增加，但有时感觉突兀

轻量同芯合板

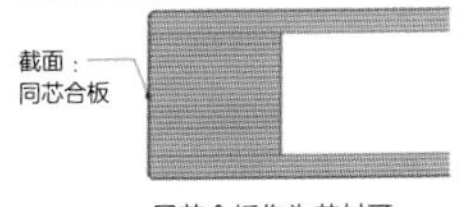

同芯合板作为芯材可降低成本

三聚氰胺装饰板、轻量板①

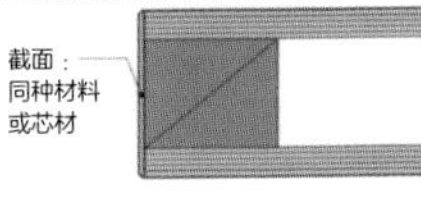

截面要求有强度时，截面贴同材或芯板，截面材料显眼

三聚氰胺装饰板、轻量板②

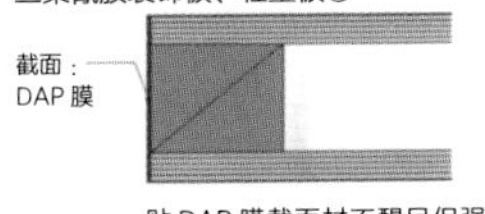

贴 DAP 膜截面材不醒目但强度不足，但一般门足够

照片 | 截面贴三聚氰胺装饰板

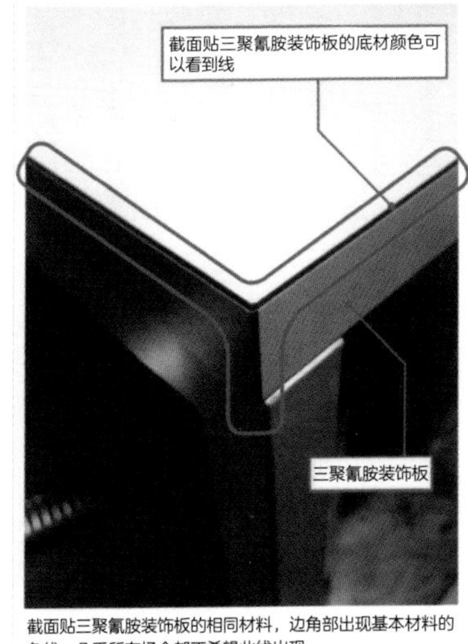

截面贴三聚氰胺装饰板的相同材料，边角部出现基本材料的色线，几乎所有场合都不希望此线出现

图 2 | 门面贴三聚氰胺装饰板的方法

截面使用彩色芯材的示例

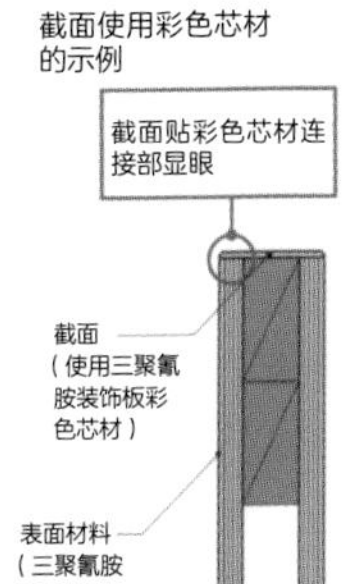
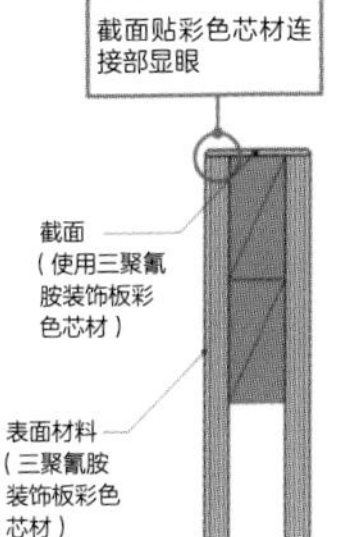

表面材料、截面都使用彩色芯材，截面先贴的示例

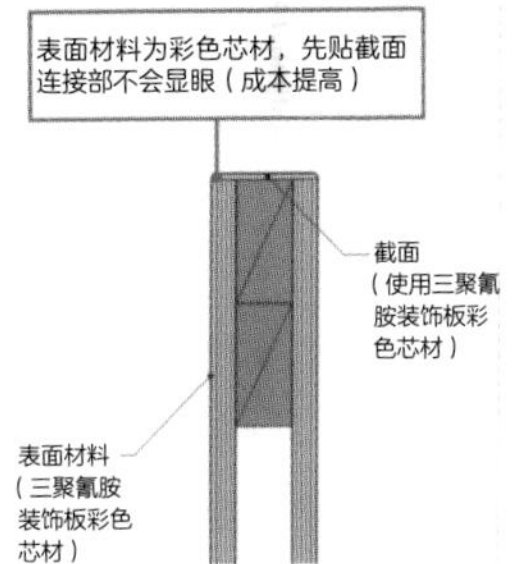

基本细部～接缝

要点

- 功能接缝与创意接缝一同考虑
- 缝宽尺寸具有含义

接缝决定家具印象

设计接缝对家具的影响很大，接缝粗细及通过方式对家具印象及美观具有很大影响，所以要用心设计。另外，关闭门及抽屉要有最低限度的“间隙”，有时将此直接作为接缝。根据使用金属部件的条件缝宽不同，以此作为选择金属部件的标准之一。填充物及家具底框、前上缘框也有接缝，超过20mm就具有不同意义，接缝宽不仅是定制家具，对空间整体有影响，定制家具的优点扩大，家具靠近拉门时，拉门上下的顶棚及地板与家具底框、前上缘框的高度相协调，或反之收纳门的分割位置上的接缝延长到门窗，使整体空间装饰雅观。

决定接缝宽度的方法

基本上接缝宽度要一致，2mm与3mm接缝混在一起的家具不美观。门与门之间的接缝受滑动合页的缝隙影响。橱柜的板厚为20mm，缝隙为18mm，段差间隙为2mm。考虑吊挂相互之间的状况，接缝宽度为4mm。这一4mm为纵横所有的接缝。但要注意橱柜没有截面的部分有4mm接缝就会看到内部。把手的情况，根据经验最低16mm，有可能的话取20mm。填充材及家具前上缘框、底框的大小都为20mm，“缝隙”的意义淡漠。这时，建筑护墙踢脚板的高度也应为20mm。板面材料端部的面大小及形状也影响接缝宽度。C面还是R面的印象会改变。

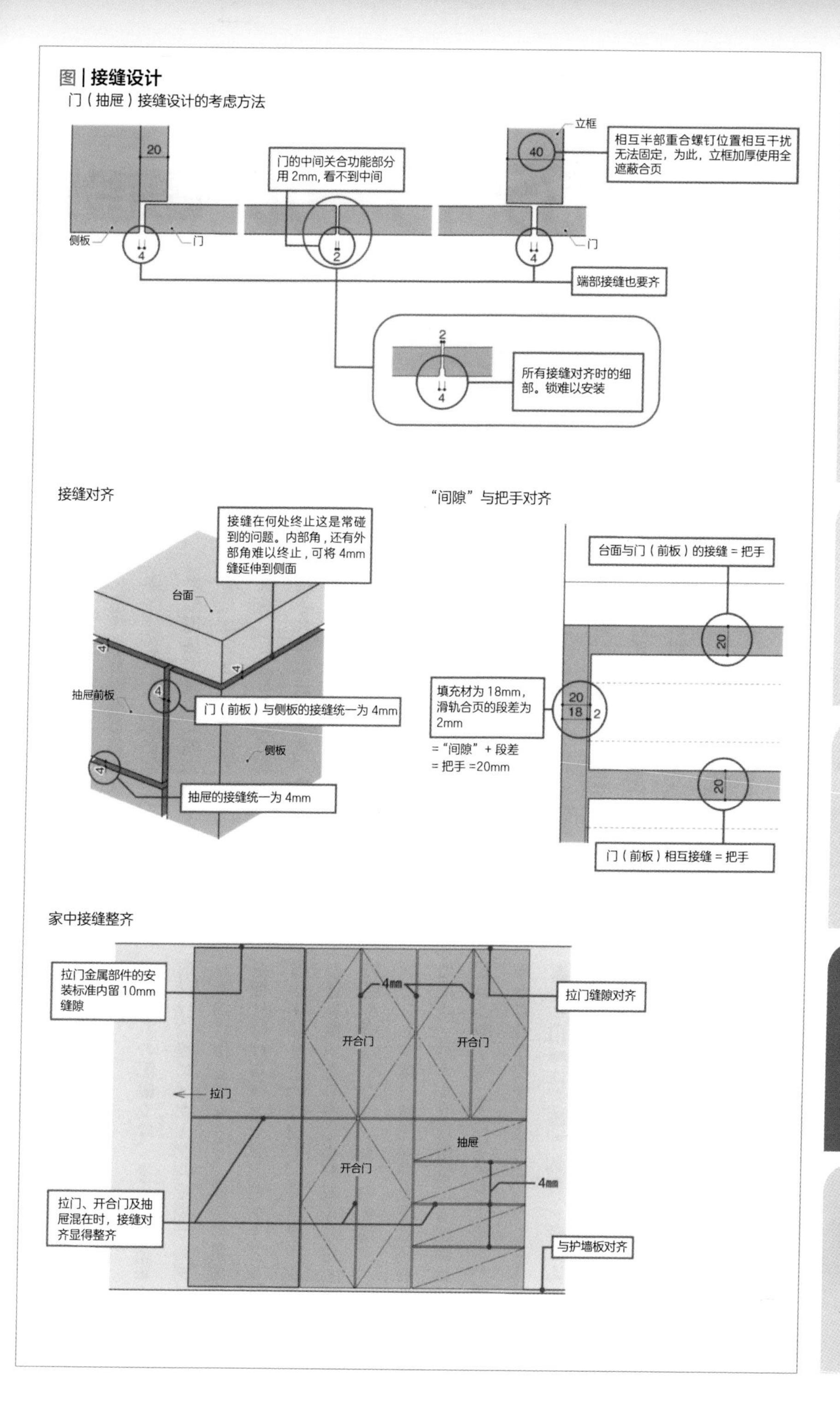

图 | 接缝设计
门（抽屉）接缝设计的考虑方法
20
侧板
门
4
门的中间关合功能部分用 2mm，看不到中间
2
立框
40
相互半部重合螺钉位置相互干扰无法固定，为此，立框加厚使用全遮蔽合页
门
4
端部接缝也要齐
2
4
所有接缝对齐时的细部。锁难以安装
接缝对齐
接缝在何处终止这是常碰到的问题。内部角，还有外部角难以终止，可将 4mm 缝延伸到侧面
台面
4
4
4
抽屉前板
门（前板）与侧板的接缝统一为 4mm
侧板
4
抽屉的接缝统一为 4mm
"间隙"与把手对齐
台面与门（前板）的接缝 = 把手
20
填充材为 18mm，滑轨合页的段差为 2mm
20
18
2
= "间隙" + 段差
= 把手 =20mm
20
门（前板）相互接缝 = 把手
家中接缝整齐
拉门金属部件的安装标准内留 10mm 缝隙
4mm
拉门缝隙对齐
开合门
开合门
拉门
抽屉
开合门
4mm
拉门、开合门及抽屉混在时，接缝对齐显得整齐
与护墙板对齐

与设备相关的细部～电气设备

要点

◉设计要确保电缆线通路以及变压器放置处

◉墙壁、地板及天花板的缆线通口位置及长度要正确指定

组入照明

定制家具与成品家具的最大不同点在于组入设备等。组入家具的有关电器为照明、插座、开关、电视、电话、LAN等，厨房中还有水管、煤气、换气设备复杂缠绕（参照226页）。定制家具中组入的照明分为家具内部的直接照明，以及作为整体空间照明规划一部分的间接照明。

现在直接照明几乎都用LED，与以往的白炽灯相比，发热少，器具本身也小，所以对家具的细加工容易，由热造成对家具的损伤少。间接照明与空间照明规划一并考虑，所以无影灯的荧光灯或LED比较适宜。不管哪种几乎都需要LED变压器，所以不要忘记确保变压器的设置位置及检查口。

组入插座

电线配线中，设置插座类安装位置上，电缆线直接从墙壁伸出，照明电源及侧板安装的插座的电线从墙壁或地板一并伸出，确保一片闪光的背板侧及预先设定的通路从板中通过。埋入插座本身与连线部分板厚最低为60mm（图1）。另外，为了不使开关板从平板上突出，有时需要在开关板周围嵌刻入10mm左右（图2）。厨房作业空间也需要插座，正面墙壁无法设置时，也可设置在吊架底部。为埋入吊架灯，底板厚度为45mm，可以组入家具用插座。

图 1 | 组入家具用插座

吊架截面图（S=1:30）

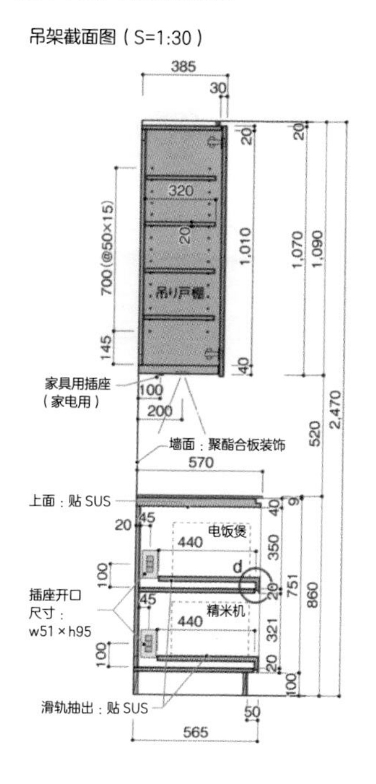

吊架仰视图（S=1:30）

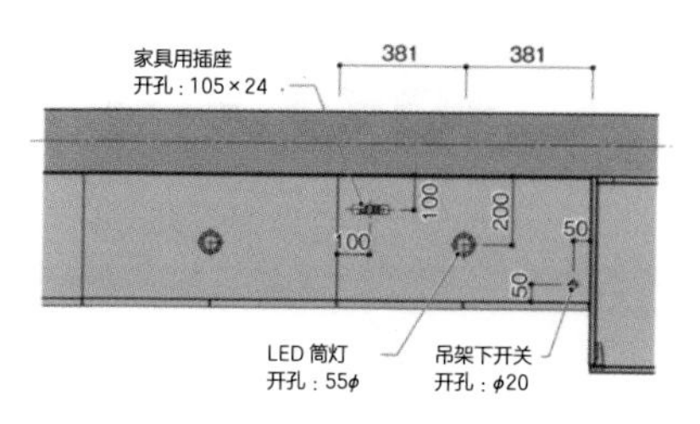

吊架下插座

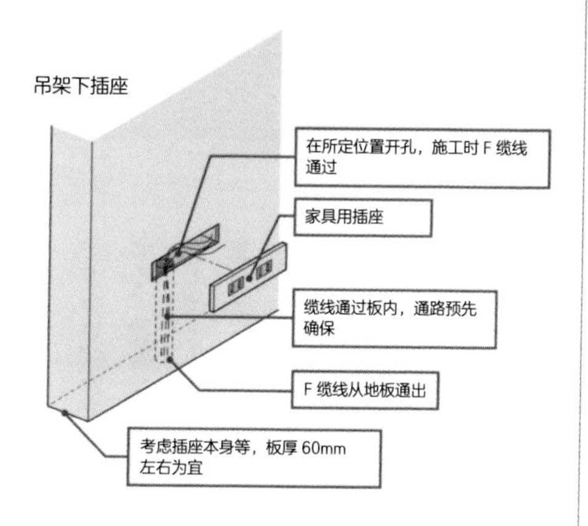

图 2 | 考虑开关不显眼（S=1:4）

嵌入板内的开关

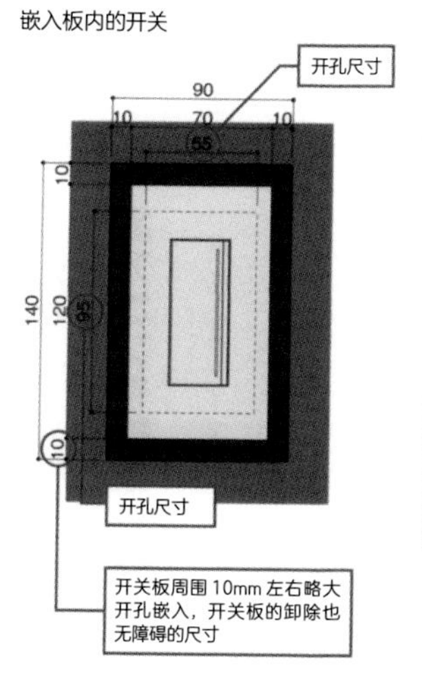

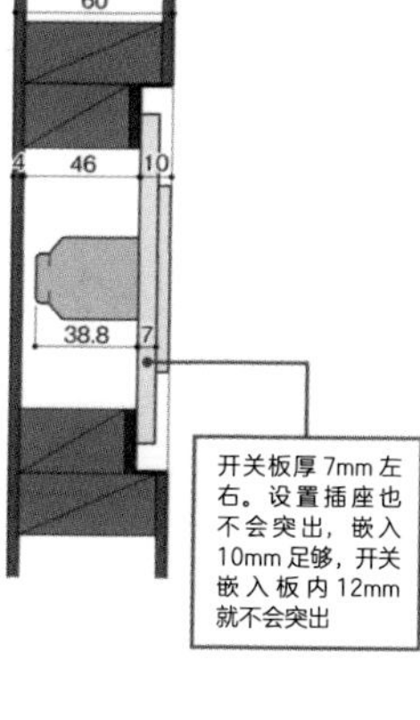

开关嵌入板内完成后

设计、照片：STUDIO KAZ

与设备相关的细部～换气设备

要点

◉ 调整尺寸使外部看不到隔栅内

◉ 要使空调送气不停滞

通过隔栅换气

组入空调也是属于定制家具。换气孔在家具中设管道，家具上部设置隔栅的设计很多，无框的换气口消失，顶棚整洁。这时要注意开口面积，换气口当然要计算风量，所以家具侧面设置的开口小不仅无法确保换气量，还会因为隙间风而发出声音。要请设备设计者提出必要的开口尺寸，必须计算开口部的面积。与隔栅整体的大小（面积）不要搞错。风机盘管装置的换气口也同样。

这时，隔栅的间隔过大就会看到内部，失去意义。考虑涂装作业，14 ~ 20mm 比较适宜（图 1）。超过此，栅柱的纵深大，要设法阻止外部窥见内部。

组入空调

埋入墙壁式的空调，要确保埋入家具的部分，只要附属的隔栅能放入就没有问题。但好不容易安装了，也希望放上隔栅。墙壁埋入式空调本身在正面上部吸气，下部吹出，所以隔栅内部这两者混用，要注意不要引起短路。

其他还有设置墙挂式空调的，这时要注意不要使吹出的空气停滞，要考虑隔栅与底板的设置（图 2）。尽可能不使隔栅挡住空调的下部。另外，湿度感知装置有许多种类，要进行确认。

图 1 | 思考隔栅设置

基本隔栅

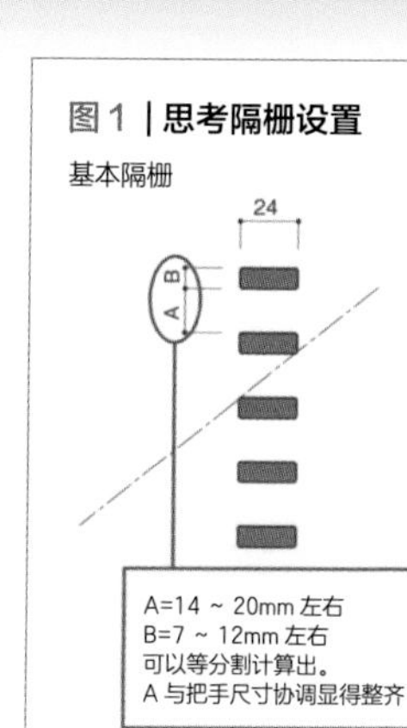

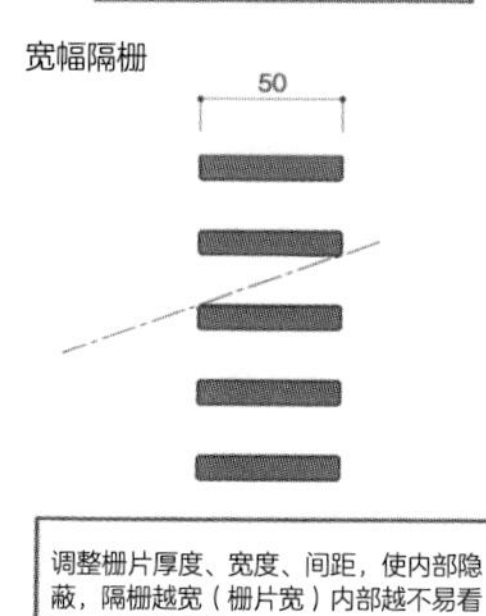

调整栅片厚度、宽度、间距，使内部隐蔽，隔栅越宽（栅片宽）内部越不易看到，但涂装不易

埋入墙壁式空调用隔栅（S=1：5）

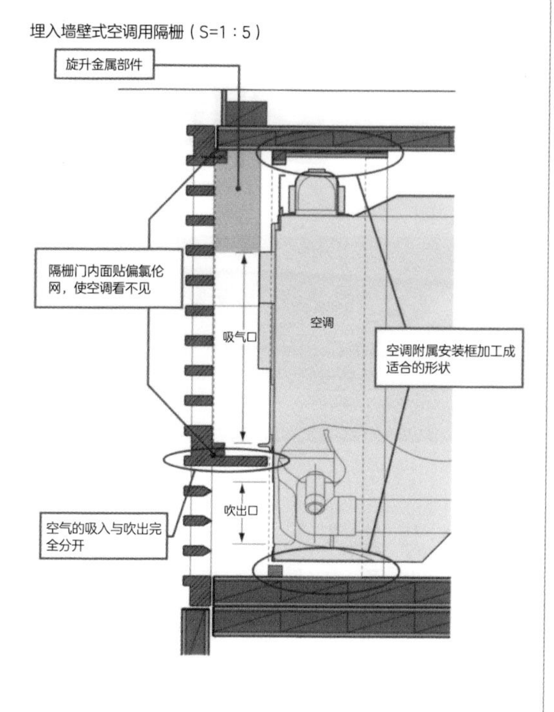

图 2 | 墙挂式空调的设置方法

隔栅门

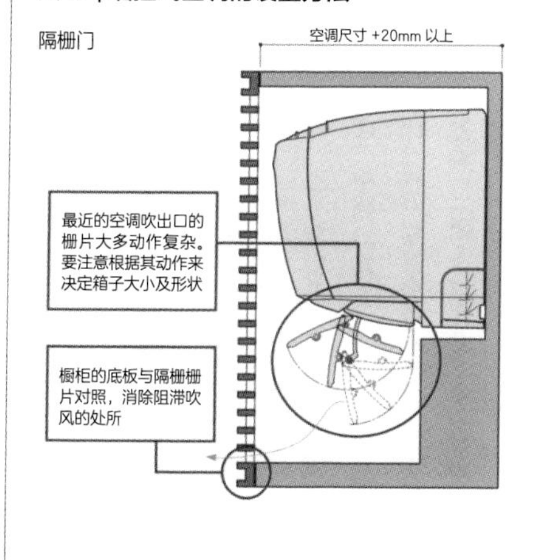

上下设缝隙

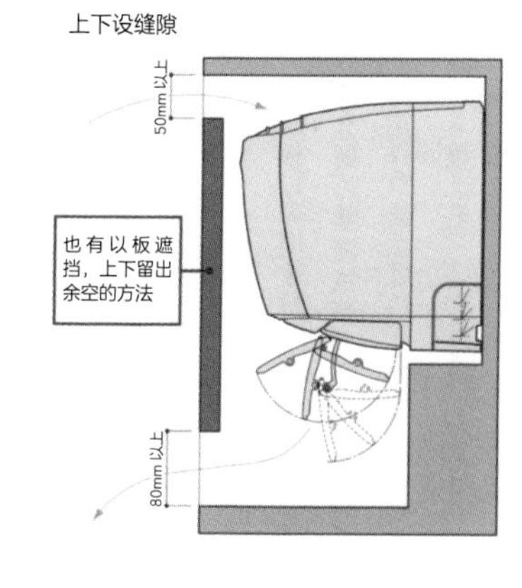

门厅收纳①

要点

◉ 考虑棚架固定销及放伞的竖管位置

◉ 组入照明门厅显得宽敞

要注意鞋的大小

不仅限于门厅收纳，收纳设计的第一步以整理收纳物品开始。门厅收纳所收纳的物品以鞋及护鞋用品、伞为主，根据各个家庭不同有拖鞋、外衣、帽子、印鉴等。

这多少有些不同，但尺寸差别不大，所以不难设计。只有一点要注意，那就是鞋子。调整架板高度的固定销要细致设定。通常 40 ~ 50mm 左右的位置要设为 20 ~ 30mm 的间距。问题是纵深方向，最近鞋的设计多样化，比起鞋本身多有大一些的鞋装饰款式，以往有 300mm 就足够的空间，现今小脚的鞋子都放不下。对于宽度，设计优先决定门宽就会出现不上不下的空间浪费。要让房主拿鞋子对照进行设计。

设入照明作为长夜灯

若优先确保收纳量，从地板面至顶棚最有效。只是为减少并不宽敞的门厅的压迫感，中间高度设壁龛空间就会有摆设花与照片的空间（图 1）。要注意伞的收纳位置，伞吊放需要 1m 左右的尺寸，所以考虑橱柜高度包括底板等为 1200mm 左右。使用低台柜尺寸就不太合适。

另外，由黏土石灰砂砾混合的土地面上提高 200mm 左右的底板之间设置照明作为脚灯，可提升门厅氛围（图 2），也可用 LED 及荧光灯作为长夜灯。这时要注意混合土的地板材料，避免荧光灯映照形成光污染。

图 1 | 带脚灯的门厅收纳

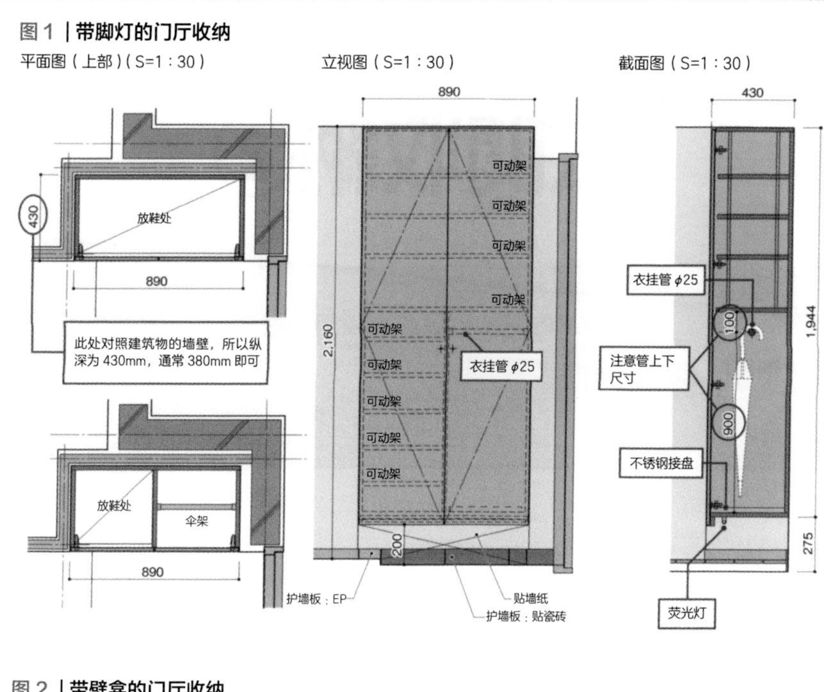

图 2 | 带壁龛的门厅收纳

门厅中设置壁龛空间，缓减压迫感

设计：STUDIO KAZ　照片：山本 MARIKO

姿态图（S=1：30）

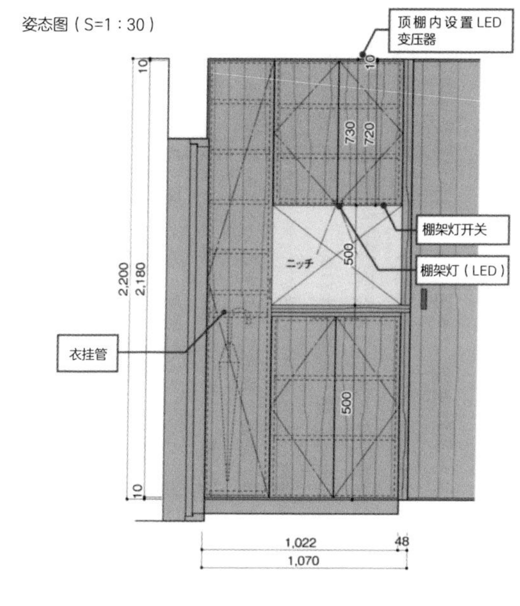

门厅收纳②

要点

◉ 门厅收纳加进鞋箱之外的功能

◉ 在狭小的门厅空间也不要忘记设座椅

伞、拖鞋的收纳

伞是经常放于门厅的物品之一。收纳时将柄的部分挂于管中即可，折叠伞、直柄伞就没法挂，作为解决方法在管上设S形挂钩（图1），以及在偏前下部再设一根管。即，考虑防止倾倒功能的尺寸位置。伞架部分设有不锈钢底盘为接收水滴，这一底盘可用现成制品，根据尺寸也可特订。比有效尺寸略大埋于底板即可。几乎所有的底盘都有边缘，将底盘打孔挂于边缘即可。

拖鞋一定要设于门厅迎接侧以方便拿出，在收纳的上侧框以内的位置时也可与鞋并排，这时要注意开门方便。在上框部终止时，可在侧面设门，没有纵深时，可采用收纳重叠竖立的方式，正面设计以美观优先，要设置得隐蔽为好（图2）。

门厅座凳

门厅有座凳很方便。不仅穿鞋时使用，住宅中有老人时更为方便。只坐一下不需要椅子那样的纵深，但要确保坐的时候不要碰到墙（图3）。

住宅中很少有门厅设置宽阔的，特别是公寓只能最低限度占用空间，这种情况下可以考虑放置折叠式凳椅（图4）。也有现成产品可设法设置。固定在墙壁上的方式还要考虑荷重，固定在间柱上会牢固。

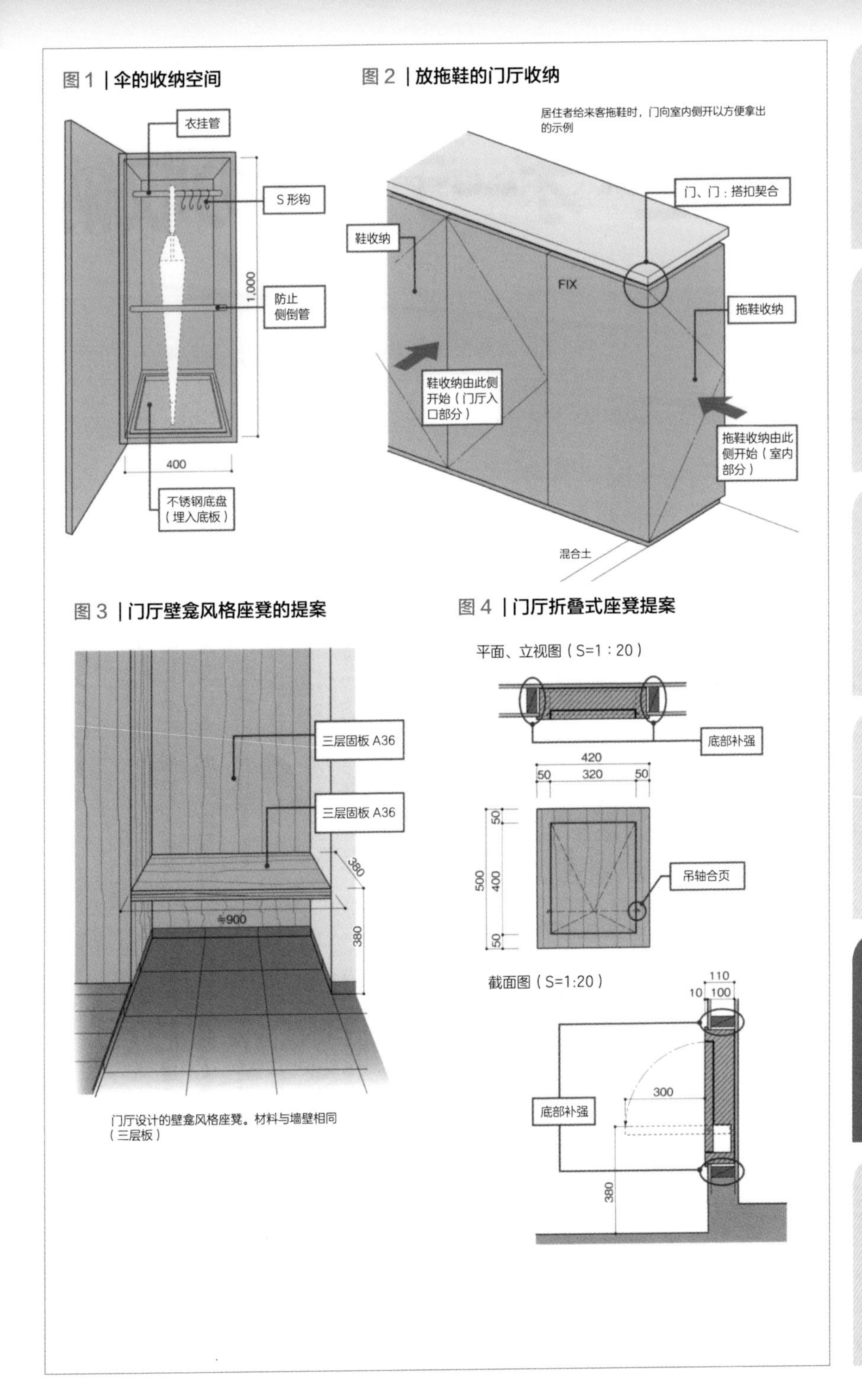

门厅设计的壁龛风格座凳。材料与墙壁相同（三层板）

电视、音响的收纳橱柜

要点
- 影音播放设备电缆走线及处理有窍门
- 考虑薄形电视的厚度与存在感

电视与屏幕

最近液晶电视及等离子电视等的薄型成为主流，价格也下降，大型化进展，壁挂也成为可能，设置场所自由度增大。但DVD及蓝光播放机的尺寸变化不大，所以需要某种程度的纵深。

在设计阶段能够规划将电视、影音播放设备机器放置其他场所，就不必受纵深限制而确保电视设置场所。

使用电视、影音播放设备时会产生热。发热是发生故障的原因之一，这时必须要考虑散热。另外，设计电视、影音播放设备的家具时必须确认走线通路及插头尺寸，仅能容纳机器，背面插头会无法插入。

近年来，家庭影剧院需求增高，家庭中导入放映机及屏幕的人增多，平日收藏屏幕的方法也成为问题。无法纳入顶棚时可放入家具中，使用固定的盒子，或不用时纳入美观的抽屉，也有100英寸的屏幕，宽度近3m，所以有必要考虑左右均等地拉出的金属件（图）。

消除电视的存在感

提议使用电视收纳家具，使用魔术镜，不看电视时，暗镜与天然平板构成的装饰棚架设在墙壁，遥控开关一开，应用魔术镜的作用浮现电视画面，这时电视本身的存在感消失，只有画面浮现墙壁的结构（照片）。

图 | 影音播放设备收纳示例

平面图（S=1：40）

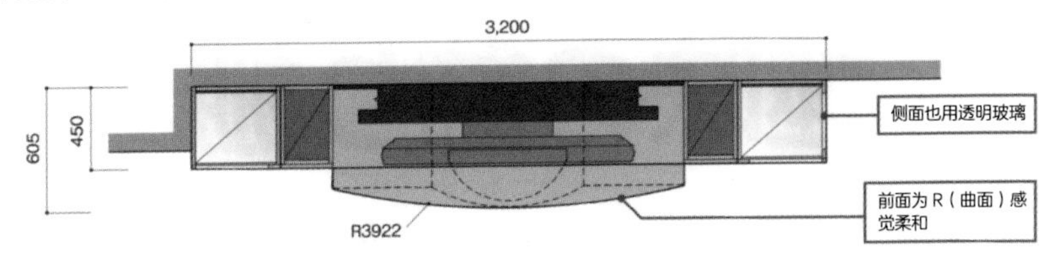

正面图（S=1：40）

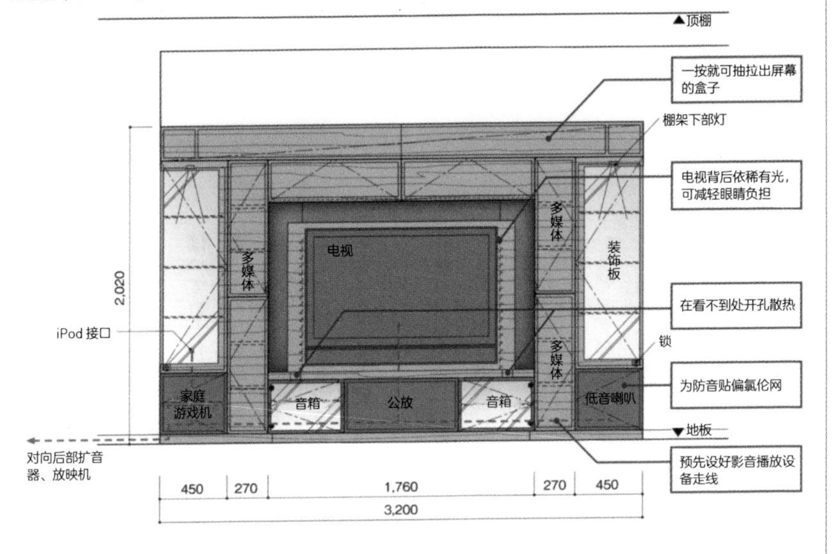

照片 | 使用魔术镜的电视收纳

魔术镜中收纳薄型电视。开关一开，只有画面浮现，看不到电视框。电视日渐变薄，可谓与墙壁近同，但在家具中还有很大存在感。“要进一步成为墙壁才好”的提案家具

设计：STUDIO KAZ　照片：山本 MARIKO

兴趣装饰架

要点

◉ 考虑"大小皆可"决定大小及纵深

◉ 作为装饰物考虑决定照明位置和效果

嵌入墙壁的收藏物棚架

公寓住宅装修，房主收藏人物手办等，将那里分散的人物手办等集中一处，如此庞大的数量只有走廊可以收纳。于是在走廊与可进入式储物棚架之间设置墙面作为收藏棚架，架板由木工制作。为防止尘埃和地震，前面设丙烯酸树脂板。棚板上挖槽以嵌入丙烯酸树脂板，采取由拉门侧插入的方式（图 1）。

客人委托将客厅的墙面也设置棚架以放书籍等物品时，提议用不同风格的棚架设计。要设想有各种大小的书籍来决定架子间隔。这里除了放书也还放各种类型物品，设置不同间架可以使空间更为丰富。

照明创意

装饰棚架多组入照明，一般家具使用 LED 筒灯，除从上方照射物体之外，还像店铺物品一样多在架子前面设置细的荧光灯，从上方照射棚架整体。其他的创意还有背面照明，从前面上方照射等方法（图 2）。最近 LED 也在进步，所以越来越多地用于家具，电器不太发热，可以不必考虑像换灯泡一样的事，是很智能化的设置。

家具用照明多为 12V 或 24V，需要变压器，根据照明器具的功率，决定变压器数量，确保设置场所。变压器应设在可放热之处。

图 1 | 走廊为展示棚架的示例

展开图（S=1：50）

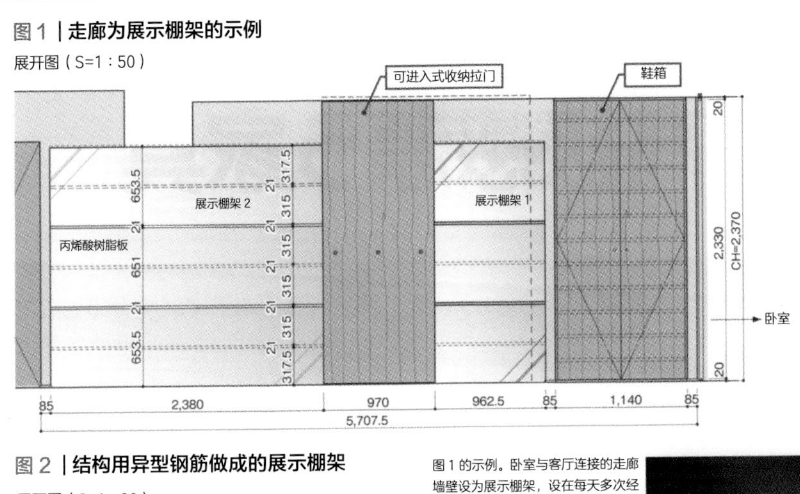

图 2 | 结构用异型钢筋做成的展示棚架

平面图（S=1：30）

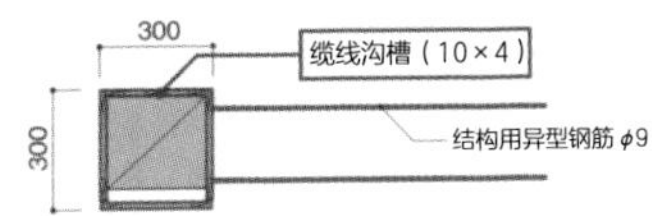

图 1 的示例。卧室与客厅连接的走廊墙壁设为展示棚架，设在每天多次经过的场所，兴趣与日常生活结合产生作用

设计：STUDIO KAZ
照片：Nacasa&Partners

展开图（S=1：50） 截面图（S=1：50） 平面图（S=1：50）

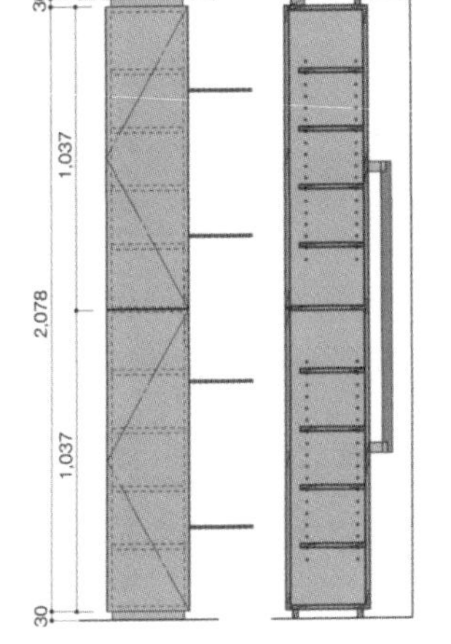

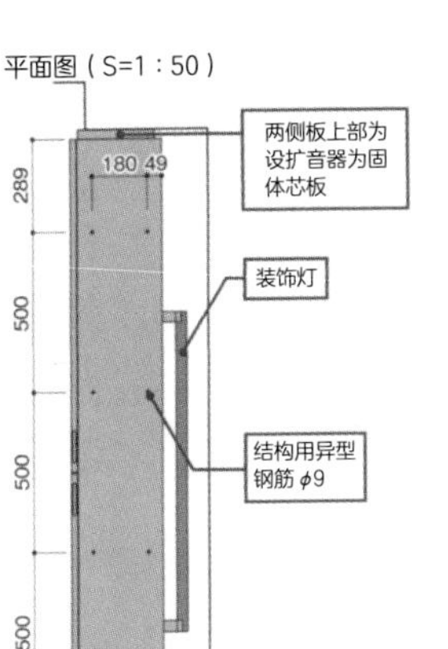

展示棚架安装详图（S=1：3）

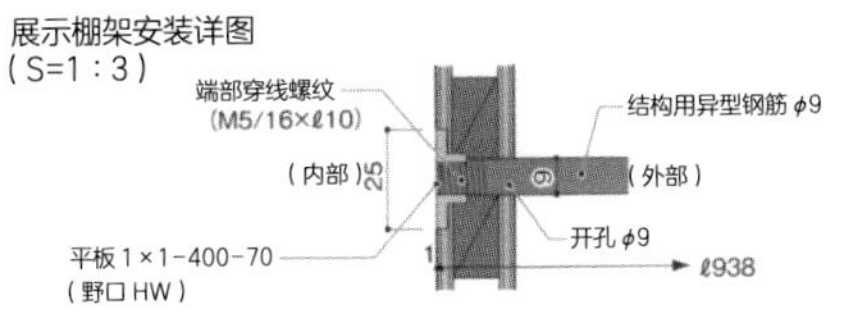

图 2 的示例。300mm 方形柱体收纳等间隔排列，将其与结构用异型钢筋连接，葡萄酒瓶直接放在钢筋上，或上设丙烯酸树脂板等装饰，挂上壁毯，成为多功能的展示棚架

设计：STUDIO KAZ 照片：坂本阡弘

家具的高雅感

要点

◉材料、制作、细部以“高雅感”齐备的印象

◉利用成品的装饰部件

材料、制作、细部

如果知道棚架的展示目的，就应将装饰物、氛围、档次感统一协调。当然也要与房间氛围协调，这毋庸置疑。

最先考虑的事情是材料与制作，简单考虑，就是用打磨天然石作台面，门装饰得有光泽。如果要表现木纹装饰时，要注意选择树种，绝对不使用松木。

台面的截面形状仅仅从正方形变到带圆的形状就会有氛围转变，越将其改为复杂形状，装饰性印象就越强。与其协调，门、边框的形状等也施以装饰，棚架也不要忘记。超出墙壁时就增加侧板，但这显得单薄而不雅。另外，门加框时侧面也要考虑纳入框内。

为了消除与建筑物的差也可以使用“缝隙”的方法，通常使用20mm左右的填缝材，在箱面（比门后退）设置处的幅宽（50 ~ 100mm），与门相齐。仅此也有作为家具的沉稳感。

使用市场销售的定型部件

数个厂家销售建筑、家具用的定型部件，从很多种类中选择形状及大小适合所设计家具的氛围的物品（图）。有涂盖涂装与木纹的种类。

无论如何也找不到成品就只有定做刀具，绘制1∶1图纸，制作刀具进行加工。需要一定费用，制成的物品能满意最好。

图 | 组入成品装饰部件的壁炉

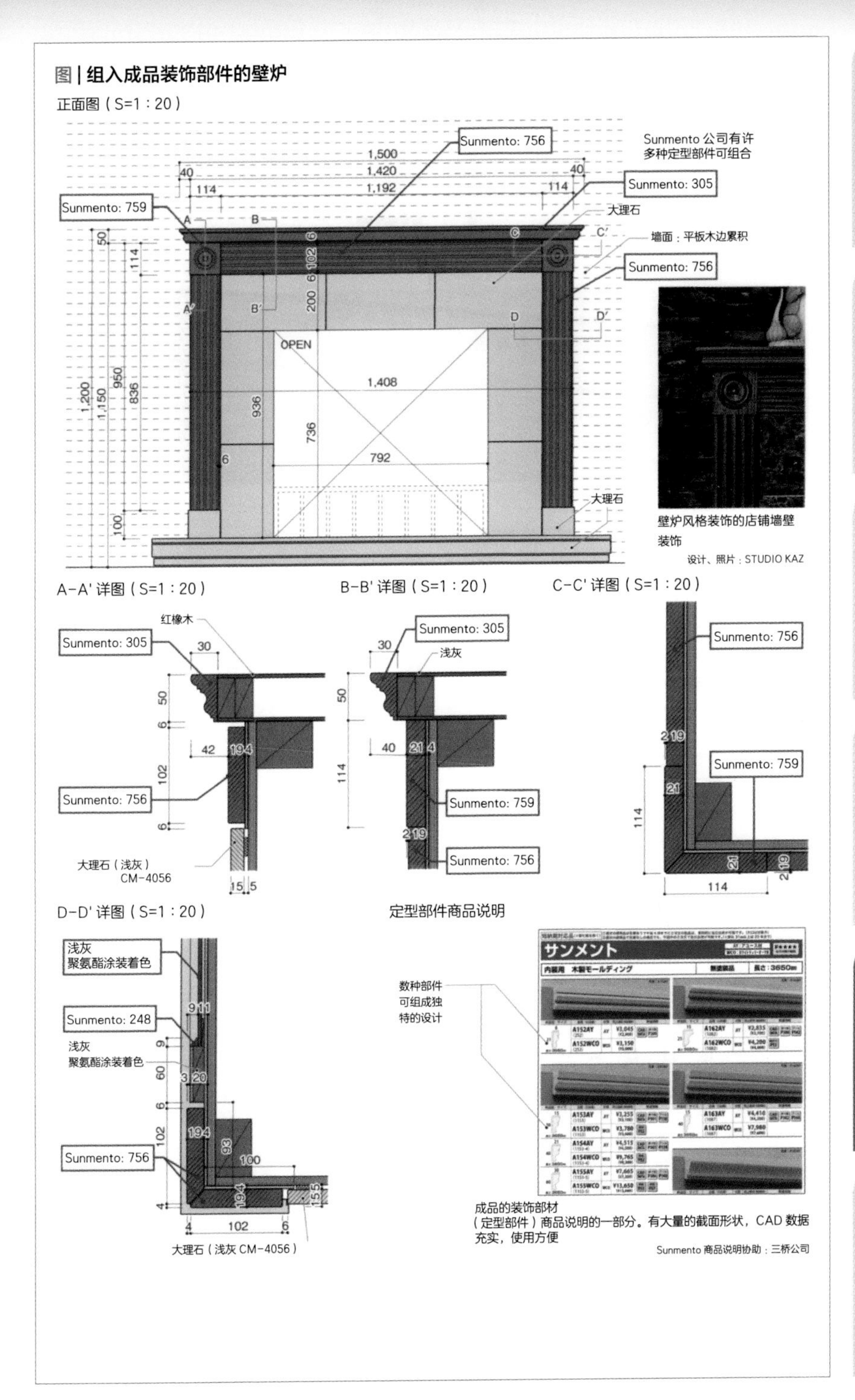

壁炉风格装饰的店铺墙壁装饰

设计、照片：STUDIO KAZ

成品的装饰部材（定型部件）商品说明的一部分。有大量的截面形状，CAD 数据充实，使用方便

Sunmento 商品说明协助：三桥公司

书架

要点

◉ 书架设计要考虑荷重

◉ 房间氛围与书的种类、放置方法由设计决定

基本结构要素立框与架板

书的大小某种程度上已决定，预先听取房主倾向持有哪类书以决定书架高度，所有书架为可动式的话，会增加自由度，收纳没有浪费。但仅此会平淡无味，要考虑设计高雅的书架。

书架结构的基本要素就是立框与架板，最简单的就是木芯合板做成立框，安装架轨的方法，以木工施工制作。这要考虑木的重量，架板厚度以 21mm、宽 600mm 左右为好。如果超过此，或加厚架板，或在背板中央也设置固定销，5 点支撑。一定要设置幅宽架板时，用以铁管为芯材的轻量结构，可以在某种程度上加大跨度。当然这属于家具施工。

书架设计

书架设计只有立框与架板，所以要考虑强调哪一个。

强调水平线时，要考虑立框的位置与大小。这时的背板看似墙壁，架板加大，立框比架板的纵深浅，无规则设置。选色也与架板不同，这样立框像似一本书，存在感消失（图 1、图 2）。另外，因为无规则设置，书籍荷重可垂直向下，也有利于结构。立框宽度加大，再加以大的装饰，显得像列柱，对排列的书不加注意就容易出现滑稽的感觉。也有纵横厚度统一的网格状结构为面的方法。总之，要按照书架整体的大小及动线的关系考虑。

图 1 | 强调水平线的书架（S=1：40）

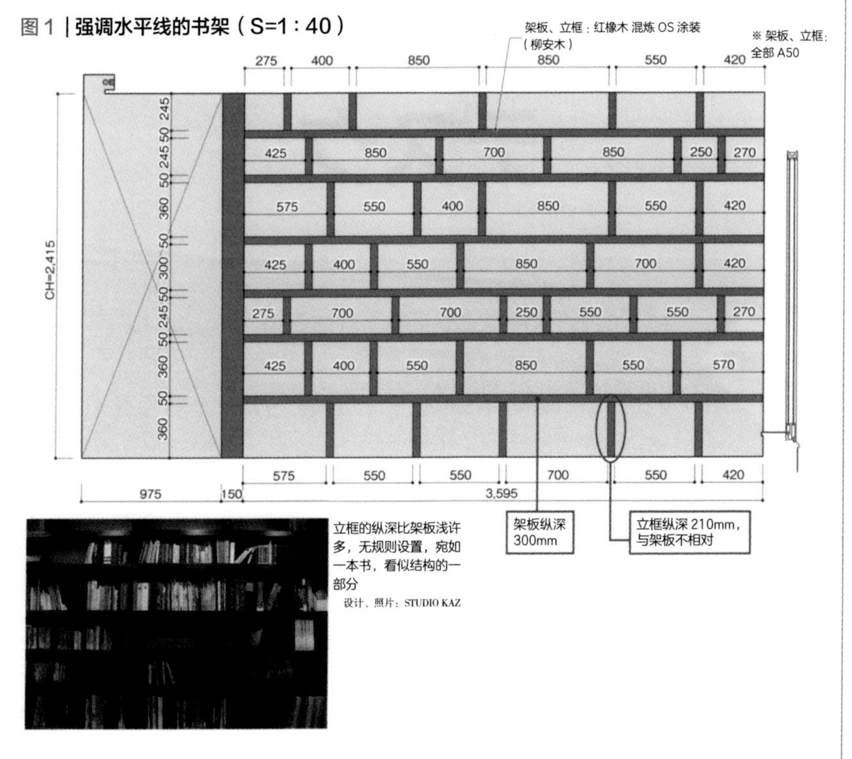

立框的纵深比架板浅许多，无规则设置，宛如一本书，看似结构的一部分

设计、照片：STUDIO KAZ

图 2 | 楼梯侧设置的书架（S=1：40）

各种颜色的书更鲜明映出，白色架板灰色层次的立框结构。水平线连接纵深的酒架

设计：今永环境计划 +STUDIO KAZ　照片：STUDIO KAZ

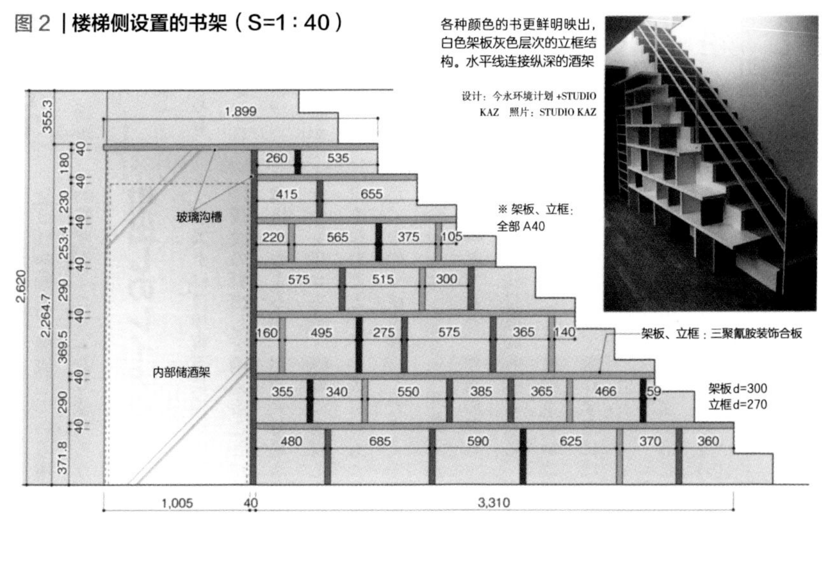

书桌

要点

◉ 使用目的明确的设计

◉ 抽屉的有效尺寸要考虑纸、文具的尺寸

作为收纳体系的一部分

固定制作书桌的机会与其他收纳家具相比要少。但作为儿童房间及书房的收纳体系的一环经常有固定制作。

台面的材料没有限制条件，但最好选用抗磨的种类。

台面的荷重性能，要考虑时常有人要依靠，或坐在上面，可设置得高一些。

在房间中，书桌所占面积大，所以要充分考虑纵深。最近电脑的显示器多为液晶而变得薄起来，还有笔记本电脑性能提高而普及，与以前相比纵深浅。在桌上作业用650mm以上，只看电脑500mm左右就足够（图1）。不像以前在台面下设放键盘的拉板。

书桌宽度也根据周围设置而决定。左右墙壁围拢的情况下700mm左右，开放的情况下600mm左右为最低限度尺寸。

抽屉设置

书桌多在台面下设置浅抽屉，侧边设置数层抽屉。根据身体放脚空间的有效尺寸为从地板抬高600～630mm。经常交叉脚的人要更高一些。在确保这一尺寸的情况下设置抽屉（图2），台面高度为700～750mm时，台面厚度+抽屉前板的尺寸为100mm左右。抽屉的有效尺寸要确保深45mm，这是木工制作的最基本尺寸。

另外，旁边抽屉要根据用途来决定，对此多有要求，作为A4文件与CD、DVD的收纳，其中时常会有设办公用锁的要求。

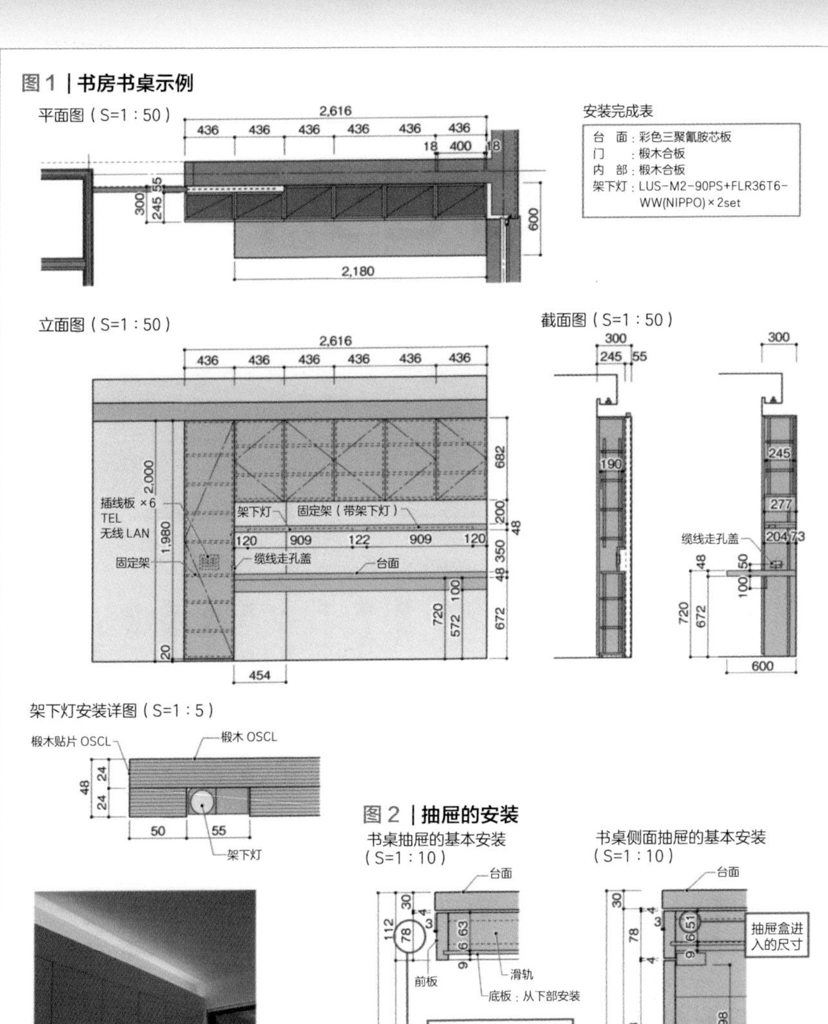

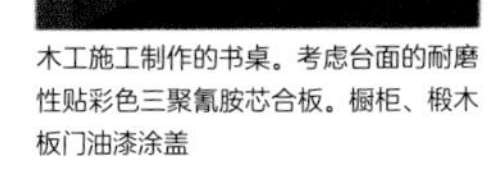

木工施工制作的书桌。考虑台面的耐磨性贴彩色三聚氰胺芯板。橱柜、椴木板门油漆涂盖

设计、照片：STUDIO KAZ

图2 | 抽屉的安装

书桌抽屉的基本安装（S=1：10）

台面

30 4 3 63 6 9 112 78

前板

滑轨

底板：从下部安装

书桌抽屉放置的物品多为纸类及文件。必须考虑脚下的尺寸以及其中的有效尺寸来决定大小

按照滑轨的种类、手柄、把手，架口的有无进行不同安装

730 618

书桌侧面抽屉的基本安装（S=1：10）

台面

30 4 3 51 6 9 78 4

抽屉盒进入的尺寸

198 233

滑轨

4 640 730

架口

A4 文件收纳的有效尺寸为270mm左右

270 317 60

壁橱

要点
- ◉ 合理利用现成品降低木工施工成本
- ◉ 抽屉等细小制作以家具施工进行

木工施工制作

西装只挂在衣架管上，就没有必要进行家具施工。可动棚架与衣架管并用，木工施工就足够了（图、照片）。最简单的方法就是使用店铺用部件来构成。墙上埋入称为支撑的架柱，难以固定还可重新设置，使用木架用、玻璃架用、管架用等类的托架，架板用柳桉木或聚酯合板，切割成必要的尺寸使用。支撑的间距统一，可自由变化设计及进行追加。

不使用店铺用部件，也可以用实芯合板作为侧板，衣架管及可动架板组成的方法。这两种方法用拉门或折叠门，内部装饰或门窗施工划分方式完全分离，可用这种设计。

衣架管可有 1 段或 2 段的情况，设计时注意管的高度及间隔，适当地组入可动架板。需要抽屉时，也有只是进行抽屉设置的家具施工，根据房主的要求及成本考虑选定。

家具施工制作的物品

衬衣、内裤等多纳入抽屉，家具施工可以指定抽屉的制作与尺寸等，可制作高效率的收纳。手表及首饰用的抽屉内要设毛毡以防损伤。

可进入式储物间可有宽敞空间时，内部也可设置协调连接桌。与精品间所见物品同样，叠放的衣物及首饰用的抽屉并用。另外，房主也有手袋、项链、皮带、围巾、帽子等独特的收纳。

图 | 利用阁楼结构的储物间

平面图（S=1：60）

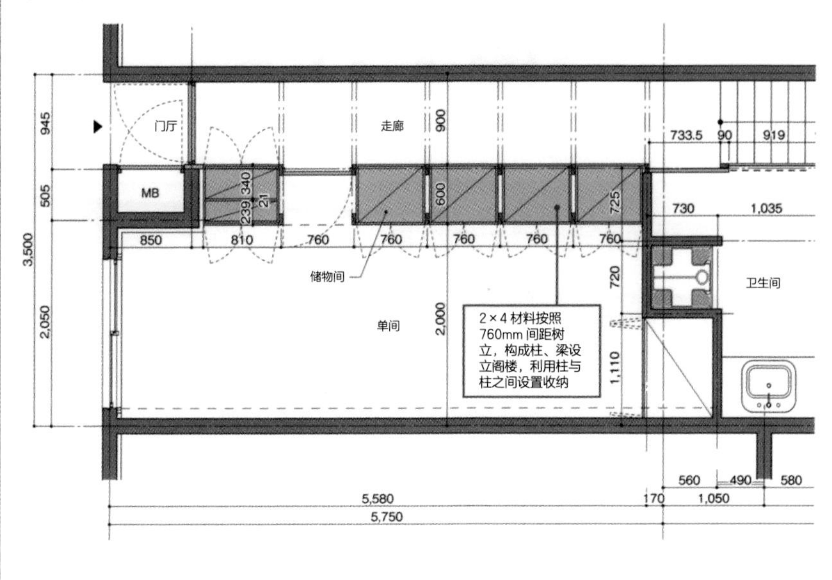

阁楼储物间截面图（S=1：60）

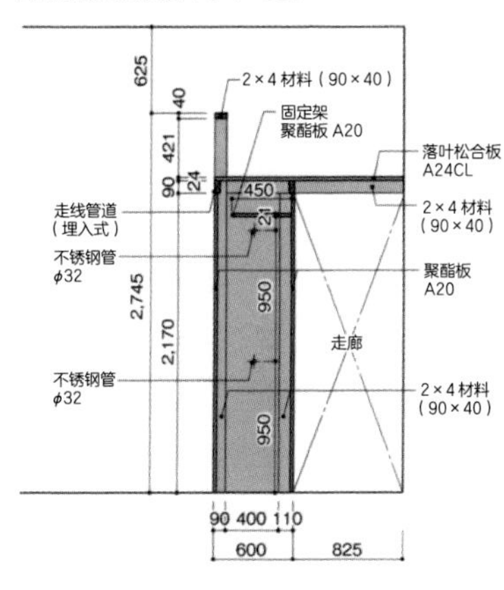

照片 | 利用 2×4 材料之间构成的储物间

2×4 材料构成的储物间，其间设置聚酯板以作为储物间。一部分为门窗、书架、鞋箱

设计：STUDIO KAZ　照片：山本 MARIKO

壁柜

要点

◉ 宽棚架板时要设置 5 ～ 6 处架柱

◉ 注意门的变形

家具施工制作的壁柜

壁柜不以家具施工制作，因此不认为是壁柜，而是“被褥的收纳空间体积，什么都可以放入”。

问题是其空间体积，要确保宽 1000mm 以上，纵深 700mm 左右的内部有效空间。实芯架板，两侧加背板面设 1 ～ 2 处架柱。根据门的大小考虑滑动合页个数。考虑幅宽，设置 3 ～ 4 个。建筑物建造壁柜那样，比固定棚架与枕头棚架那样的结构用途更大，成为方便的“壁柜”（图）。

门大，背面要有矫正变形的金属部件。门上以板材等挡门板，下部也设一片板的段差为底板，以挡门。或者地板材料延伸的情况下，作为挡门部分设防撞缓冲器。这可以很大减轻门的变形。

壁柜内部的制作方法

内部装修也根据使用的板材，椴木板以及三合板施以透明漆涂装，聚酯板没有必要。

根据房主要求，有要求设置挂西装的吊架管，两侧设支架固定圆管，或设 U 形支架将管插入。内部结构以店铺用支撑 + 支架，不仅不必担心架板，房主还可自由变更架板与衣架管的设置。

不拘泥于装饰材料就不需要家具施工那样的精度，由木工施工制作也没有问题。

图 | 三合板制作的壁柜收纳

平面图（S=1：50）

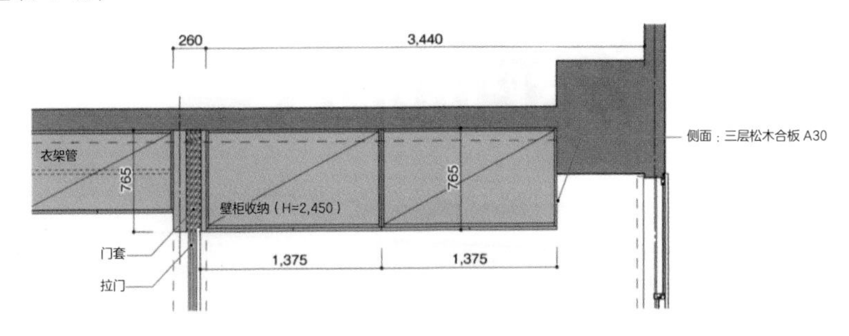

展开图（S=1：50）

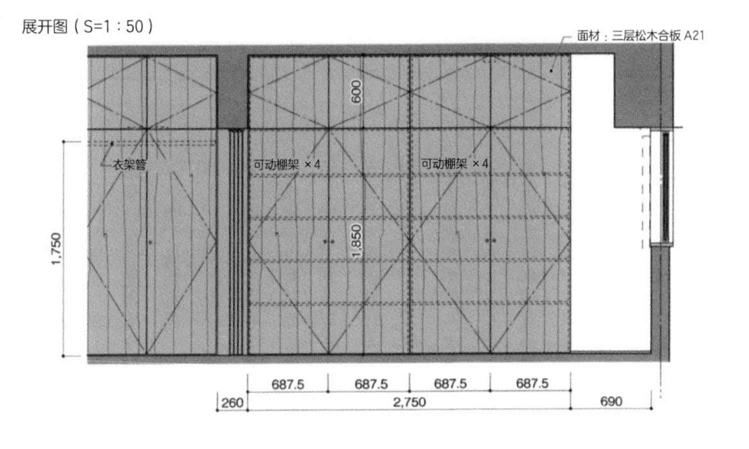

截面图（S=1：50）

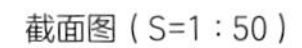

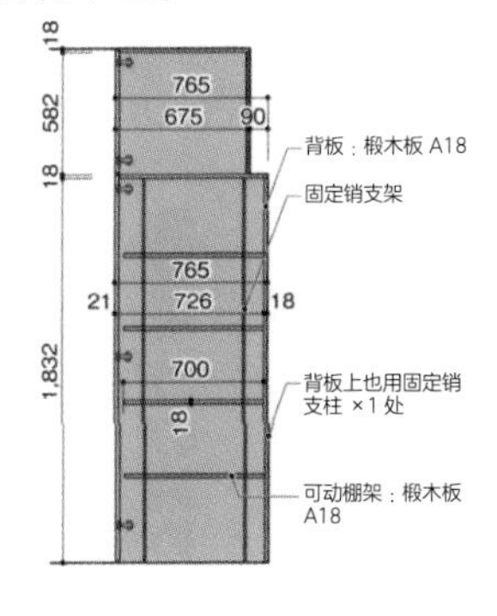

使用三合板制作的箱、门，木工施工制作的壁柜收纳。室内间隔的门（拉门）套与收纳的纵深对齐

设计：STUDIO KAZ　照片：山本 MARIKO

盥洗更衣室

要点

◉ 设计三面镜及间接照明兼用的医药箱

◉ 考虑与其他房间的作业动线进行设计

医药箱

盥洗更衣室的面积不会大，水盆、水龙头、衬衫及被单、洗漱用具、化妆用品、剃须刀、吹发机、洗衣机、洗涤物等在此放置。

水盆几乎都使用现成品，各种颜色、形状、材质等可供选择。水龙头也都使用现成品，但要确保水盆下的橱柜部分有连接水龙头的空间等，必须由此来决定纵深。有的在正面设置医药箱（图）。根据房主有在此要求三面镜的功能。另外，150mm 左右的纵深是间接照明的绝好舞台。间接照明中的明暗线放在顶板前面边缘很美观。利用医药箱两侧的墙壁也可以嵌入。牙刷用具等的收纳有 90 ~ 100mm 就足够。

洗涤物筐体的设置方法

剃须刀充电、吹发机直接插在插线口放置，这类要求很多。这时橱柜内部设置家具用的插线口，吹发机用哪只手拿，意外地成为要点。还有放洗涤物筐的设置，向前倒的门内侧设置可以挂取的筐，在台面上设置投入口，其下放洗涤物筐的设置方法看上去美观，但稍麻烦些。

有关其他收纳的设计要考虑包括晾晒洗涤物的作业动线，决定面材及顶板材料要符合氛围，但不像厨房那般费心。

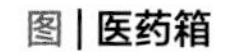

图 | 医药箱

橱柜正面图（S=1：25）

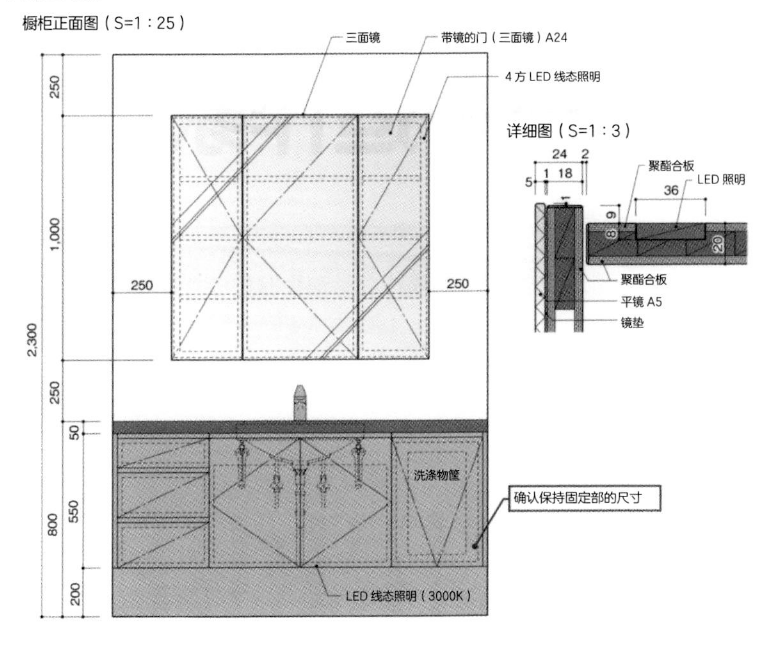

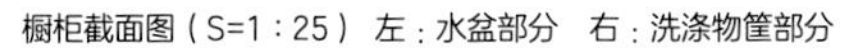

橱柜截面图（S=1：25） 左：水盆部分 右：洗涤物筐部分

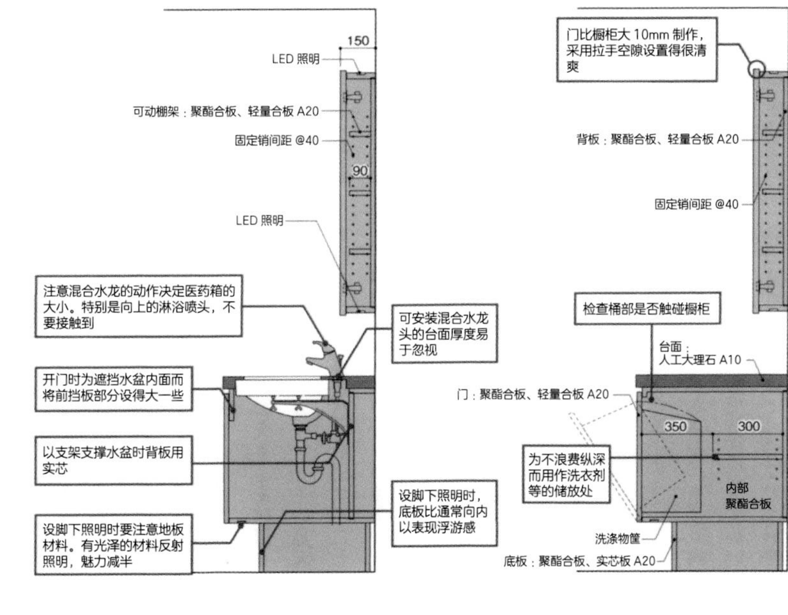

盥洗更衣室

要点

◉ 盥洗台面的纵深要确认卫厕器具的尺寸

◉ 便器上的收纳要确认便器盖的开闭进行设计

盥洗台面

厕所的定制家具有盥洗台面与收纳两类，最近多使用非水箱便器，厕所内安装盥洗台面的机会多了起来（图1）。

盥洗台面的制作方法基本与洗手化妆台相同。日本大多没有富余空间，纵深能达200mm的话，水盆的选择余地就大些，选择容器型水盆，还要考虑从台面的悬垂方式等。因为纵深狭窄，就会出现溅水的问题，水盆正面的墙壁不要使用贴面或抹砂浆，而要使用瓷砖及人工大理石等易于清洁的材料。另外，有时要组入储热水式电热水器，在橱柜内需要设电源插座。

厕所内的收纳

厕所内收纳的物品为手纸与清洁工具等。根据房主的要求，有时希望木制棚架，作为收纳清扫工具物品的场所，盥洗台面下部最适宜。要确保大小适合厕所刷具类。盥洗台面的脚部要设照明以表现浮游感，但要注意有时会有无法适合清扫工具的高度。

手纸若能设在盥洗台面内的话就不会超出，但另设的话就设在便器上的墙面。注意确认便器盖打开时的路线（图2）。为了显得宽敞，有时收纳上贴镜子。要注意厕所内的镜子位置和大小，镜子大，男性使用时会害羞。

图 1 | 便器与洗手台设置的注意点

洗手台为正面时

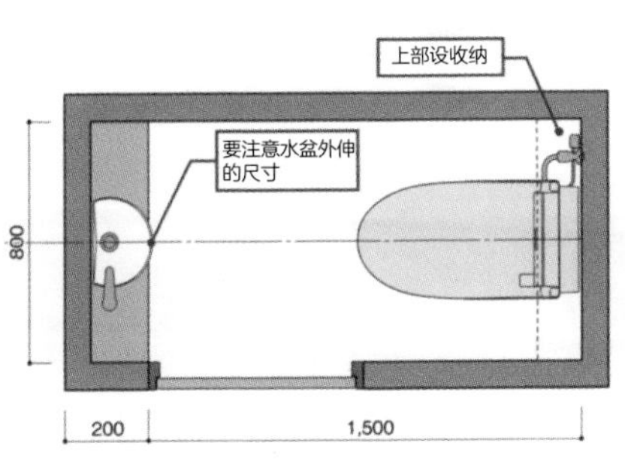

洗手台为侧面时

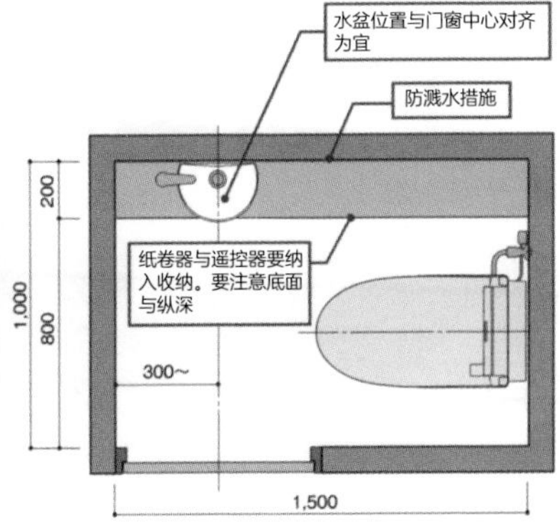

图 2 | 设置洗手台与收纳的厕所

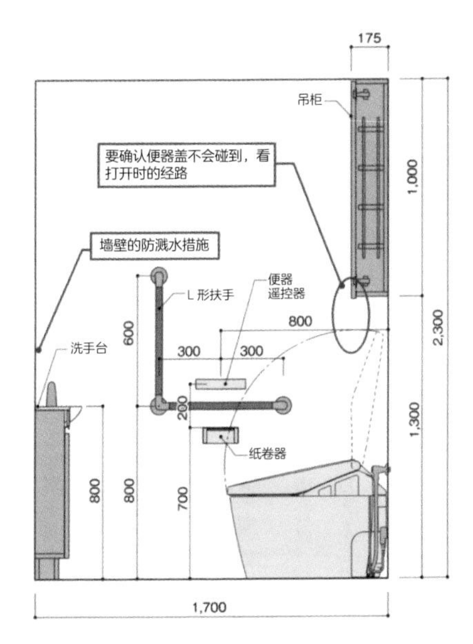

一般厕所的设计。无蓄水罐便器的背面是手纸纸卷器吊架，正面为带有自动水龙的洗手台

设计：STUDIO KAZ　照片：山本 MARIKO

家务处

要点

◉ 考虑家务动线的安排设计

◉ 集中家庭内办公元素的高效规划

用水处的延长

在家务处的行为多种多样，包括熨烫、缝纫、洗衣、整叠衣物、晾晒、记账，最近还有电脑操作等。

设置家务处的场所可以在厨房、与用水部分连接之处，或客厅的一角、控制全家的位置这样的地方都可。

前者不必设独立的单间，作为防震措施不设置门，收纳就不必设门。作业台面的材料为集成材料或三聚氰胺板，其他部分为聚酯合板或椴木合板，可涂清漆。吊橱及抽屉等优先考虑收纳量及作业效率进行设计（图 1、图 2）。

另外，家务室内设有洗衣机及烘干机时，要注意建筑杂志中等有以门隐蔽洗衣机及烘干机的照片（电、煤气），但要知道以门掩蔽烘干机违反了消防法，是被禁止的。

住居的集中控制室

后者的情况作为“母亲工作室”看待就会容易设计。要设置电脑、电话及传真机等的收纳，以方便了解孩子们在学校的记录、家庭出入账、信件联络等。

使用材料要符合装修氛围，台面使用集成材或胶合板要与其他木材、颜色相协调。人工大理石等材料也适合。收纳不开放，台面同样，门的设置要与室内氛围协调。以此形成功能的一部分。

图 1 | 厨房设置电脑角的事例
平面图（S=1：50）
65
600
电脑桌（带抽屉）下部设打印机架板 2 张
电脑角的电源接口、LAN、TEL 等的接口设在桌下（FL+500 ~ 600mm），台面设接线孔，可利落归纳缆线
电脑角
860
门铃
700
厨房
910
防火规格
图 2 | 厨房接续的家务室提案
平面图（S=1：50）
走廊
冰箱
洗衣机
烘干机
70
530
70
650
70
620
70
1,200
900
浴室
厨房
卷帘等遮挡视线的工具
A
家务室、盥洗室
900
B
3,510
从厨房连接家务室的主妇基本动线
厨房食品储藏室
卫浴收纳
650
A 展开图（S=1：50）
收纳门：轻量聚酯合板 A20
800
收纳内部：聚酯板
烘干机处
棚架下部灯
600
厨房台面：人工大理石
1,850
冰箱处
台面：三聚氰胺装饰合板 A40
900
洗衣机处
open
900
B 展开图（S=1：25）
550
镜面
卫浴收纳（毛巾等）
厨房食品储藏室
厨房的食品储藏室与卫浴收纳混在一起，看似不方便，但房主马上学会使用，没有问题
立面：马赛克瓷砖 10×10
950
煤气炉
1,750
方便门打开左右开门
（肥皂等）
800
800

桌子、矮桌

要点

◉餐饮店与住宅的桌子尺寸不同

◉设计桌子也要考虑椅子、结构

餐厅台桌

餐厅台桌的大小基本要以所坐人数来决定，此外还要根据形态、大小、与空间的比例来决定，也要考虑与空间大小的平衡及动线，尽可能大一些。例如，宴会等很多人聚集的家庭，圆桌有利于对应众多人数。

图 3 的例子是扣除从扇形平面引导出的厨房形状后的空间，设置桌子的计划，使用带扶手的椅子，一家四人围坐，也可对应家庭宴会的桌子。咖啡等，休闲风格的餐饮店的餐桌要设计得比家庭餐桌小一点（图 1），不是 4 人而是 2 人排列，便于移动，增加设计自由度和提高效率。正规店的餐桌略大些合宜。

必须考虑桌子高度方向的尺寸，椅子的坐面到桌面的距离（差尺）。以 300mm 为基准，期望低于此（图 2）。差尺大，脚的回动自由，可舒适使用。但日本餐具样式多为小型，这可很好窥见器皿内部。另外，使用扶手椅子时要测量确认实际尺寸。

矮桌

为吃饭的矮桌高度为 330 ~ 380mm，易于使用。沙发用的矮桌 400mm 也可。日式房间原本是多目的、多用途的房间，想宽敞使用空间时，放置矮桌有时会觉得麻烦。于是，提议使用可解体放置于地板下的组合式餐桌。

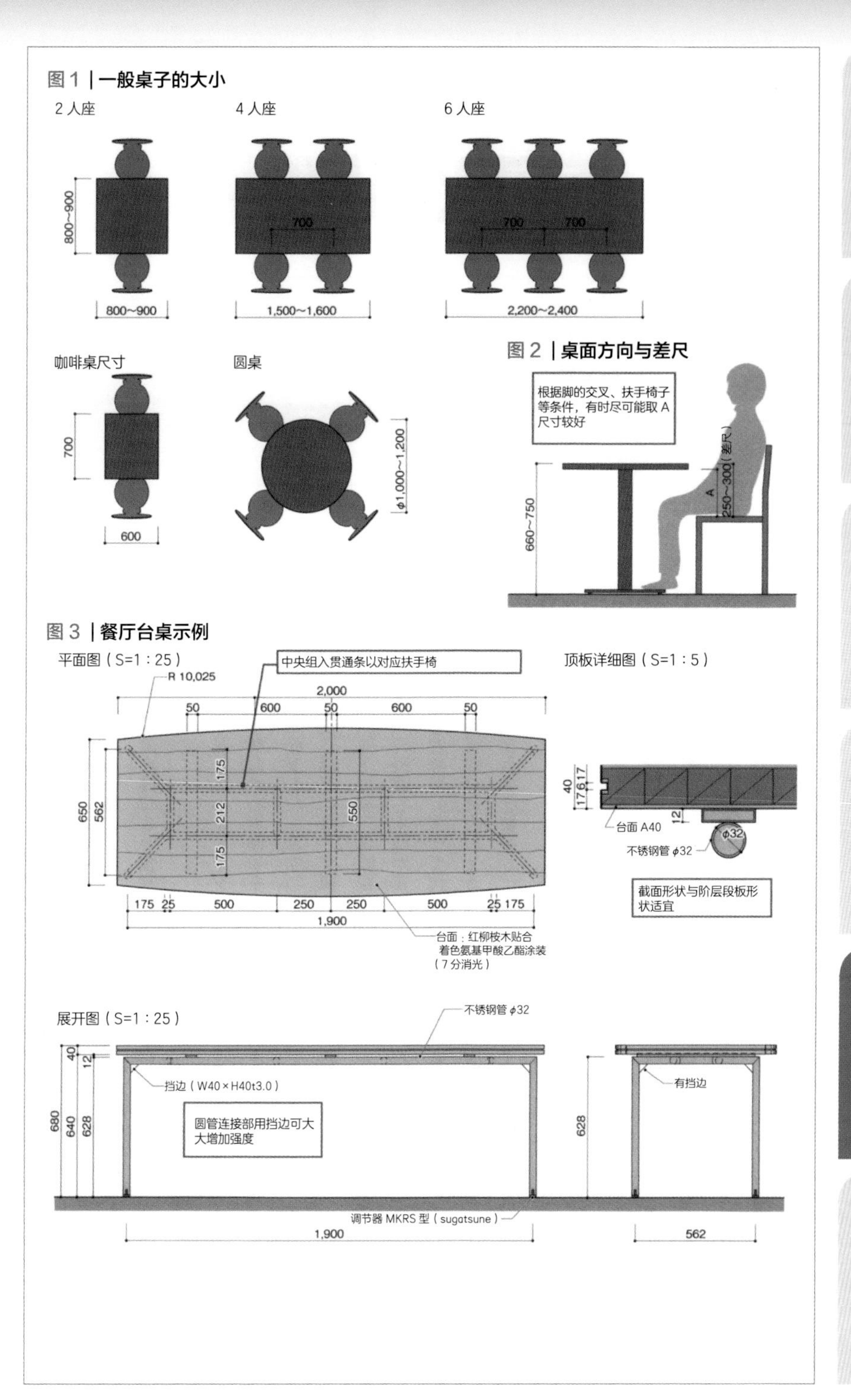
图 1 | 一般桌子的大小
2 人座
4 人座
6 人座
800~900
700
1,500~1,600
2,200~2,400
咖啡桌尺寸
圆桌
600
ϕ1,000~1,200
图 2 | 桌面方向与差尺
根据脚的交叉、扶手椅子等条件，有时尽可能取 A 尺寸较好
250~300（差尺）
660~750
图 3 | 餐厅台桌示例
平面图（S=1：25）
中央组入贯通条以对应扶手椅
R 10,025
2,000
50
600
175
212
550
650
562
175 25 500 250 250 500 25 175
1,900
台面：红柳桉木贴合
着色氨基甲酸乙酯涂装
（7 分消光）
顶板详细图（S=1：5）
台面 A40
不锈钢管 ϕ32
截面形状与阶层段板形状适宜
展开图（S=1：25）
不锈钢管 ϕ32
挡边（W40×H40t3.0）
圆管连接部用挡边可大大增加强度
有挡边
680
640
628
调节器 MKRS 型（sugatsune）
1,900
562

走廊收纳

要点

◉ 利用架下设入的间接照明作为常夜灯

◉ 设计门厅的连续收纳

轮椅收纳

走廊是为了移动的空间，但作为杂物收纳很方便。

看护为目的的装修，提议在宽敞走廊收纳折叠轮椅（图2）。在门厅直接连接的走廊上，有门厅收纳、单间拉门、走廊收纳、盥洗更衣室拉门、厕所拉门，因为与木质部分连接，所以包括空间墙壁，全部统一装修。与现存部分协调，表面材料用柳安木合板，制作为木工施工 + 门窗施工 + 涂装施工。走廊收纳部上下分开，中央设有LED筒灯的壁龛风格的装饰空间。其顶板为集成材，前面部分有作为扶手的沟槽。LED筒灯作为常夜灯发挥功能，深夜上厕所起作用。

门厅收纳的连续

图1也是由门厅连续之例，收纳按走廊的全部长度设置。从门厅最近之处依次为伞架（其后为立镜）、鞋箱、手纸（厕所前）及灯泡储存处，（盥洗更衣室前）为内衣、毛巾、肥皂、洗发液、牙膏粉等物品的收纳。门厅侧有一道门，但在盥洗处上下分开的中间设壁龛。将此作为装饰空间的同时，也作为电话放置处。从地板到顶棚，每隔200mm设置色电灯及荧光灯作为间接照明。各房间的拉门轨道设置在天井，不限在顶棚增加更多的东西而采取间接照明。走廊地板以马赛克瓷砖铺装，反射间接照明的光，烘托出小巷的氛围。

图 1 | 门厅～走廊的收纳的提案

展开图（S=1：50）

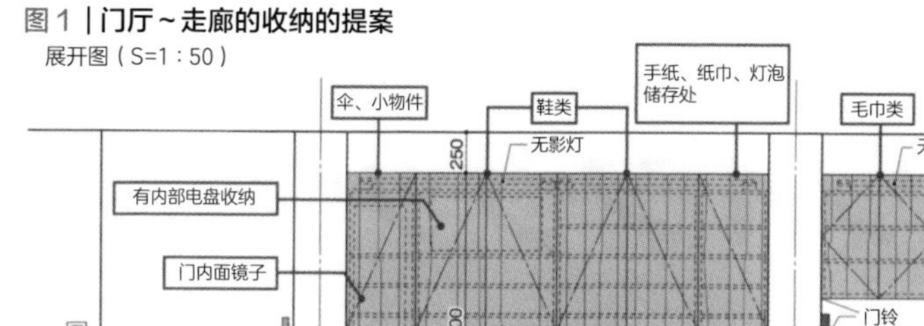

图 2 | 门厅～走廊的收纳、门窗提案

台面、把手部分详细图（S=1：4）

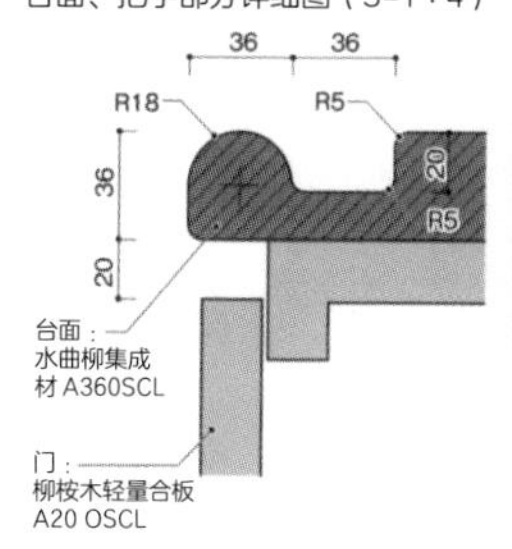

图 2 的公寓内装事例。门厅收纳、拉门、走廊收纳连续部分全部统一装修。门窗与家具天花板、地板的间隙相协调

设计：STUDIO KAZ　照片：山本 MARIKO

图 1 门厅接续的墙面收纳。反面位置的房间所需要的物品收纳。作为收纳上下的间接照明，顶棚没有筒灯等多余之物

设计：STUDIO KAZ
照片：Nacasa & Partners

展开图（S=1：50）

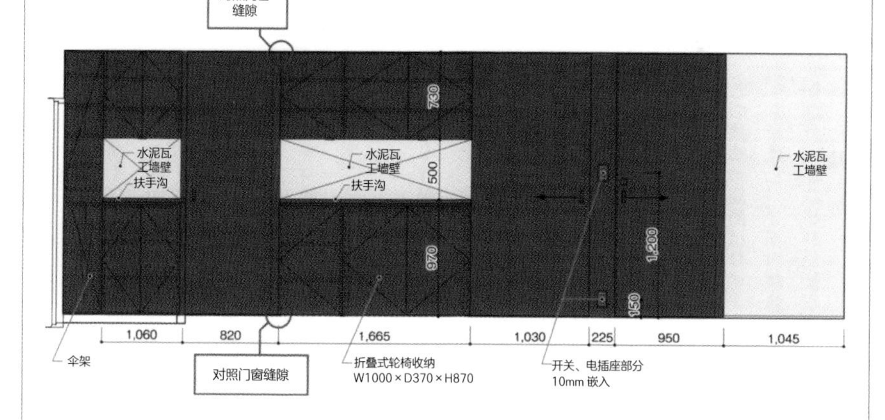

酒架

要点

◉ 软木塞不干燥的放置方法

◉ 设计要显示葡萄酒的标签

葡萄酒外露

葡萄酒收纳通常多使用现成的酒架，很少自己预先制作酒架，但要让葡萄酒外露排列，现成的酒架瓶数不够等原因，有时在“酒库”中制作设置酒架。

温度与湿度的管理靠空调，定制家具设计中主要考虑葡萄酒的放置方法。葡萄酒的软木塞不可以干燥，所以，葡萄酒要倒放，使瓶中的液体要经常接触到软木塞，这很重要。倒放时要让标签外露，底部向前，或瓶上部向前放置，这要根据房主喜好来定。

酒架的 3 个实例

①地下的餐厅一角，楼梯下用玻璃围出空调控制空间，其中设有钢管构成的酒架。

意识到玻璃外部视线的设计，根据住宅、店铺酒架的同样思考方法，那就是葡萄酒架外露（图 1）。

②这也在隔出的空调控制空间（地下室），制作搁置葡萄酒的木质架子。

要确保可放很多葡萄酒瓶数的空间，与美观设置并立，可找到的方法就是酒架（图 2）。

③并非管理有序，作为生活空间中的装饰，或作为多目的的装饰架，柱状收纳之间有 2 根异型钢筋穿过。

这钢筋间隔考虑了葡萄酒瓶粗细，设定 2 根钢筋之间有可倒卧酒瓶的尺寸（图 3）。

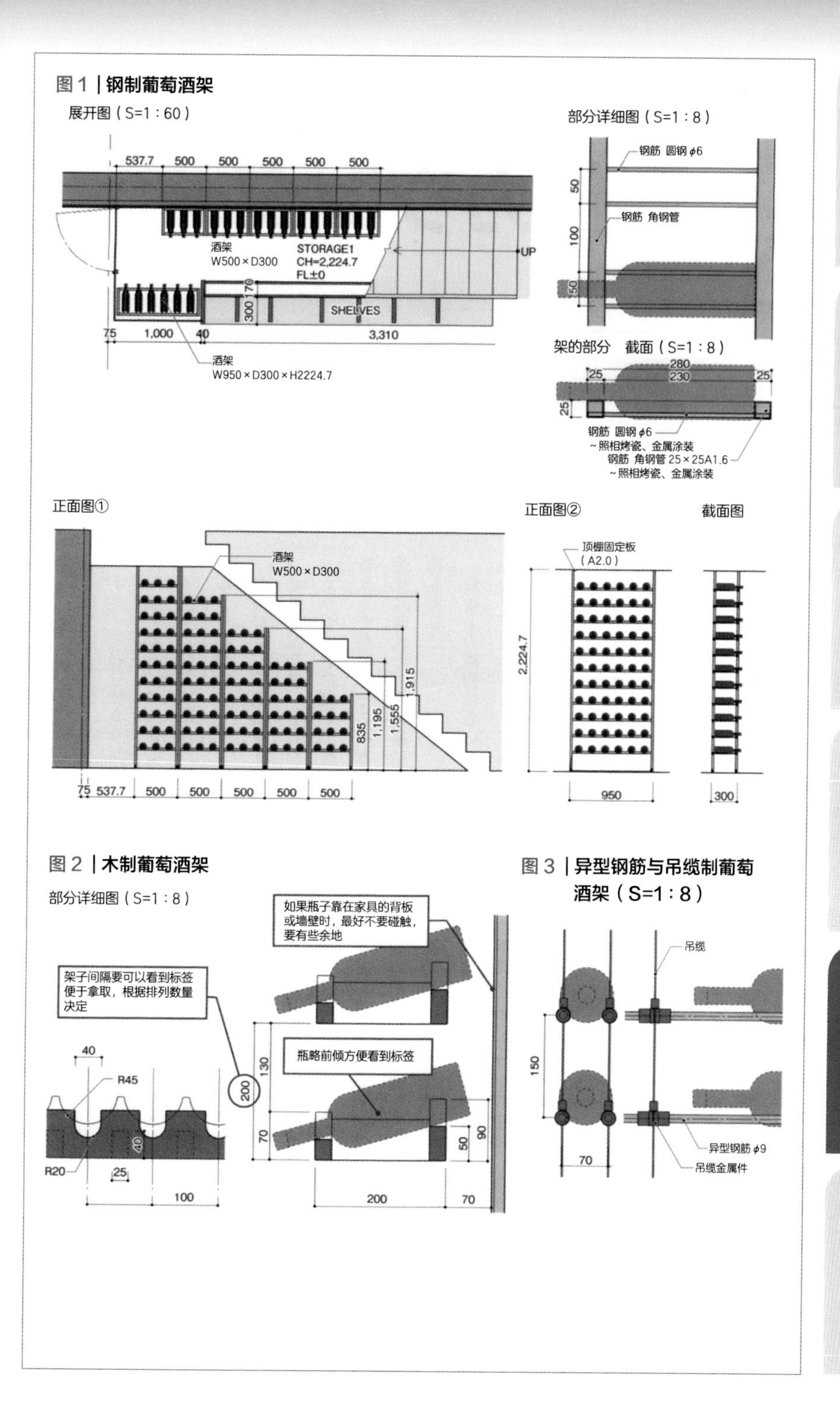
图 1 | 钢制葡萄酒架
展开图（S=1：60）
537.7 500 500 500 500 500
酒架
W500×D300
STORAGE1
CH=2,224.7
FL±0
UP
SHELVES
300 170
75 1,000 40 3,310
酒架
W950×D300×H2224.7
部分详细图（S=1：8）
钢筋 圆钢 φ6
钢筋 角钢管
50 100 50
架的部分 截面（S=1：8）
280
230
25 25
25
钢筋 圆钢 φ6
～照相烤瓷、金属涂装
钢筋 角钢管 25×25A1.6
～照相烤瓷、金属涂装
正面图①
酒架
W500×D300
835 1,195 1,555 1,915
75 537.7 500 500 500 500 500
正面图②
截面图
顶棚固定板
（A2.0）
2,224.7
950
300
图 2 | 木制葡萄酒架
部分详细图（S=1：8）
如果瓶子靠在家具的背板或墙壁时，最好不要碰触，要有些余地
架子间隔要可以看到标签便于拿取，根据排列数量决定
瓶略前倾方便看到标签
40
R45
R20
40
25
100
200
130
70
50
90
200
70
图 3 | 异型钢筋与吊缆制葡萄酒架（S=1：8）
吊缆
150
70
异型钢筋 φ9
吊缆金属件
第1章
第2章
第3章
第4章
第5章
第6章

入口柜台

要点

◉作为空间脸面设计根据业种考虑功能

◉考虑客人与职员的动线进行设计

办公室前台

办公室前台是公司的脸面，设计时要与公司特性（CI）相适应。

要检查办公室前台必要的元素，电话、笔记用具、电脑等。根据公司要有位置放置预定日程表，以及医院的患者检查表。有的公司还设置前台无人时的内线电话。

因为没有使用上的制约，可使用各种材料，有的使用天然石以及不锈钢。在照片1中，使用华美的彩色内装，颜色与面的形状表现CI。使用的材料为三聚氰胺装饰合板和中密度纤维板。

照片2为无人前台，进入明亮办公室的前室，为进行对比，设定为暗色，以点灯照射公司的标志。这里使用三聚氰胺装饰合板的前台，墙壁为耐火板。

店铺前台

店铺前台的目的有两个，一个作为迎接顾客的脸面，另一个作为支付的收银台。收银机尺寸各种各样，要在设计阶段做出决定，尺寸及表示部分的设置要确认。还要考虑职员区域的动线。

照片3为沙龙的前台。设置成为介于入口与等候室对峙形态的位置。前台柜台的三聚氰胺装饰合板流水纹络适合南方的氛围，墙中部贴有瓷砖雕刻着店的标志，脚部设置埋入式间接照明。前台业务的空间设置宽敞，这是因为考虑实施服务后有必要进行跟进交流。

照片 1 | 律师事务所的前台

律师事务所的前台。华美的内装没有僵硬感，印象坚实，办公室入口兼有两种形象。深灰为基调，内装用颜色及材料满布在柜台各处

前台：收纳架截面图（S=1：50）

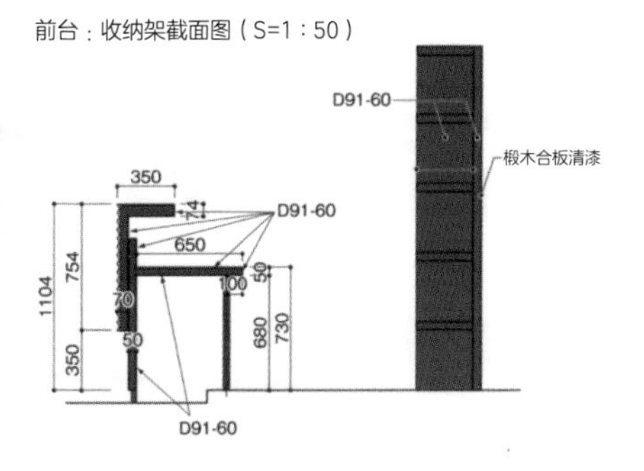

柜台展开图（S=1：50）

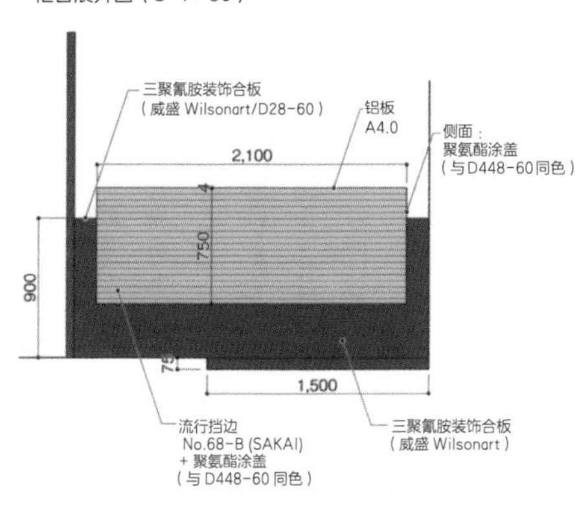

收纳面展开图（S=1：50）

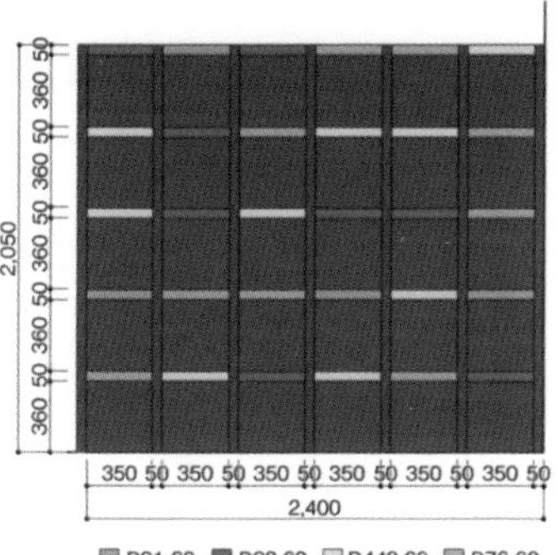

注：三聚氰胺装饰板号表示

照片 2 | 办公室的无人服务前台

旧仓库改建的办公室。进入明亮时髦内装的办公室之前，竟然建造黑暗的前室做对比

照片 3 | 沙龙的前台

沙龙的前台。被连接电梯厅"红色墙壁"诱导进入店内，职员以贴有苔膜的墙壁作为背景进行应对。进行服务前的接受业务与施术后的交流服务兼有的场所，所以需要长柜台

设计：STUDIO KAZ 照片：垂见孔士（照片 1、3） 照片：山本 MARIKO（照片 2）

店铺柜台

要点
- 作为脸面空间进行设计，根据业种考虑功能
- 考虑客人与职员的动线进行设计

餐饮店的形象

餐饮店的柜台是该店的“展示处”，其决定了店面的氛围印象，也是客人与职员的交流之处。所以必须作为店面的重要场所。要如何融入空间之中，或是给人以多大的震撼是最重要的。

整理一下柜台的构成要素，会意外地发现其要素很少。只是台面本身与搁脚的横条道（凳子上也设有放脚处），柜台下部的侧面、放置物品的架子，坐凳。即“台面”的存在是最重要的唯一要点。

柜台带给人深刻印象的要点可以举出几个，第一是看材料。例如，天然石、原木板材、金属、玻璃等，最主要的光环材料要有“表现力”。

第二是柜台的大小，令人惊异的长度，是从哪里如何搬进来的？仅此一点就具有冲击力。第三是颜色，也包括照明效果。颜色是最先映入眼帘的，给人第一印象的。要在这三个要点之上考虑柜台的形状、从入口如何设置等，柜台若能够令人印象深刻，餐饮店的设计可以说基本就成功了。

杉树的原木边材

设计市中心地下租借的画廊酒吧，一进入店映入眼帘的是厚100mm巨大弯曲的杉树原木边材，柜台内部是厨房，然后是不锈钢的瓶子架闪着异光。通过杉木柜台的空间进入内部，马上转换为白色的巴塞罗那椅子排列的休息室空间。感到这一对比很愉悦。

图、照片 | 使用原木材木板柜台的店铺

平面图（S=1：30）

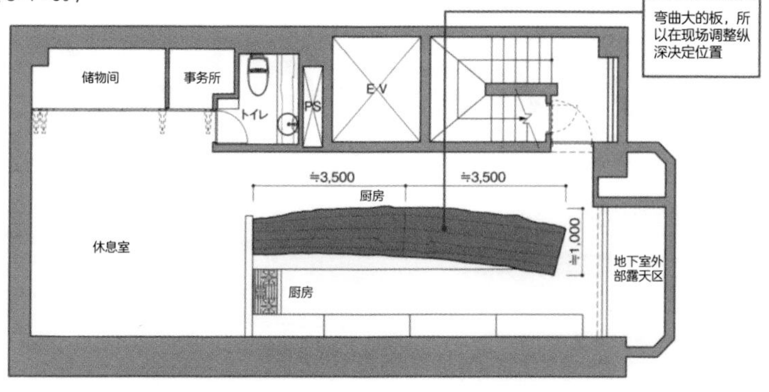

设置详细图（S=1：8）

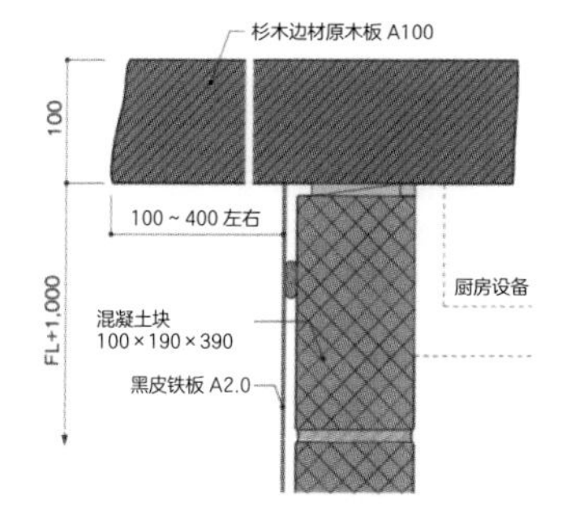

柜台搬入情况。店铺因为是在地下，所以从地下室外部的露天区搬入

原木材的强大存在感与效果鲜明的照明设计缜密齐全，也许不要繁琐细部

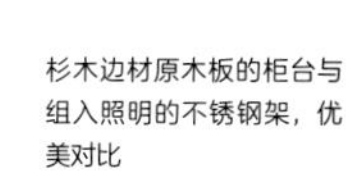

杉木边材原木板的柜台与组入照明的不锈钢架，优美对比

设计：藤川千景 + STUDIO KAZ　照片：STUDIO KAZ

座椅

要点

◉ 根据业种决定沙发的纵深尺寸

◉ 照明等其他功能并有效使用

店铺沙发

理发馆、沙龙等的等候室，餐饮店等，沿着长墙壁可设置沙发。餐饮店中设置坐凳席位，就能有灵活设置客席的优点。即具有舒适与营业效率的两个要求的特性。当然，餐饮店也根据业种优先考虑坐得舒适。

在沙龙的等候处的沙发舒适度也是服务客人的一个环节，坐得舒适是设计的最优先事项。

其最大不同是坐面的纵深与弹性，餐饮店的沙发（座椅）可以考虑是椅子的延长，坐面的纵深浅。坐面高度也要与椅子对照，弹性也大多较硬（图1、图3）。就餐时的要点为两人对面坐，或数人视线相对，由此会话活跃。而另外沙龙则多为坐面深（图2），弹性柔软。

作为特殊事例，沙发背特别高，代替空间间隔。制作皮革纽扣系住，这样具有男性气质感觉的挡壁，形成沉稳的小空间。

住宅沙发

住宅中有设置固定沙发的，因为贴布或贴皮革无法在现场做，因此委托专业人员。住宅中设置固定沙发是因为现成成品的尺寸及形状无法对应等。特殊形状等是现场取形的重要作业。

在住宅休憩是设计最优先考虑的。店铺也如此，但沙发的大小要与空间合宜，经过测量后决定。

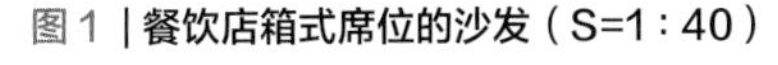

图 1 | 餐饮店箱式席位的沙发（S=1：40）

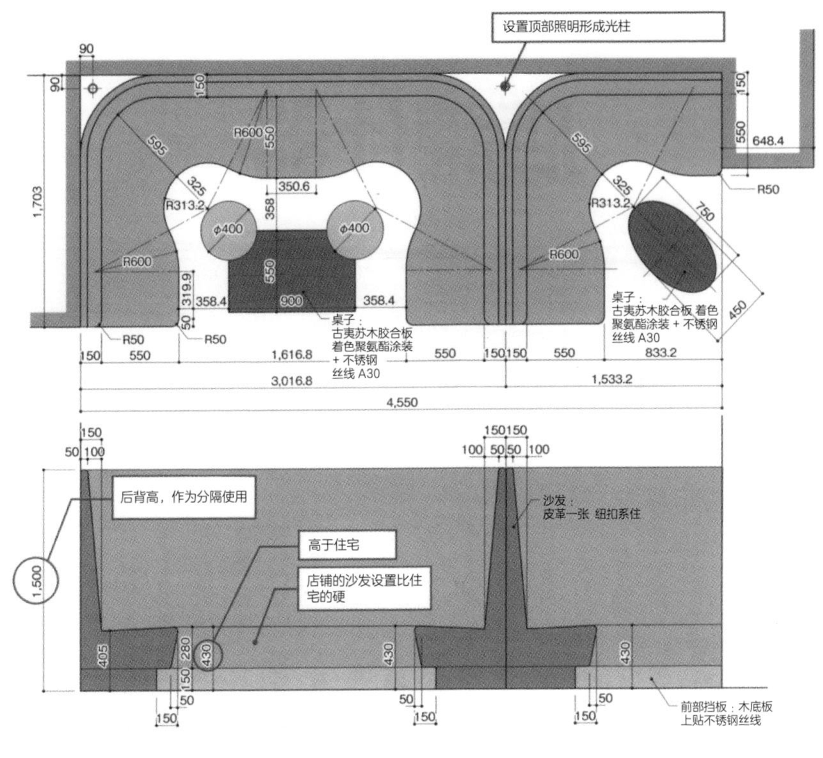

后背高，提高遮蔽性，进一步系住纽扣，具有男性风格，表现高雅感。顶部照明形成光柱，强调天花板高度

设计、照片：STUDIO KAZ

图 2 | 美容室的沙发（S=1：30）

人背负着光显得不俗

像住宅中设置沙发那样，坐面纵深多一些

收取弹性垫作为收纳。店铺空间特别贵重

店铺与住宅的很大不同是穿鞋与否。要考虑包括弹性软硬的高度

皮革一张
内部聚氨酯板

聚酯合板

内部：收纳
聚酯合板

100 100 150 500 850 1,000 100 30 450 290 60 350 50 620 670

休息处要使人坐着舒适，与住宅沙发同样

图 3 | 咖啡厅的沙发座椅（S=1：30）

皮革一张
内部聚氨酯板

坐面纵深要浅

建筑施工建造台座可节省成本

550 50 100 950 750 400 10 200 250

沙发作为座椅的延伸，坐面高度要与座椅一致，纵深要浅

店铺用具

要点

◉ 要考虑商品特点设计大小、照明等

◉ 要听取有关销售的形态

店铺用具的目的

销售店使用店铺用具的目的是展示、陈列商品。不要忘记最终的主要目的是商品。因而，对用具的要求是协助作用，但用具的设计对店铺总体也确实有影响。要制定出用具的大小、形态、颜色、材料、照明等，顾客与职员的动线，诱导出从选择商品到购买的行动。必须将此与商品特点符合一致，将其优点最大限度表现出，从而发挥效果（照片）。

基本陈列、展示的形态分为“吊”与“放”，加入其他库存现货等“放入”元素。满足了这些条件的原始形态就是“水平板”“（钢管及钩物等）的设置手法”。对此加入再加工及装饰等的表现元素，就形成了店铺用具。

可动式用具

对在商业设施内租赁场地的服饰店进行设计时，一并设计饰品的用具及西装样式（图）。除设置饰品用的LED照明灯之外，要能够根据季节变化布置，所以要有脚轮，不要与LED电源直接连接，而采用插入电源接口的方式。都采用木制箱体内安设铁锈风格的特别涂装（参见81页）的方形钢管框架，从箱体向上部300mm设置框架，承载透明玻璃。这一玻璃顶部作为配合选择西装用装饰的台面，为此西装用的器具的高度比饰品用的器具要低100mm。

图 | 可动式器具（S=1：40）

①饰品用器具　　②西装用器具

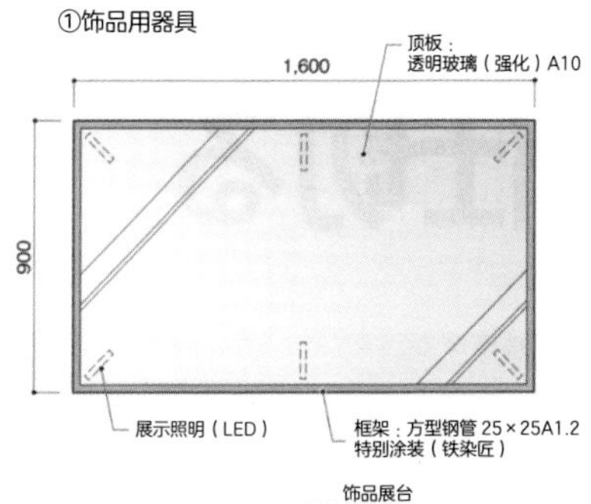

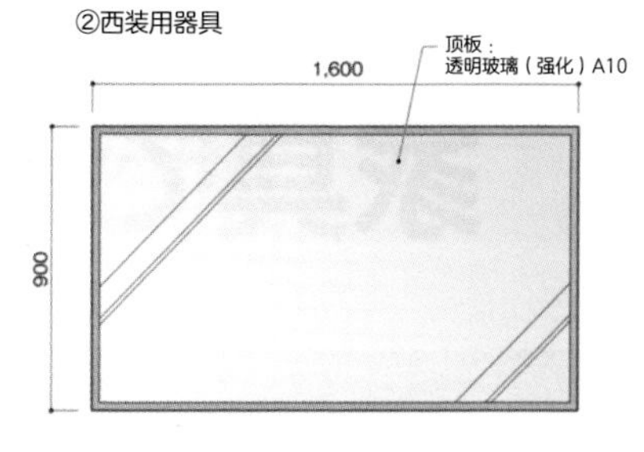

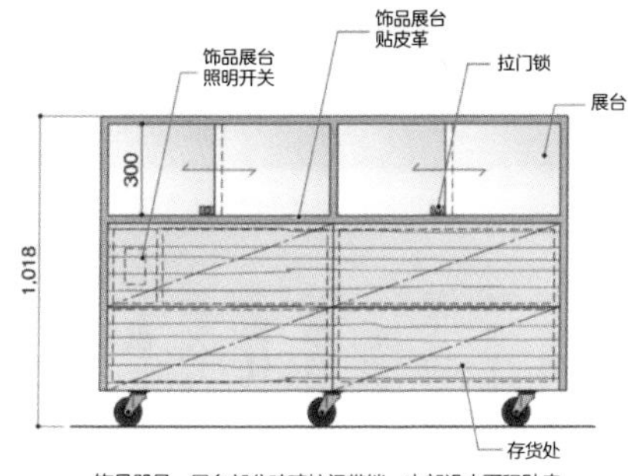

饰品器具。展台部分玻璃拉门带锁，内部设小面积贴皮革　框架铁锈风格的（参见 79 页）的，从箱体向上部 300mm 设小型 LED 照明，下部为抽屉式存货库收纳

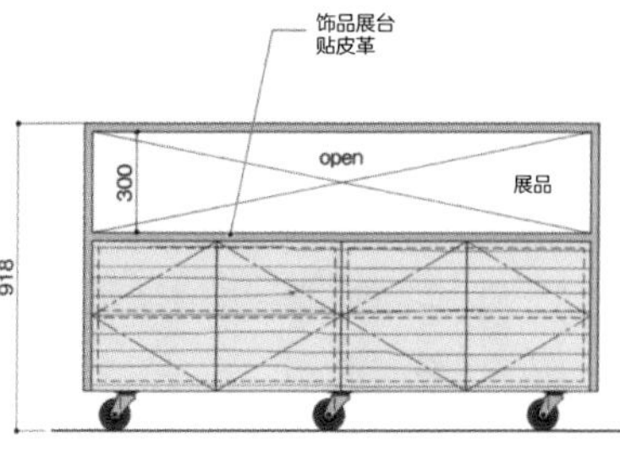

西装用器具。展示部分为叠置开放形式。下部要考虑使用灵活柔性的方式，门式存货收纳，都设底轮可以适应变化（照片①）

照片 | 店铺展示器具

在暗格调的店内进行确实的照明设计，根据各处需要给予适当亮度，其中器具框架施加有涂装的质感以提高氛围

眼镜店的墙面展示台。防火材料的细长箱体排列，施以装饰贴膜，背面设置照明从商品背部照射。这是一种使具有透明感的眼镜产生出特点的展台方式

该眼镜店的器具。兼作接待顾客柜台的商品展台器具。店铺细长，所以考虑纵深尽可能设计，地板为固定方式。考虑店员站立一侧与顾客坐落的姿势

设计、照片：STUDIO KAZ（照片：①~③）

以家具作隔断

要点

- 以家具作间隔与空间有效利用
- 以家具作隔断时不要忘记背面设计

有效利用背部厚度

在有限的面积中设法布置，探索微小空间能否有效利用的方法都是要做的（图 1）。

其回答之一为以家具作间隔的方法。树立间柱，两面贴石膏板。以此最低占用 70mm。将此最初就设置家具，以家具作间隔就可有效使用 70mm。考虑设置方法，就可以两面都利用，非常方便。家具也可以组入开关、接电口，所以与墙壁同样使用。当然，所有结构问题很难都由家具替代，但间隔是没有问题的。用与门窗同样的材料制作家具，家具与门窗就可以形成一体的“墙壁”。

以书架分隔儿童房间

为两个儿童间隔出约 12 叠的单间，提议在此由木工施工用定制家具将空间分割为三部分（图 2）。用椴木板制作的书架隔出单间 A、B 与学习室。进入单间 A、B 的门并列设置，书架安装有开关与电插座。单间 A 与单间 B 之间也是定制家具。单间 B 一侧因为是壁橱、电视及书、玩具装饰的开放棚架，一直连接到落地窗，隔断着空间。当然配有电视配线及电插座。上部镶嵌玻璃，使光线共有。与学习室之间的书架也只有一个跨距不设背板，以减轻压抑感。同时整个空间共有空气与氛围。

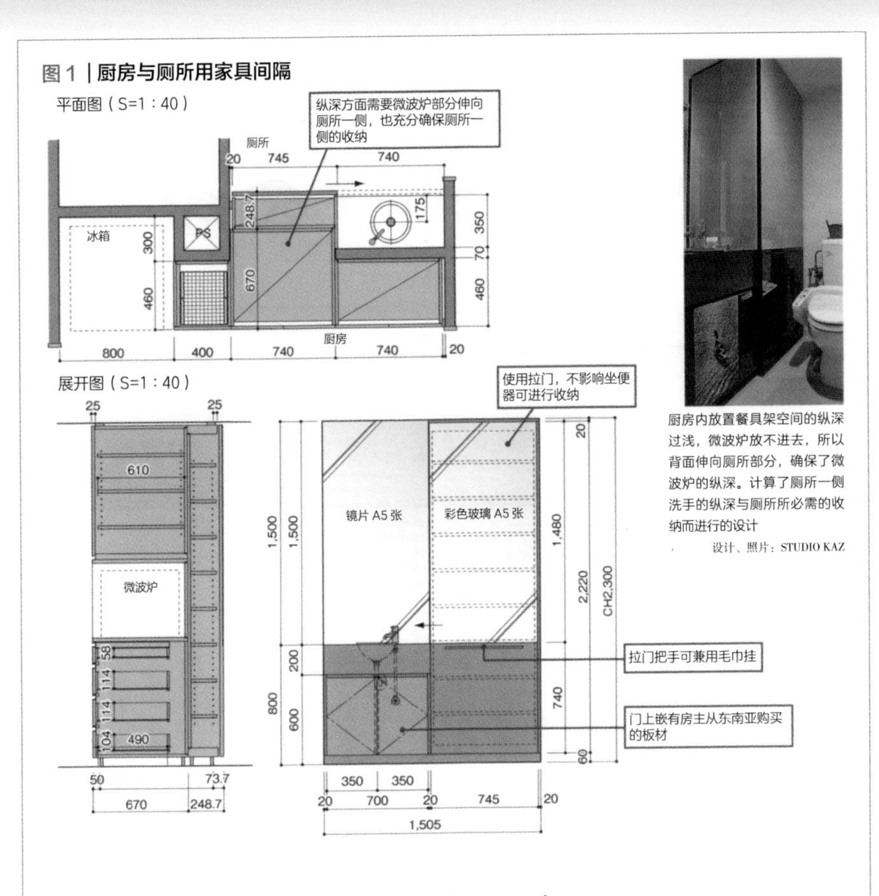

厨房内放置餐具架空间的纵深过浅，微波炉放不进去，所以背面伸向厕所部分，确保了微波炉的纵深。计算了厕所一侧洗手的纵深与厕所所必需的收纳而进行的设计

设计、照片：STUDIO KAZ

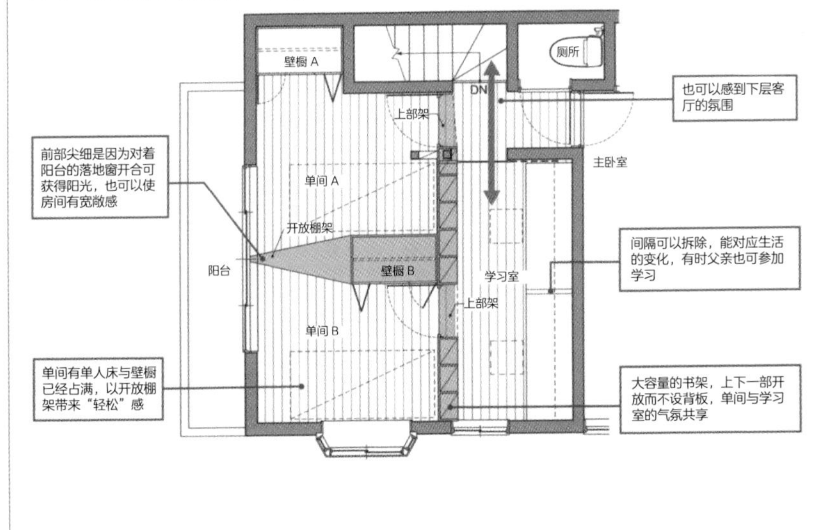

对应变化的家具

要点

◉定制家具的系统可变化

◉熟练使用金属部件，可简单变化

儿童房间的可变性

曾设计“儿童房间”，但随着儿童成长已经不能使用的情况多有发生。

于是提议采用可以自由组合的家具，有关桌子、椅子、衣橱、书架的各种家具，根据计算空间的大小与材料的投入产出效率来得出模块组件的大小。这些都以金属部件纵横连接，形成各种形态，并可以安全地设置（照片）。孩子幼时墙壁并排为一个宽敞空间，稍大些时以低隔墙隔断，分隔成相互可感知的两个空间。进一步成长时，垒至顶棚，相背排列，成为隔断墙。也可只取走书架用于别的房间做间隔。

小型可变桌子

通常扩展型桌子是从桌子中央分开，从中取出辅助板设于其中，或端板抬起，从底部拉出支撑物，或把折叠的角部伸开。但操作都麻烦，于是提出此种方案的桌子，操作简单，端板抬起就联动，直接按下台面整体滑动约 300mm 离开，从脚部框架悬垂的状态，脚部框架用 25mm 的角钢管构成，扩展型结构也在 25mm 的厚度中完成，所以从外部完全看不出。这种滑动式结构桌上放置物品也可以变换形态，非常方便。

照片 | 自由组合家具

用家具作间隔的状态

从里面看左侧照片的间隔家具

排列在墙壁侧的状态

低隔断分割房间的状态

模块垒积式的状态

桌子、西装挂架、书架组合成完全的房间间隔，可组换成低隔断等各种形态

设计：STUDIO KAZ　照片：山本 MARIKO

图 | 可变的小型桌子

平面图（S=1：30）

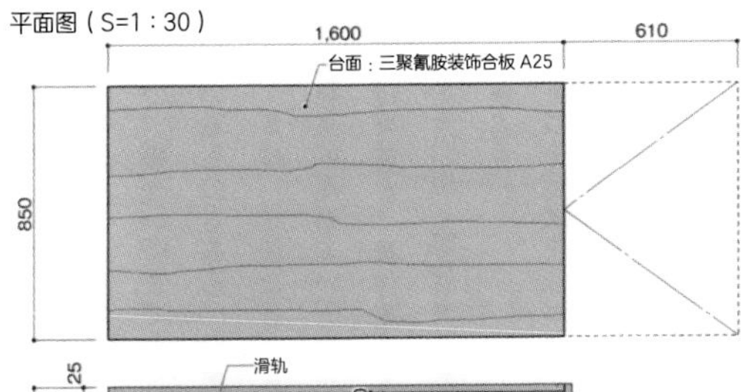

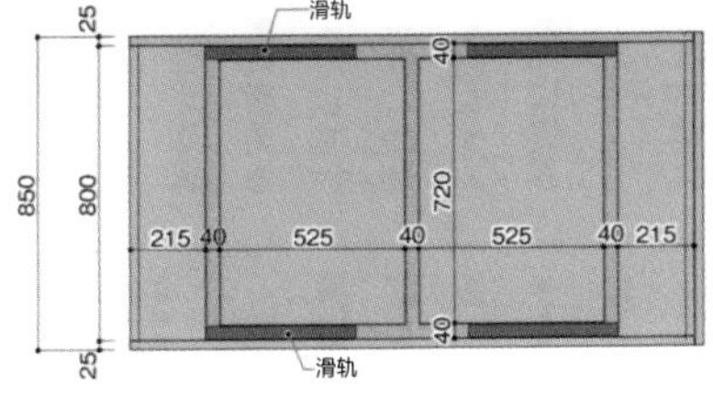

滑动式桌。桌上载物也可扩伸台面

设计、照片：STUDIO KAZ

侧面图（S=1：30）

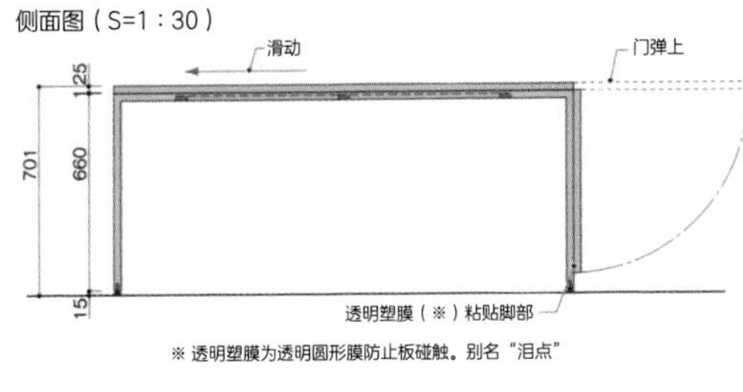

※ 透明塑膜为透明圆形膜防止板碰触。别名“泪点”

截面详图（S=1：5）

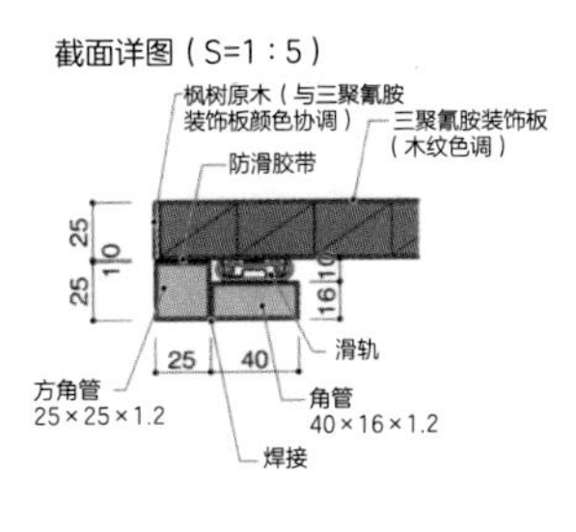

与现成品组合

要点

- 调查现成制品的结构知道可改造的范围
- 耗费成本之处使用现成商品

使用水盆组合

现成商品的家具也有好处，价格便宜，制作细致。大量生产所以细部适用，尺寸等稳定。可以将现成家具商品的长处用于定制家具。将定制家具最费成本的抽屉部分换为现成商品为宜。

现成商品的化妆盥洗台组合非常便宜，将其用于收纳，尺寸与组合法难以融通，易于不伦不类。于是，导入现成商品的洗手部分，其周围收纳由家具施工或木工施工来制作，这时，盥洗化妆台的门也更换，几乎所有的门与抽屉的前板都只是从内部用螺钉固定的，更换简单。相似颜色的装饰板排列即可，但不要被评价为颜色、把手等细部有微小不一致，要装修得完全合适。

利用简单的商品

现成商品的家具中有简单而强固的结构，例如，ERECTA 等的系统家具，长跨度架板也不弯曲。于是有介绍使用 ERECTA 的结构体，上部为不锈钢台面的厨房用具（照片）。同一系列的选择部件很多，还可以扩延到厨房用具本体部分。其他，家用物品中心等也有出售的挤压成型铝材与体系部件组合，构成厨房用具及收纳结构的，只把台面及门委托工匠制作就可以了。设备机械的连接必须委托专业人员，除此之外大可 DIY，还可降低成本。

图 | 门窗施工更换现成商品盥洗化妆台的门

平面图（S=1：40）

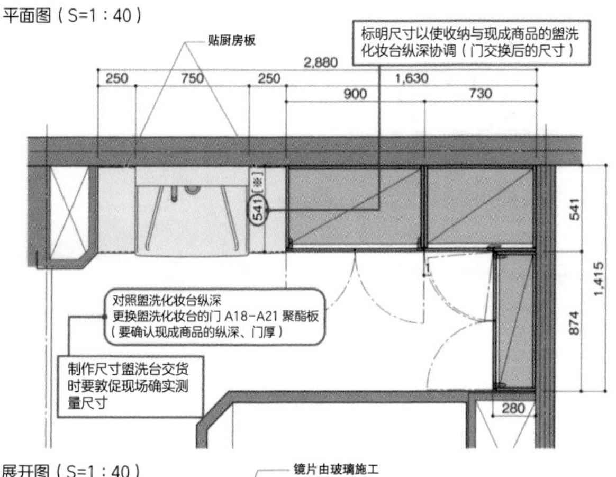

只更换现成商品的盥洗化妆台的门，与邻接家具协调。现成商品厨房用具及盥洗化妆台的门多从内部以螺钉固定，比较容易更换

设计：STUDIO KAZ
照片：山本 MARIKO

展开图（S=1：40）

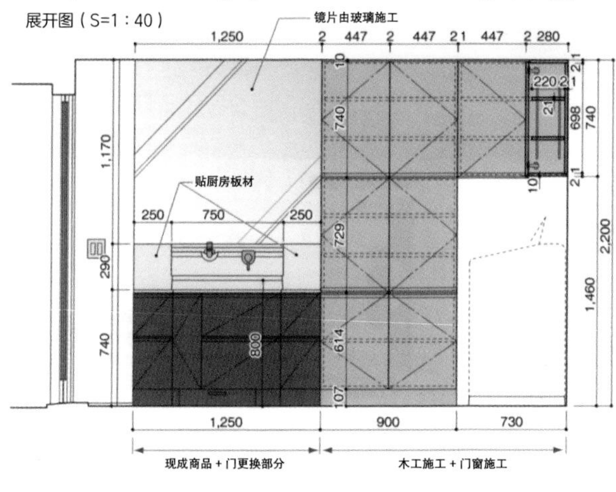

照片 | 利用现成商品结构体的厨房家具

ERECTA 系统家具的结构牢固，选项充实，使用长跨度架板也不易弯曲。在此介绍使用 ERECTA 部件完成的简单且时髦而经济的厨房用具

frit's　照片提供：STUDIO 公司

论坛

优雅表现把手的方法

照片　**把手通过的厨房用具**

设计：STUDIO KAZ 照片：山本 MARIKO

截面材的贴法（左：纵 右：横）

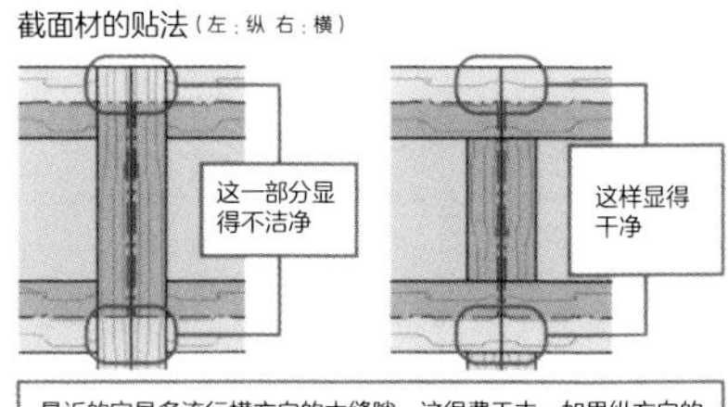

最近的家具多流行横方向的木缝隙，这很费工夫，如果纵方向的材料也用横向缝隙，就显得高雅数倍

把手部分截面

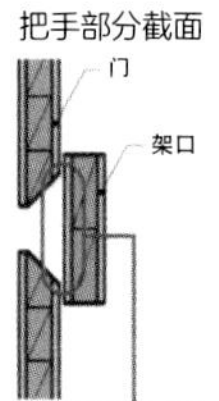

把手部分的架口横木缝隙通过，没有刻意的处所，但这里疏忽与刻意留意的情况下，有很大差异，所以要注意

系统家具的门卸除，哪一个都像是橱柜，定制家具的截面多与门同色、同材料装饰。通常，纵向板材进行组合，设计者不做指示就这样做，带有把手及抓柄的门的间隙为 3 ~ 4mm，很少看到橱柜内部，用把手则橱柜内侧完全看到。“一向如此”使用纵向，橱柜连接部有许多线插入，假如这达到眼睛高度就会觉得很烦琐，所以橱柜的组合方法可以纵向，于是要指示截面胶带横向贴入。铭记图面以免有失，可以放心。这样，尽力减少线的出现，设计才更简洁（照片）。

第6章

定制厨房的设计与细部

固定式厨房装置

要点

◉ 不依靠系统厨房也可以实现使用方便的厨房

◉ 定制厨具作为家具的延长考虑

厨房是反映生活的镜子

厨房是家中最关心的场所之一。这里反映出各个家庭的饮食生活场景，最近还被誉为家庭成员交流场所的地位。

一般主流采用厂家的系统家具，但颜色及材料不符合装饰格调，尺寸及形状不符合建筑，规格及档次不符合等理由，厨房家具多自己制作。

相比一般收纳，商谈及设置的探讨所费时间很多，所以设计者多避免制作定制系统厨具。

但正因为是房主生活的直接反映才要设计最适合的厨房家具（照片）。

厨房家具制作

厨房家具含有门、抽屉，组入设备机器，所以很多部分要求精度高，所以多由家具公司制作，充分探讨内容及使用方便度，木工制作也可以。

厨房家具的基本结构与其他定制家具无差别。底部前挡板、橱柜、门、抽屉、台面。在此之上加水盆、水龙头、净水器等用水处的机器，煤气及 IH 加热机器、抽油烟机、洗碗干燥机、炉灶等内嵌机器，各种家电、炊事用具、调味料容器架、菜刀架等厨房用部件，给排水卫生设施、换气、电设备之类。再是要符合消防、防火相关的法规，反映房主、特别是主妇的特色。不必考虑得太复杂。

照片 | 制作的定制系统厨具

①粗放涂装完成的白色厨房

②从厨房看餐厅

③使用白色人工大理石的厨房

④厨房设置在生活中心

⑤墙壁瓷砖以白色统一

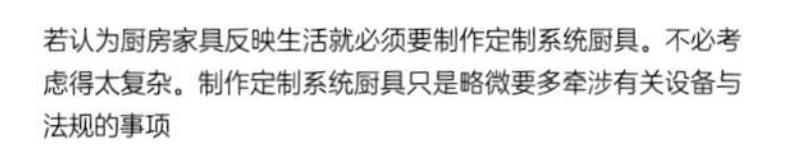

若认为厨房家具反映生活就必须要制作定制系统厨具。不必考虑得太复杂。制作定制系统厨具只是略微要多牵涉有关设备与法规的事项

⑥角部的搭扣配合

⑦不锈钢台面细部

设计：STUDIO KAZ 照片：山本 MARIKO（①）、照片：STUDIO KAZ（②-⑦）

厨房的形态

要点

◉ 厨房形态要考虑水、火、操作、收纳的设计

◉ 熟知各种设置的优缺点

不要任由形态创意

首先前提是“厨房设计本身是为了饮食生活，作为家具的厨房用具单体的创意想法毫无意义”。基于此进行叙述。

构成厨房的基本要素为“用水之处”“用火之处”“操作之处”“收纳之处”4 项。在做这 4 项的场所，房主的生活状态、情况。住居整体的生活动线（人的活动），加上餐厅及客厅的作业动线（人与物的活动），要意识到从厨房所看到的景色，以及反之，从外部看厨房时的情景。在此作为与操作人物互补的背景，平等表现墙面、收纳、颜色、材料、照明、形状、大小等形象。

这样形成的形状分类为 I 形及 L 形等（表）。因此，考虑厨房形态没有意义。

左右设置的条件

制作固定厨房的方法基本与制作定制家具无异。只是厨房家具种类多样，以及烹饪用具的大小，设备机器的设置。必须要有能高效熟练安全使用这些的场所，对这些也有各种各样的规定限制。具体的给水、供热水、排水、供电、煤气、换气等，以及与此相关的法规、安全性。特别是排水、换气与防火，水池、洗碗干燥机（排水）、抽油烟机（排气）、电热炉（防火）的设置与周围的关系等必须注意。不仅要使用方便，安全的“良好厨房”也是重要之点。

表 | 不同厨房形态的长处与短处

形状		长处	短处
一型		·适合独立形厨房 ·设计简洁 ·死空间少 ·空间整体可简洁设计	·选择开放厨房（餐厅厨房）厨房部分就完全可见 ·宽度加大作业动线就大
L型+中心岛型		·作业动线比较小就可完成 ·可对应多人作业 ·根据中心岛形态可有各种用法	·角部必会出现死空间 ·必须包括到餐厅的设计、协调配合 ·选择开放厨房（餐厅厨房）厨房部分就完全可见
U型		·作业动线比较小就可完成 ·并设中心岛，根据形态可有各种用法	·角部必会出现死空间（并且为两处） ·必须包括到餐厅的设计、协调配合 ·选择开放厨房（餐厅厨房）厨房部分就完全可见 ·并设中心岛，要占有较大面积
半岛型		·适合遮蔽手部的开放厨房	·角部必会出现死空间，但可设法由反侧等使用台面 ·洗盆侧为自由平面时必须要注意水溅污染
半岛Ⅰ型		·油烟问题少 ·根据中心岛形态可有各种用法 ·中心岛上易于放置家电等 ·适合并设可进入式食品储藏室等	·考虑厨房单体需要大面积 ·洗盆侧为自由平面时必须要注意溅水问题
半岛Ⅱ型		·与完全中心岛型相比，动线简单，空间效率高	·油烟泄漏到其他生活空间，需要采取对策 ·横向销售食品，但选择余地少，大多可以说样态不够好 ·洗盆侧为自由平面时必须要注意溅水问题
中心岛型		·油烟问题少 ·根据中心岛形态可有各种用法 ·根据中心岛大小易于对应各种房间的大小及形状 ·与厨房之外的生活空间易于兼用 ·适合并设可进入式食品储藏室等	·洗盆侧为自由平面时必须要注意溅水问题

标准的检查

要点

◉ 厨房作为“用火室”有内装限制规定

◉ 每次必须确认各个自治体的条例

对于火的规定

厨房中使用许多设备，多有法规限制。几乎所有厨房加热烹调器具的使用都要符合“用火室内装规定”（图1）。特别是最近成为主流的开放厨房，不设防烟垂壁，根据加热烹调器周围的墙壁、顶棚的规格，客厅整体都成为法规限制对象。

必须确保火源与可燃物恰当的隔离距离（图2）。这对墙壁的底面及结构也都是法规限制对象。并非“贴了瓷砖就没有问题”。另外，不仅平面，也必须要考虑立体，抽油烟机（油脂滤网）的高度及顶棚的设置也要注意。

易于产生误解的是IH电磁炉的使用方法。法规上是属于火类，必须与煤气炉同样对待。但有些有特殊性，需要确认。另外，厨具（加热烹调器具）不使用时，以门遮蔽也属于违法。

其他法规

必要的换气量必须计算出，在此要注意的不是吸入口，而是向室外的出口换气量。从吸入口到出口的距离长，以及途中拐弯多的时候排气能力也减弱，不能保证必要的换气量。

关于水的法规，要注意食品垃圾粉碎机的设置，基本上禁止使用的自治体居多。

这些法规对于厨房及家具设计、安装、材料、机器设备的选择影响很大，所以要正确认识理解。

图 1 | 炉灶周围的内装限制

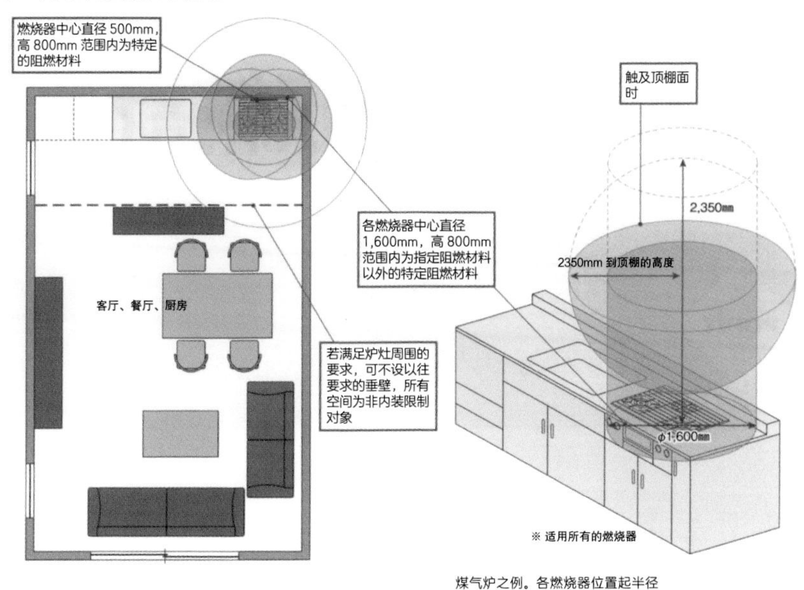

煤气炉之例。各燃烧器位置起半径 800mm，高 2350mm 的范围要求特定阻燃材料等。顶棚位置离燃烧器不足 2350mm 时，从 2350mm 减去到顶棚高度的数值作为半径的球状空间可与其相等

图 2 | 煤气炉灶的隔离距离

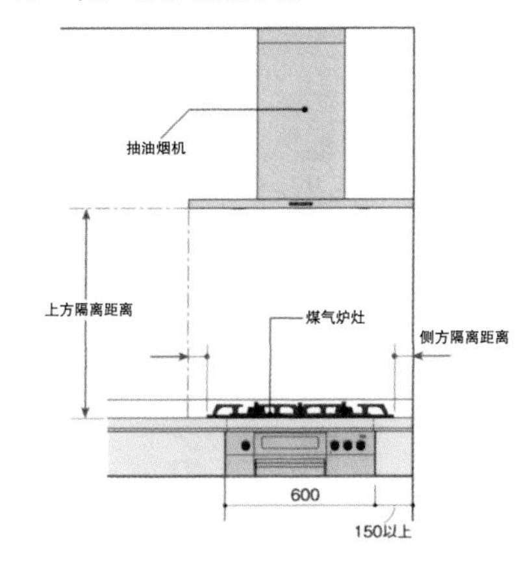

上方隔离距离

	抽油烟机及阻燃材料	顶棚等不燃材料之外的材料
带 Si 感知器的煤气炉	600mm 以上	800mm 以上
IH 电磁炉	800mm 以上	1,000mm 以上

侧方、后方隔离距离

侧方、后方隔离距离要离开加热器 150mm 以上。但最近机器宽度有增加为 750mm 型等，如果满足防火性能评估，可以侧方为 75mm，后方为 50mm。一定要确认厂家的安装说明书，不能保持距离时，要注意设置人工大理石的背部防护

人工大理石并非不燃材料，所以必须按照标准设置防热外罩

抽油烟机

抽油烟机本身、排气管道周围的隔离距离及安装机器设备的底材等也必须是不燃材料等，要向消防署确认

厨房收纳设计

要点

◉ 按不同烹饪作业分类用具

◉ 分清外露收纳与非外露收纳

收纳设计的基本

房主最多的希望在厨房中，富于各种品类，并对现状最多不满就是收纳。

使用方便对每个人都不一样，所以倾听与把握现状最为重要。

不仅是厨房，收纳的基本是“放入拿取方便”，符合物品的场所与大的收纳也许最理想，但只关注这一点，厨房整体上使用的平衡及成本、设计就会打乱，进一步无法对应生活形态。

大致分类为用水处、用火处、餐具及其他，进而其中分为常用与不常用的。其中再分为可外露与遮蔽的，放进抽屉的还是放在微波炉周围的墙壁及吊挂网罩里的等，需要探讨（照片 1）。抽屉内放餐具时，要设法开关时勿使抽屉内餐具互碰。

开放厨房的收纳

开放厨房中，包括对餐厅、客厅的收纳规划的一环进行设计，可以维持厨房的连续性，不同空间可以协调连接。

吊架有减少倾向，但确保收纳量方面却不可轻视。吊柜要注意高度与纵深，纵深大会出现压抑感，作业性差。可考虑分上下两层，改变纵深与开闭方法等，使用频度及大小分类，可以高效率收纳物品（照片 2、照片 3 及图）。另外，考虑效率按经济的尺寸制作就会出现有些容纳不下的物品，所以实际测量房主的物品为宜。

照片 1 | 吊式收纳

经常见到炉灶前设管吊挂烹调器具的情景，但要注意来自客厅及餐厅的视线，格调低就会成为餐馆的厨房

设计、照片：STUDIO KAZ

照片 2 | 分为两层的吊柜

吊柜分为上下两层，上层的纵深比通常深，下层则极浅。调味料及烹调器具等使用频度较高的物品放在下层，使用频度低的物品放在上层。另外，可调节高低（下图）使用更为方便

设计、照片：STUDIO KAZ

照片 3 | 吊架位置上的创意收纳

吊架分为上下两层改变深纵与照片 2 同样，但下层进一步下垂，放置频繁使用的杯子等而设为脱水架，不设门，架板为不锈钢冲孔板，通气良好

设计：STUDIO KAZ　照片：坂本阡弘

图 | 吊架创意

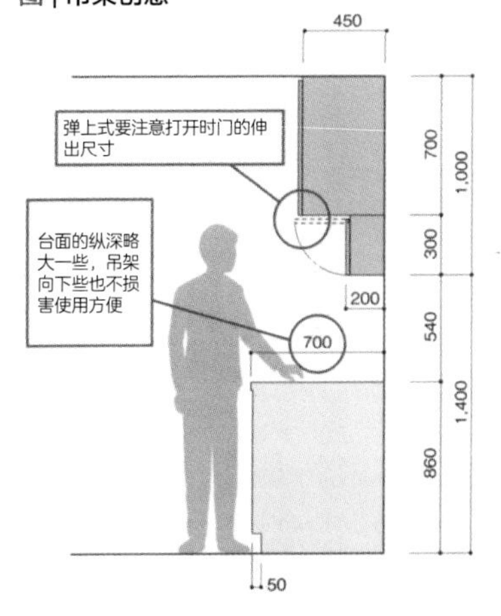

一般吊架纵深为 375mm 左右，考虑吊架上下分割，上部的纵深大，下部的纵深浅，使用方便并且可确保收纳量。下部的吊架使用上弹、开放或脱水式，可以展开各种创意

家电收纳

要点

◎ 确认各个机器的设置标准

◎ 开门方法考虑使用方便的设计

热与蒸汽的对策

厨房中导入各种家电，炉灶、微波炉、烤炉等散发热，电饭煲及蒸汽炉等产生蒸汽，不可忘记排热及蒸汽的对策。

这其中内置的机器已经按照设计在橱柜中设置完好，符合排热等标准，不会成为问题。但这些几乎都是以进口产品为主，并且价格高，导入的障碍高。所以就购买微波炉、炉灶、电饭煲等，这些家电制品几乎都在开放橱柜使用。并且颜色、形态各异，看上去不美观，不用时就想遮蔽起来，这时要考虑门的开法，最近十多年各种开法的家具金属部件出现在市场。要考虑金属部件特有的动作、门的大小及荷重界限、安装条件、成本等，将这些用于收纳设计。为此，要经常查看金属部件的最新信息（图）（参见 103 页）。

使用方便因各家庭而不同

假若把电饭煲设于抽屉内，只在使用时拉出，就必须考虑滑轨、排出蒸汽的体系等排气对策（照片）。

电饭煲因各家庭的饮食习惯而有着不同的高度，餐厅桌旁放置电饭煲的家庭，小货车上的收纳会很方便。也有其他开放形式等，根据门的开法高度有微小差异等。要设法使各个家庭的使用方便与设计平衡。

图 | 拉门式家电收纳的设计图（S=1：30）

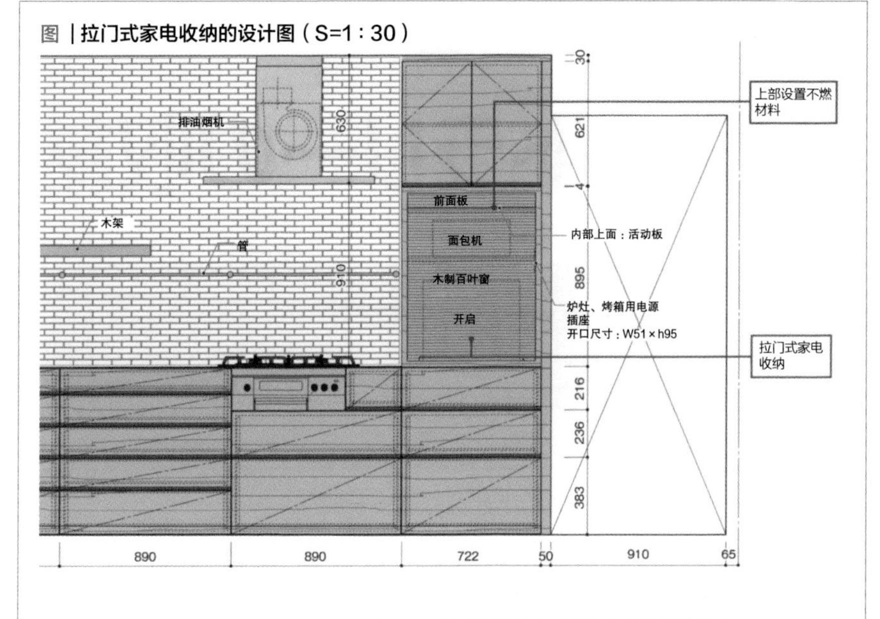

使用木制滚动拉门的厨房示例。着色与拉门同色，拉门为自由停止式，可在任何位置停止，使用非常方便。安装是在内部，喜好有不同

设计：STUDIO KAZ 照片：山本 MARIKO

照片 | 蒸汽排出系统

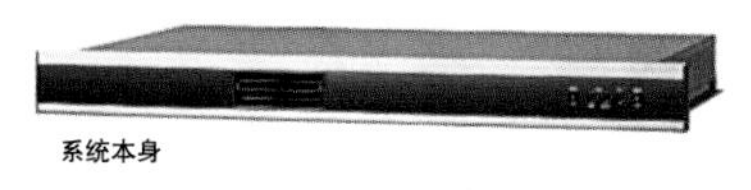

系统本身

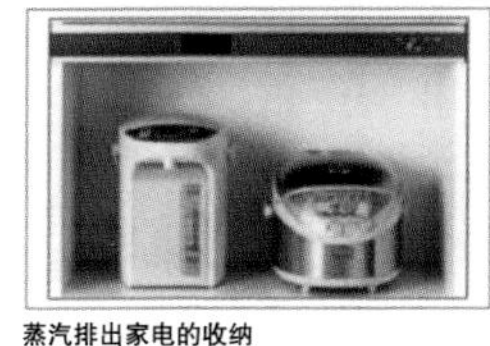

蒸汽排出家电的收纳

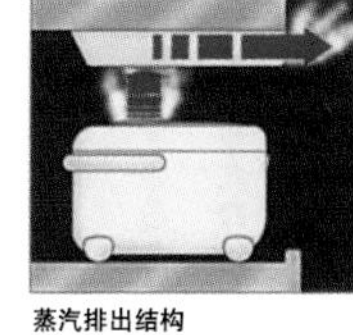

蒸汽排出结构

照片提供：东芝住宅公司

餐具、刀叉类收纳

要点

◉ 适合收纳物品大小高度的设计

◉ 刀叉类托盒收纳要严密嵌合

有远见的收纳设计

日本人饮食生活多样化的结果，使得各个家庭有了适合各种餐食的大小、形状各异的餐具。其种类、数量、收纳方法，各个家庭各不相同，餐具收纳设计需要周密咨询（图 1）。

最近抽屉式的餐具收纳多了起来，对此的注意点是抽屉内的餐具易于活动、破裂。利用分隔或防滑底膜等，使其在抽屉内稳定。

餐具收纳可以说需要咨询，但设计过于细致便无法对应生活形态的变化，随着年龄增高，身体变化，家庭形态变化，饮食生活也发生变化，所需要的餐具也会变化，要注意收纳设计要有远见。另外，餐具有可能破碎，所以门及抽屉要带有防震，让餐具在地震时不要飞出（照片）。

刀叉类的收纳

筷子、餐刀、叉子、勺子等刀叉类要分类收纳。一般使用市面销售的刀叉类托盒（图 2）。除了特殊情况，抽屉有效高度为 50 ~ 60mm 可以减少浪费，使用方便。有的在厨房用具部件上进行设置与抽屉的尺寸无关，要善于利用这些。这样设计，放刀叉类餐具的抽屉的前板高度为 110 ~ 150mm（※），作为刀叉类收纳之外的抽屉就会过浅，必须考虑门的平衡分割。根据使用方法，内部分两层等的设计也可。

※ 刀叉类托盒高度一般为 50 ~ 60mm。考虑要将托盒纳入（确保内部有效高度），滑轨及架口的部分等，前板的尺寸为 110 ~ 150mm 合宜。

图 1 | 厨房墙壁面收纳设计（S=1：40）

※T 防震闩锁安装位置

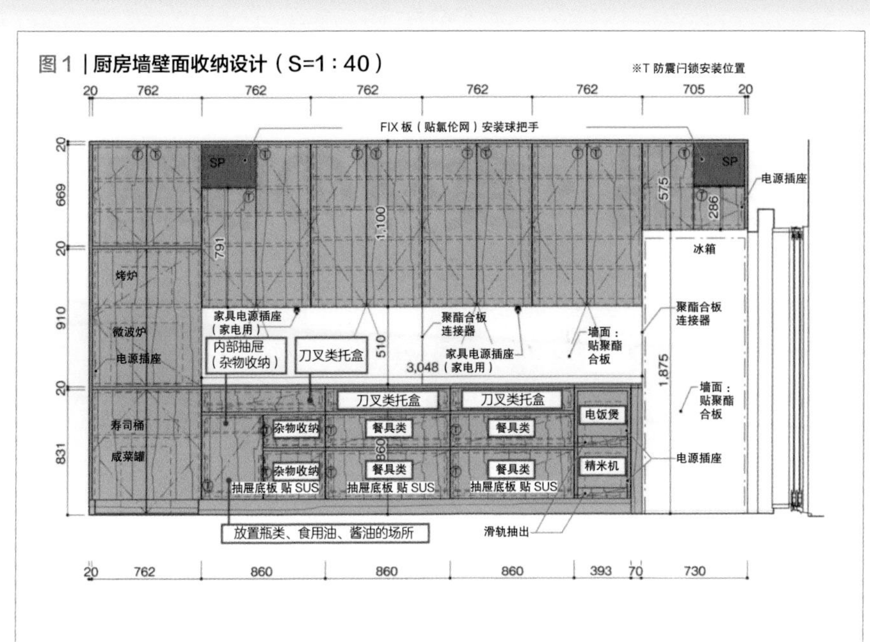

图 2 | 抽屉内餐具稳定设置

防滑垫

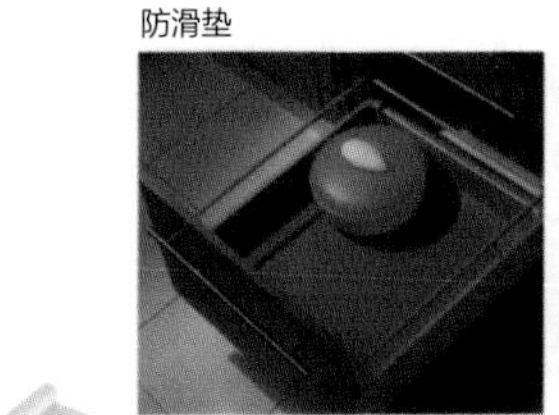

垫于抽屉底板，防止餐具及烹调用具变位的带浮点的防滑垫

板块分隔设置

带孔眼的底板上立起位置及隔板，防止餐具移位的体系部品

瓶类黏结物

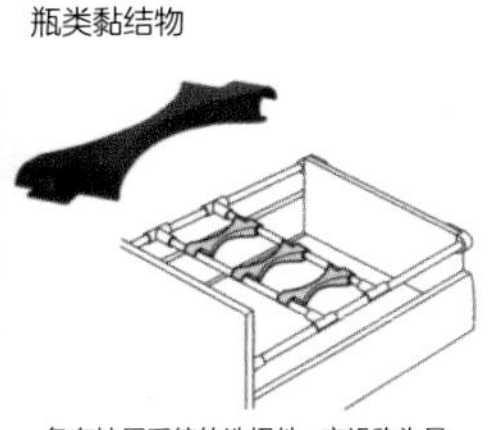

备有抽屉系统的选择件，安设称为导轨的支架，主要是为了固定瓶子

照片提供 :HAFERE

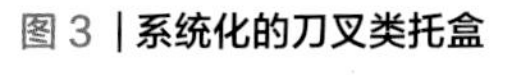

图 3 | 系统化的刀叉类托盒

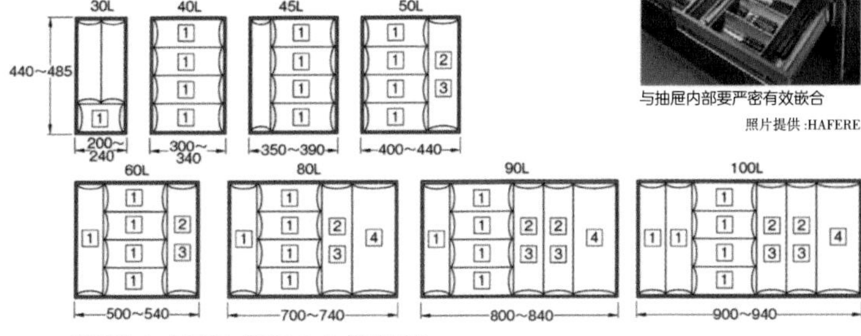

与抽屉内部要严密有效嵌合

照片提供 :HAFERE

选择部件 1：隔断板 2：放刀区 3、4：调味料托盘

食品、食物材料收纳

要点

- 食物材料收纳要进行换气设计
- 食品库尽可能设计有灵活对应性

食品、食物材料收纳

厨房要有食材收纳规划。除了必须冷藏保存的食物材料，蔬菜等没有冷藏必要但要有通气环境，冷冻的食物材料，罐头等可长期保存的食物。再还有面粉、干货、常用的调料，葡萄酒及啤酒等分类，温度、湿度进行管理的同时，进行保存（储藏），这是最理想的。

有关温度要注意机器类与外墙（隔热）的位置关系，特别是方向西面为背面的 RC 结构厨房，有必要充分考虑西晒墙壁的蓄热。

有关温度，在蔬菜的储存场所为使空气通畅，要考虑橱柜或门开孔，若面对外墙，要设置通风孔等。

推荐可进入式食品库

这些食物材料收纳若有空间余地，推荐可进入式食品库（图 2）。为收纳杂、多、大的品类，设有可动货架的简单小屋，连接厨房动线。不限定用法，食品之外，使用频度少的家电、炊具、葡萄酒架、垃圾箱等也可收纳，将十分方便。建造小的隔离房间，仅用店铺用的棚架柱与支架结构，也不太费成本。

不能建造这样的空间时，可考虑导入抽屉式食品库系统（图 1），冰箱以及炉灶等比较需要纵深的机器类，与橱柜排列时，可有效使用纵深。另外，用横向的抽屉收纳也很方便。

图 1 | 食品库系统的示例（S=1：40）

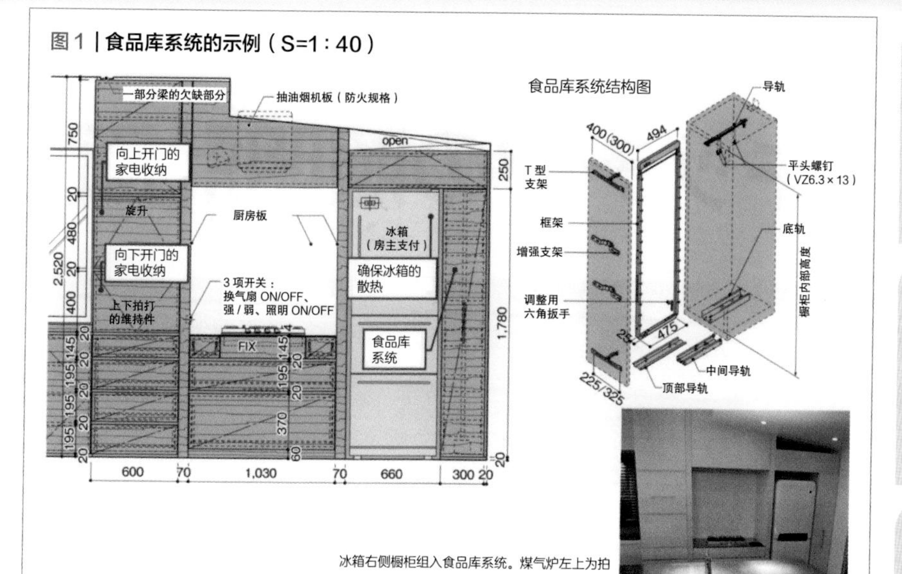

冰箱右侧橱柜组入食品库系统。煤气炉左上为拍打上，下为拍打下收纳

设计、照片：STUDIO KAZ

图 2 | 可进入式食品库设置示例（S=1：50）

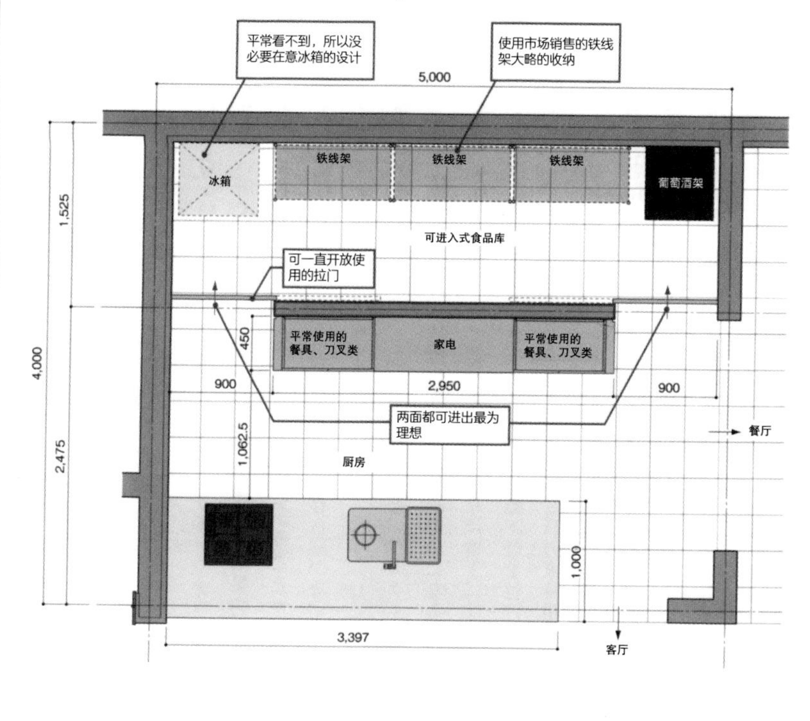

厨房的照明设计

要点

◉ 考虑“氛围”与“功能”的照明设计

◉ 积极利用 LED

开放厨房的照明

厨房是使用刃器的处所，还要看清食物材料的新鲜程度，测量食物材料及调味料的分量，必须正确把握烹调的进展情况，所以要求比一般居室空间具有高的照明度。独立的封闭式厨房顶棚与棚架下设荧光灯就足够，但开放厨房不同，连接的餐厅、客厅，有时还必须与走廊、卧室、书房取得协调，根据时间带而有多种用途。

首先，作业空间、加热的部分一定要保持明亮，设计不得出现阴影。其次，稍离开台面的场所与其他空间的照明混合，这样可消除整体空间的不协调感。台面部分的明亮度突出，表现出作为生活舞台的厨房（照片 1、照片 2）。

照明器具的选择方法

狭角的点光源灯具及筒灯在上述的意义上有效果。另外，考虑“人是主要表现物”，要尽可能选用不突出的照明器具。

这种照明设计除台面以外的部分比较暗，所以需要有创意。吊架下以往设有小型的卤素架下灯，最近数年来 LED 家具用筒灯变为主流（照片 3、图）。由此开、关以及电球交换时的烫伤事故几乎都可以回避。其他也还有与收纳门开合连动的开关设计，以及照亮抽屉内部的线形照明等，也与 LED 的普及而出现了（照片 4）。

照片 1 | **表现光与影**

顶棚埋入无眩光的筒灯，消除器具的突出感，保持台面上的完全明亮度

设计、照片：STUDIO KAZ（照片 1、2）

照片 2 | **开放式厨房的照明**

不是整体遍布明亮，而只是岛式台面、台面、炉灶、作业空间等必要之处明亮（功能照明）。其他也设置埋入地板的照明等，加入了氛围照明

照片 3、图 | **LED 家具用筒灯**

棚架下 LED 灯也成为主流。发热少，所以对其下的物品、材料影响少，也很少担心不小心碰触而烫伤

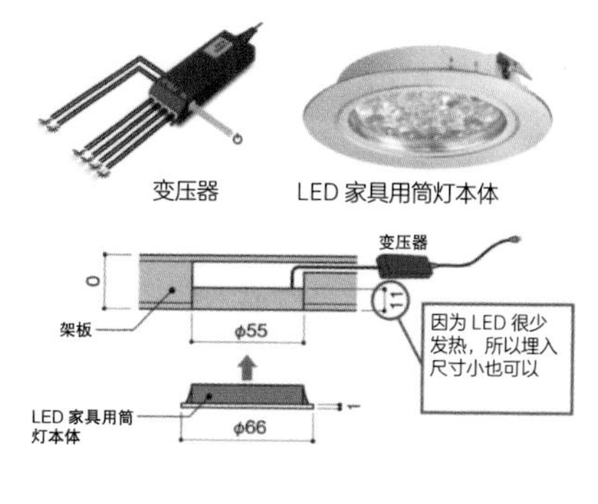

照片 4 | **抽屉内的线形照明**

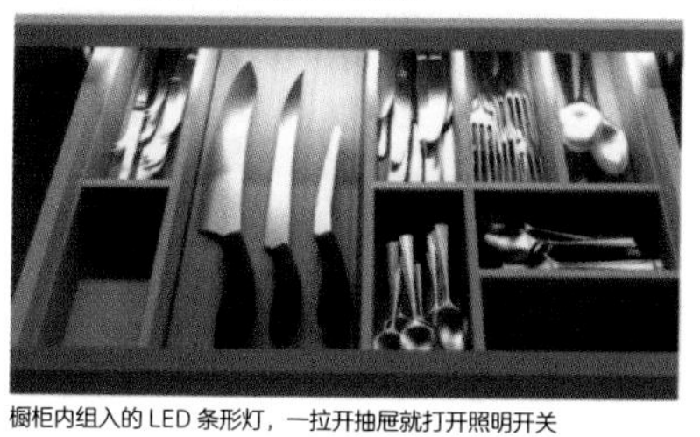

橱柜内组入的 LED 条形灯，一拉开抽屉就打开照明开关

照片提供：HAFURE（照片 3、4）

尺寸设计

要点

◉ 考虑烹调作业流程决定平面大小

◉ 高度方向的设计很大程度决定使用方便及安全性

平面大小

效率高的烹调作业所要求的厨房尺寸设计不仅是平面，立体也必须缜密探讨。

作为平面大小，首先要决定台面的纵深、通道宽度、台面角度等（图 1、图 2）。一般内设带烧烤炉灶的台面纵深在 600mm 以上。但要考虑与墙壁的隔离距离以及其他内设机器，多设为 650mm 以上。纵深为 750mm 的厨房也设计过，必须向房主详细说明，否则会有难以使用的抱怨。

反之，纵深浅的厨房在狭窄的住宅中很合适，炉灶的设置方法也要考虑。今后进深浅的厨房需要探讨，那时，成为瓶颈的是混合水龙头，选择余地少。作为不占纵深的诀窍，也有台面兼作为窗框的方法。

立体的大小

作为决定台面高度的指标有（身高 ÷2+50mm）等的公式，实际上也受四肢的长度、有无拖鞋、内设机器等影响。另外，内设机器其操作板等的线与抽屉及门对齐，就显得整洁。要在认可图上仔细确认尺寸。

水槽部分与作业空间，在加热部分中的适当高度各不相同（图 3），一个加热部分也有煤气与 IH 电磁炉的不同。必须考虑房主的动作与设计的平衡。

抽油烟机、吊架的高度、宽度、纵深，按照瓷砖分割及窗户大小设置就会美观。

图1 | 台面大小

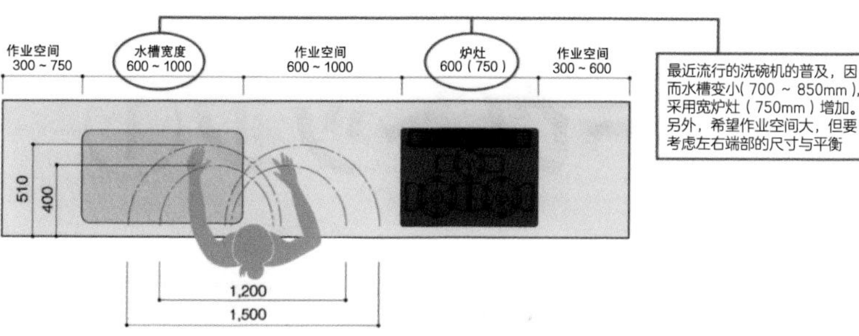

图2 | 工作三角

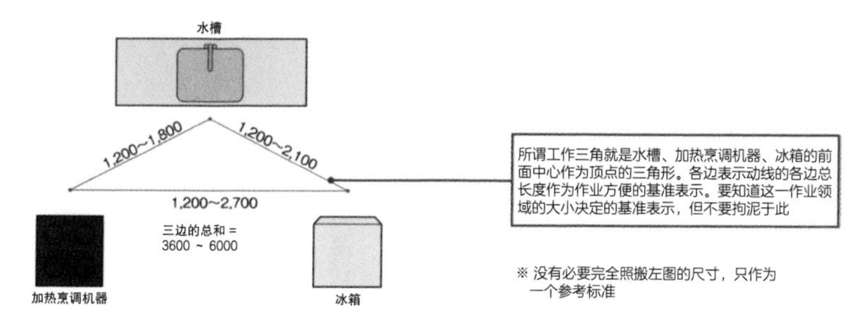

图3 | 台面高度

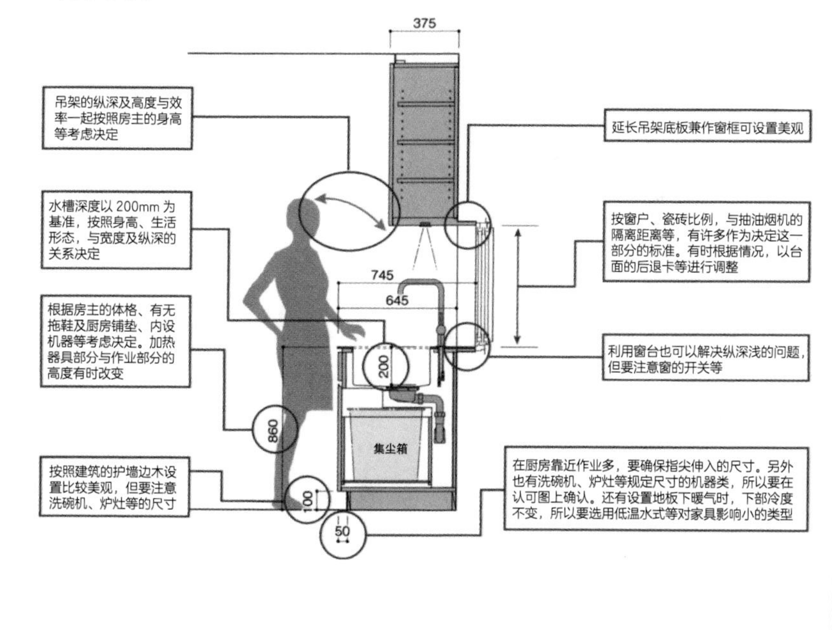

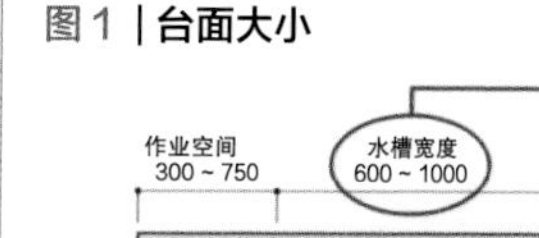

台面①

要点

- 不锈钢是理想的厨房材料
- 不锈钢决定装修整体的氛围

考虑台面

厨房设计时，优先考虑门的颜色、材料与空间合宜与否，台面使用方便与否的倾向性，而实际上厨房“看上去”却往往台面所占比例意外得多。所以台面包括材料印象要慎重选择。材料有不锈钢、人工大理石、天然石、三聚氰胺装饰板、瓷砖、木材等（表）。

SUS 制作台面

厨房要求各种功能（抗热性、抗药性、抗磨耗性、抗酸性、抗菌性、易清扫性等），对此最理想的材料是不锈钢，但反面具有金属特有的闪亮感与倒映等专业厨房机器的印象，多不适合一般内装修。于是，最近施加称为雾面哑光装饰的多了起来，与以往的细纹加工相比，光反射及反映等较为柔和，给人柔和印象。但这种雾面哑光装饰加工根据施工者而效果印象不同，必须要确认样本（照片 2）。

厨房使用的不锈钢中有 SUS304（18–8）的种类一般常用（照片 1）。其他也有使用 SUS430 的。不锈钢台面装修时要钣金加工，焊接水槽及边端进行制作（图）。为此，板厚若低于系统厨具就会出现扭曲，最低也要使用 12 ~ 15mm 的，在内部粘着防水合板等以增加强度。在尽可能想显得薄些的场合时，使用 4mm 厚的板不加折曲。这样具有一定程度的荷重也不会弯曲，是材料的最低厚度。

表 | 不同台面材料的长处和短处

	抗热性	抗药性	抗磨耗性	抗酸性	抗菌性	易清扫性	成本	备注
不锈钢	◎	◎	◎	◎	◎	◎	○	感觉硬的问题。安装方法要考虑
甲基丙烯酸类人工大理石	○	◎	○	△	◎	◎	○	现场加工性超群
水晶类人工大理石	◎	◎	◎	◎	◎	◎	△	超过天然石的性能与美观。今后的主流
花岗岩	○	◎	◎	○	○	◎	△	豪华感出类拔萃
大理石	○	△	◎	△	○	◎	△	优雅感最强
三聚氰胺装饰板	△	△	△	△	○	○	◎	成本最具魅力。要注意连接部分渗水
新型三聚氰胺板	△	△	△	△	○	○	◎	成本最具魅力。要注意连接部分渗水
集成材	△	△	△	△	△	△	◎	成本最具魅力。防水材的处理与日常维护等很重要
天然原木	△	△	△	△	△	△	△	厚重感具有魅力。兼作餐桌
瓷砖	◎	◎	○	○	△	△	○	可形成各种气氛，但接缝处理与破裂是问题
混凝土	◎	◎	○	△	△	△	○	RC 结构具有魅力。有水处理、纹路等问题

照片 1 | 不锈钢构成的厨房

台面 SUS304 雾面哑光制作，橱柜及板施以 SUS430No.4 装修

设计：今永环境规划 +STUDIO KAZ　照片：STUDIO KAZ

照片 2 | 不锈钢装修的比较

左上：细纹装饰。右上：雾面哑光装饰。右下：镜面装饰。各自具有独特的情调

照片：STUDIO KAZ

图 | 不锈钢设置

柔和设置（S=1：4）

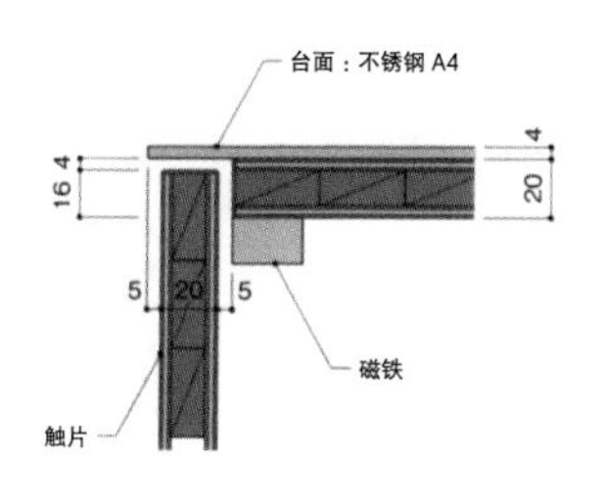

有厚重感的装饰（S=1：4）

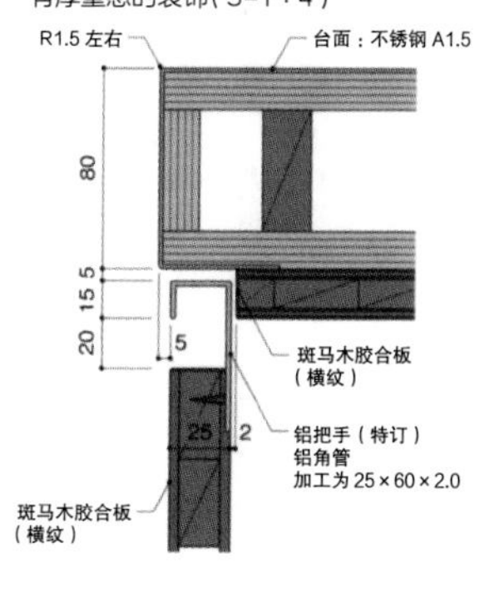

台面②

要点

◉ 现场可加工的甲基丙烯酸类人工大理石为厨房主流

◉ 所有性能都出色的水晶类人造大理石材料受人注目

甲基丙烯酸类人工大理石

现在家庭中厨房设置最多的台面材料为人工大理石。人工大理石也有很多种类，装修时多使用丙烯酸（甲基丙烯酸）类的人工大理石（照片 1）。颜色及花纹丰富多样，现场加工也可以做到连接部几乎看不出痕迹（图）。不同大小、形状的设计都可以，公寓等大件搬入困难的也可用。还可以在墙壁之间完全安设。虽然与不锈钢相比，抗热性和抗腐蚀性较弱，但一般使用上完全没有问题。

至此，台面与水槽可以用同一材料制作的只有不锈钢，但近年来人工大理石水槽出现，使得人工大理石也成为可能。除了必须防火范围，包括墙壁可用同一材料，处理容易，今后需求会增多。

水晶类人造大理石

水晶类人造大理石最近数年来，特别是在欧洲成为厨房的主流材料（照片 2）。天然石英（水晶）作为主要成分，表面硬度、耐污染性、抗冲击性，不仅比甲基丙烯酸类人工大理石，甚至比天然石都高出一筹。

有关加工性虽比不上甲基丙烯酸类人工大理石，但优于天然石材料，几乎可以无缝接合。非常高价并且种类不多的同类材料的水槽也出现了，今后发展的元素很多。

然而，甲基丙烯酸类人工大理石也好，水晶人造大理石也好，都没有接受防火认可，有内装限制的部分不可使用，这一点要注意。

照片 1 | 甲基丙烯酸类人工大理石

台面使用甲基丙烯酸类人工大理石，为使其具有厚重感，台面的边为 80mm 厚（右下图）

设计：STUDIO KAZ　照片：垂见孔士

照片 2 | 水晶人造大理石

使用水晶人造大理石的厨房。具有超越天然石的性能，在欧洲正成为主流材料

照片提供：大日化成

图 | 人工大理石安装

柔和简洁的设置（S=1：4）

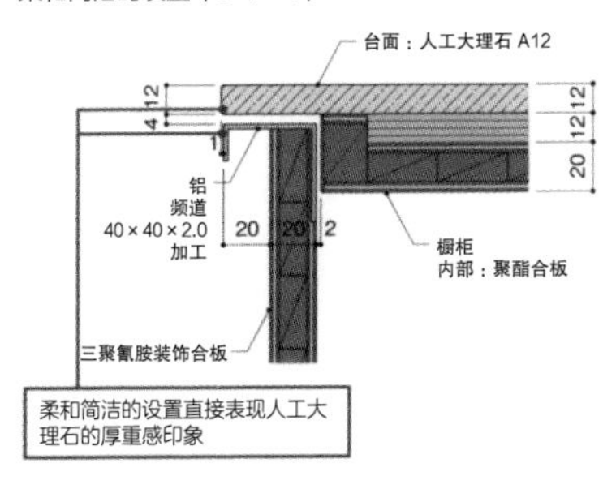

一般安装（S=1：4）

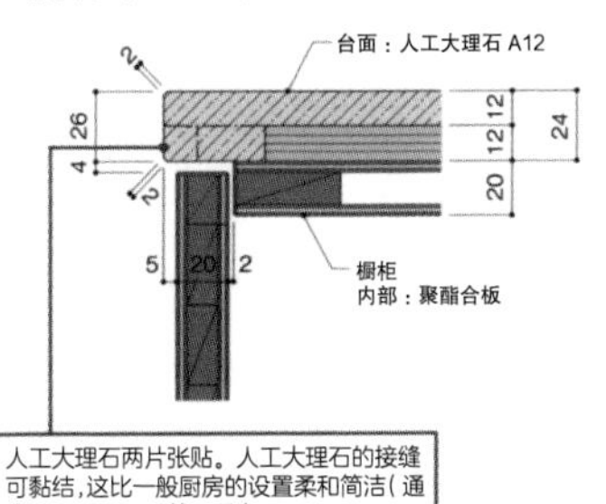

有厚重感的安装（S=1：4）

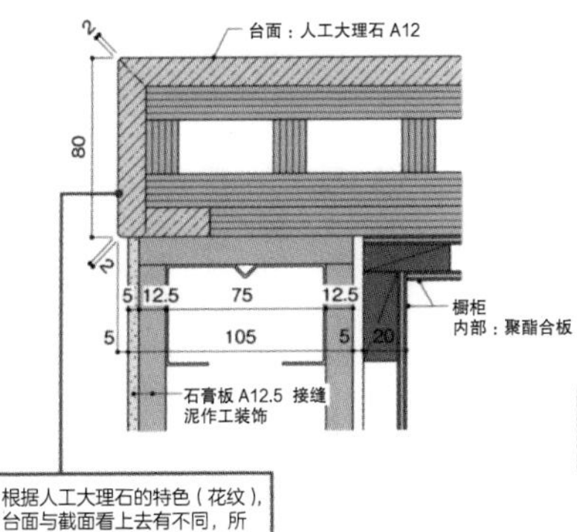

带有用水处的安装（S=1：4）

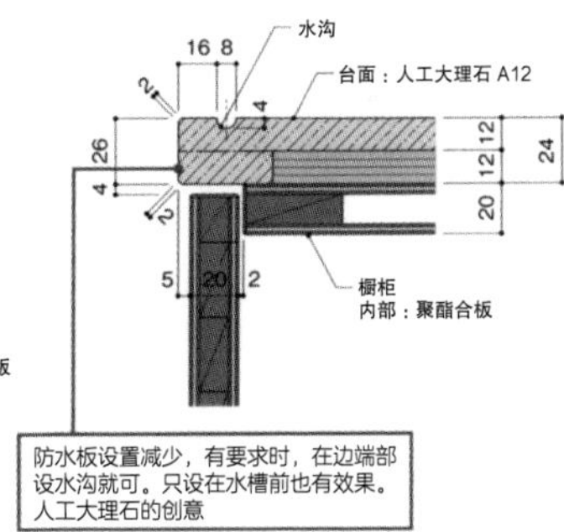

台面③

要点

◉ 天然石的台面设计时要注意连接位置

◉ 要注意装饰板的连接方法与位置

天然石的台面

台面使用天然石的最大理由是石材本身的“豪华感”（图1）。当然，坚硬、传热慢的特点作为厨房台面也很优秀。但从重量及板块大小来看，最好以1m×2m为基准，大小超过此就一定连接，不论在何处，不仅是设计，在使用便利性的方面也是重要之处。连接处多设在水槽中心部，在作业处有连接，面包、点心、面类揉搓时，食物接触连接部会有不卫生的印象。

一般认为厨房台面不可使用大理石。与花岗岩相比，容易洇水使表面劣化，有抗酸碱性较弱等特点，但平常的维护处理可以解决。对房主进行说明后，选用没有问题。

价格根据石材种类大有不同，比较低廉的石材与不锈钢及人工大理石比较，成本上差别不大。

使用其他材料

作为台面材料，还有三聚氰胺装饰合板（图3），现在在海外也常使用。廉价而性能出色，但与上述材料相比，缺少材料感，还要注意连接部进水问题。反之，只要注意了这一点就是很有魅力的材料。

其他实例较少的还有原木材与集成材、瓷砖，也都是作为台面可完全使用的材料（图2～图4）。

图 1 | 天然石台面（S=1:4）

基本安装

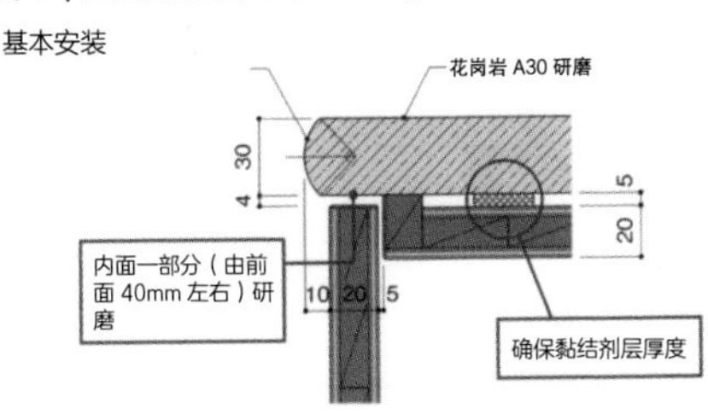

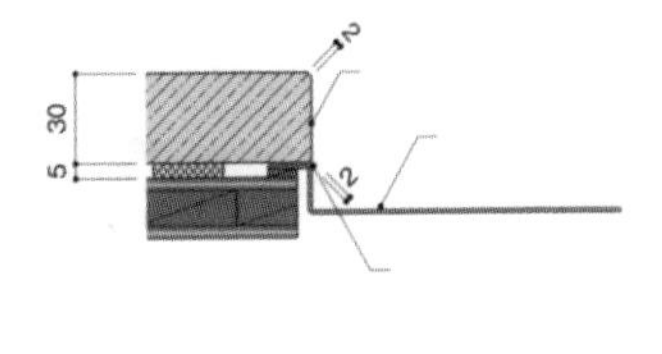

天然石有厚度的安装

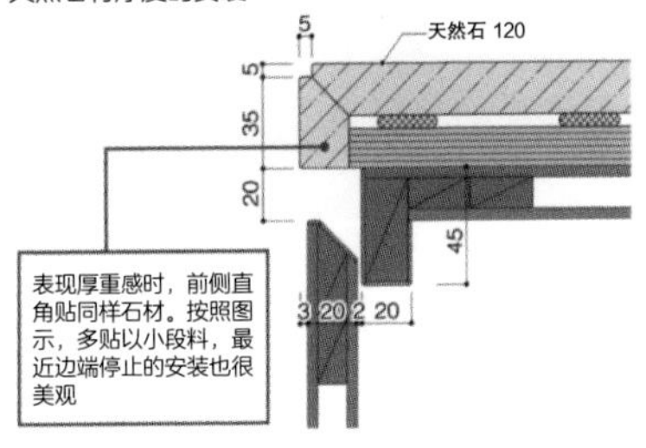

图 2 | 贴瓷砖的台面（S=1:4）

竖立木口安装

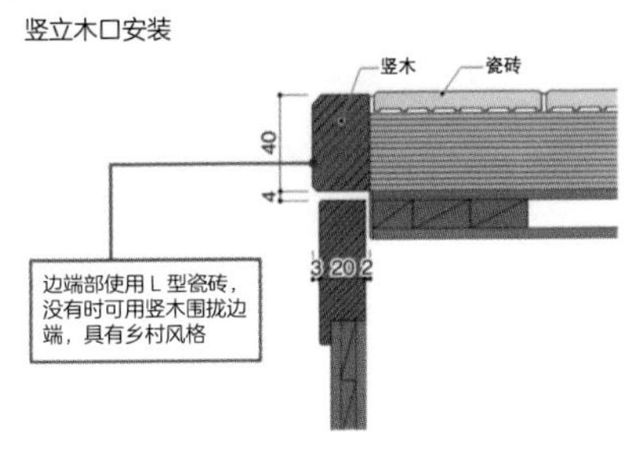

图 3 | 三聚氰胺装饰合板台面（S=1:4）

三聚氰胺装饰合板安装

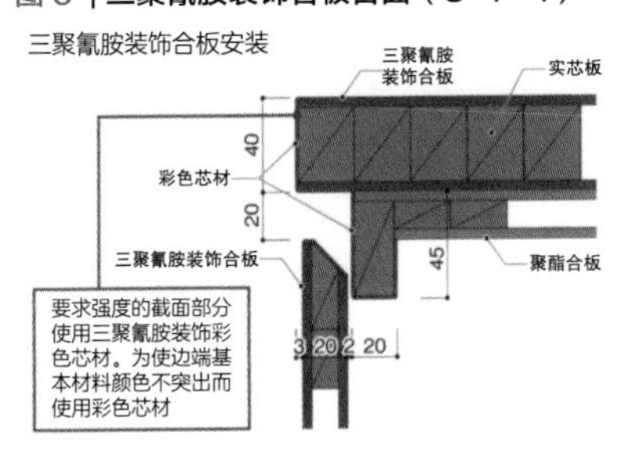

新型合成树脂三聚氰胺装饰合板安装

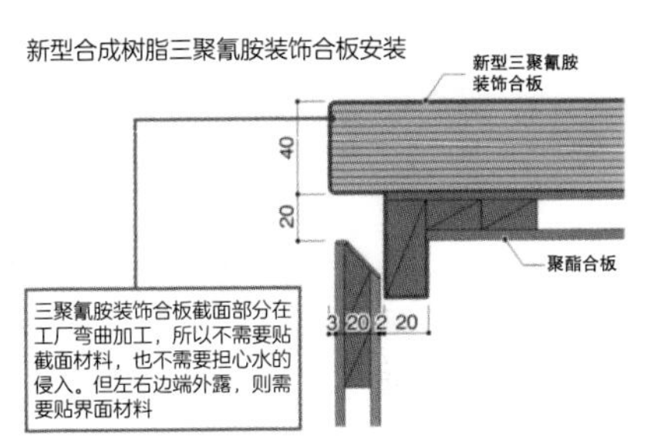

图 4 | 台面安装（S=1:4）

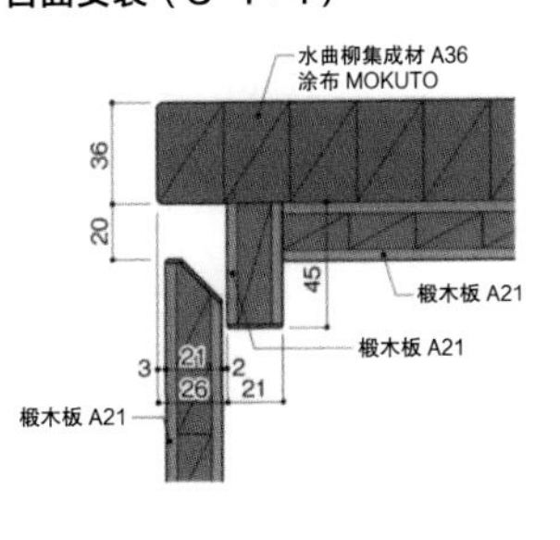

特别定做的整张水曲柳集成材厨房台面。门、橱柜以椴木板制作，所有都可以由木工施工制作，成本非常低。考虑溅水，台面上水龙竖立，设置大水槽

设计照片：STUDIO KAZ

水槽

要点

◉ 根据水槽材料在台面上的安装方法有不同

◉ 了解压制成型水槽与钣金水槽的不同

水槽材料

现在，厨房的水槽几乎都是不锈钢制作，水槽制作厂家备有各种各样大小及形状（图 2）的物品，所以多用现成产品。镀陶瓷及氟，也有带颜色的，选择余地很广。我常用一侧能放置百洁布及清洗剂的特别定制品。

作为水槽经常使用的材料，有怀旧的珐琅，材料的光泽感以及多样的色彩富有魅力。但国产货品已经近乎绝迹，主要靠进口商品。其他还有丙烯酸树脂的多彩水槽。最近，人工大理石水槽因为与台面无缝连接，易于清扫，所以很受欢迎。但厨房中水槽是最易受损的部分，对于刚出售的产品，因为损伤及常年霉迹变化需要慎重对待。

最近很少看到，也可以在现场研磨水磨石水槽。

水槽的尺寸及安装方法

水槽安装固定到工作台面时，根据工作台面与水槽的材质分为下陷水槽、超大水槽、一体成型（无缝）水槽三种（表、图 1）

最近，几乎所有的家庭都使用洗碗烘干机，所以水槽不需要太大，宽 700 ~ 800mm、纵深 400 ~ 410mm、深 190 ~ 200mm 作为标准即可。另外，排水管、砧板等附带品的放置及使用方法等也要加以考虑。

表 | 台面、水槽各种材料安装形式

		台面材料						
		不锈钢	人工大理石	三聚氰胺装饰合板	天然石	木制	瓷砖	水磨石
水槽材料	不锈钢	S	U	O/(U)	O/(U)	O/(U)	O	/
	人工大理石	U/O	S	/	/	/	/	/
	珐琅	O	O	O	O	O	O	/
	丙烯酸	U/O	U/O	U/O	U/O	O/(U)	O	/
	水磨石	/	/	/	/	/	/	S
	陶器	O	O	O	O	O	O	/

※(O)上部挂载水槽(U)下部挂载水槽(S)无缝安装
※ 理论上成立，但没有组装意义的物品用 / 表示
※(　)内为需要特殊加工或处理的

无缝安装水槽(S)

下部挂载水槽(U)

上部挂载水槽(O)

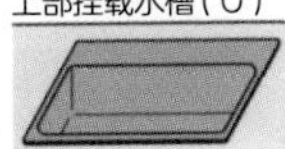

图 1 | 下部挂载水槽、上部挂载水槽安装

下部挂载水槽安装 1

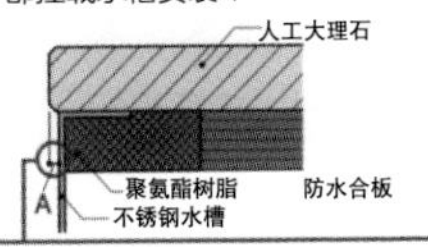

上载尺寸(A)为厂家标准 6mm，但段差过大难以清扫，易于成为发霉之源，所以要尽量小，理想为 0。水槽、台面的开孔，要求双方有加工精度。另外，多段水槽有漏水筐等，要尽力为 0 以便于清空

上部挂载水槽安装

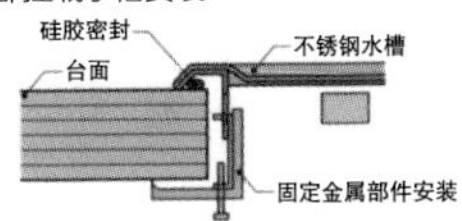

下部挂载水槽安装 2

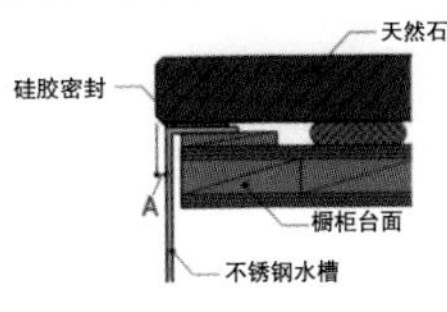

不锈钢台面与安装

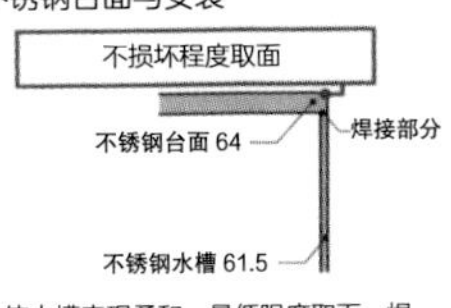

为使水槽表现柔和，最低限度取面，焊接也要高精度

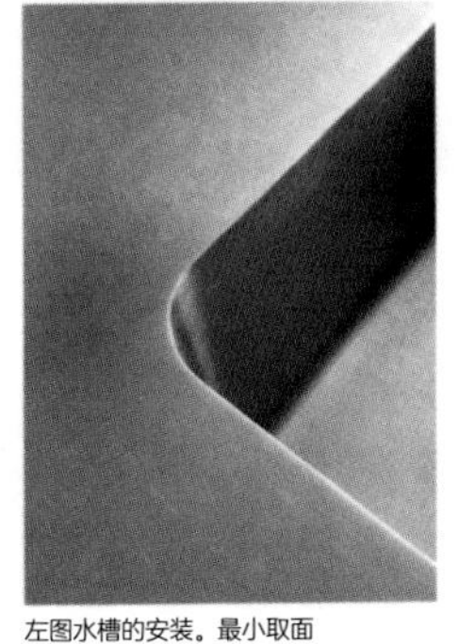

左图水槽的安装。最小取面

设计、照片：STUDIO KAZ

图 2 | 水槽的功能与形状

美食水槽(通称)

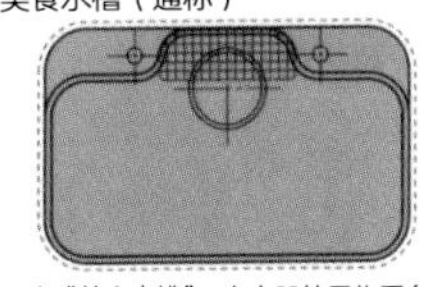

通称“美食水槽”，中央凹处置物平台形状，有洗液等搁置处，也有在置物平台处可洗中餐锅

带漏斗状下水口水槽

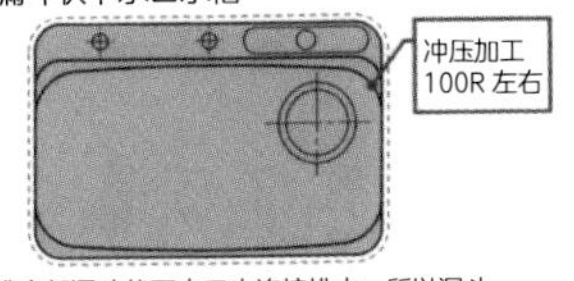

水槽底部漏斗状下水口也连接排水，所以漏斗状下水口内部也可洗净。冷热混合水龙头当然会立在台面，所以台面不会脏

上部挂载水槽

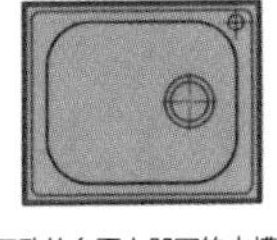

在开孔的台面上凹下的水槽。木制及三聚氰胺装饰板等的截面部分如进水就会有问题的材料用此合宜

有段差水槽

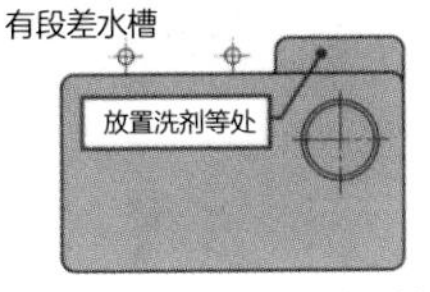

并非漏斗状下水口而是带有放置洗剂等处的水槽

双水槽

钣金加工时可缩小 10 ~ 30R

排水与漏水阀大小有 ϕ180mm 与 ϕ120mm 两种，ϕ180mm 的有深型、浅型、S 型漏水阀

双水槽现在已经很少，过去是装放餐具用，随着洗碗机普及而消失

宴会水槽

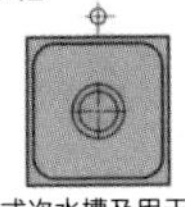

中心岛式次水槽及用于长条台面一角的 300mm 四方水槽。宴会等放冰块冷却葡萄酒及饮料、水果等用法很方便

热源

要点

◉ 带烧烤的炉灶不论煤气、IH 电磁炉，安装尺寸都是固定的

◉ IH 电磁热源炉灶平面设置很方便使用

设置方式统一

设置定制厨具时，不可能也订做家电设备（机器类），只有专业的煤气器具可以订做，但与建筑、家具安装以及换气等相关条件有无特殊，这必须依靠对此熟悉的设计者。

厨房使用的加热烹调器分为煤气、电气（高效直接加热）、IH（Induction Heating 电磁诱导加热）三种（照片）。进而分为带不带烧烤鱼的器具，带烧烤鱼器具的种类，尽管热源及厂家不同，也大都是相同的安装方法（图 1）。随着 S 探测器设置义务化，实际上关于煤气炉灶只有国产厂家对应，IH（Induction Heating 电磁诱导加热）以及电气（高效直接加热）所有带烧烤鱼器具的机器种类都与煤气炉灶的设置方法统一（图 2）。进口机器不带烧烤鱼的器具的机种几乎都是嵌入台面的形态，所以可以嵌在喜欢的位置，喜欢的角度。

有关 IH

最近数年来 IH（Induction Heating）电磁诱导加热器的需求迅速增大，因为玻璃平面没有凹凸，任何时候都很容易清扫，平面的设计很适宜开放厨房，这是最重要之点。再是，不烧煤气，可以降低空调负荷，减少空气污染，所以改变了换气体系的习惯方法。不使用明火在安全方面也很出色。

但错误使用 IH 也会成为火灾的原因，不可忘记在法规上 IH 依然属于“火”（参见 198 页）。在换气量方面也同样要求，所以要缜密设计。

照片 | 热源的种类

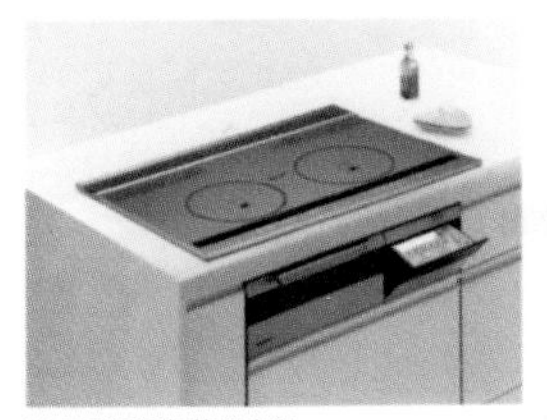

IH 电磁诱导加热器内设
型号 KZ-T773S
照片提供：Panasonic

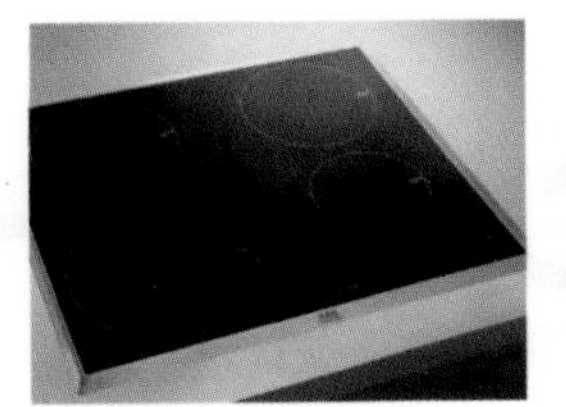

IH 电磁诱导加热器无烤炉型 AEG
HK643204×B
照片提供：日本 Electrolux 伊莱克斯公司

煤气炉
玻璃台面内设炉灶
照片提供：Rinnai 公司

图 1 | 带烤炉型煤气炉、IH 电磁诱导加热器 安装同样

部分详细图（S=1：4）

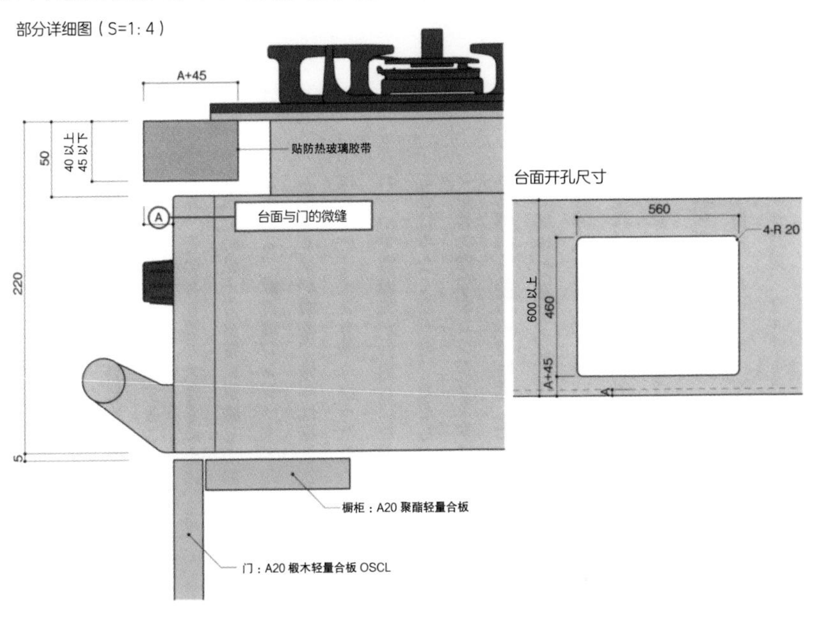

图 2 | 台面与 IH 电磁诱导加热器平面 安装细部

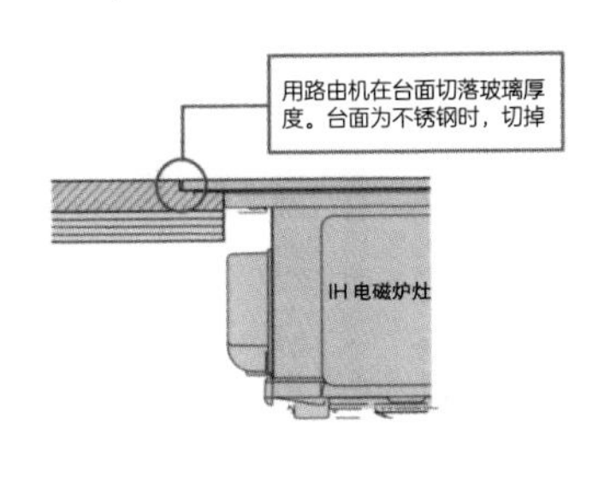

平面安装的 IH 电磁炉灶

通常在工作台面上切洞来安装 IH 电磁炉灶，因此玻璃面会产生厚度段差。但因为大理石及薄板可采用路由机加工，用易于调整的不锈钢片等能够使其设置平整，使用起来极为方便

抽油烟机

要点

◉计算必要的换气量选择抽油烟机

◉使用现成产品形成美观抽油烟机

抽油烟机的形状

抽油烟机的基本性能就是要确保将烟、油、气味尽可能毫无遗漏地排出户外，当然，其作用大，所以要经常意识到其在空间中的表现方法。最近，抽油烟机的种类丰富，多为突出表现的设计，因此便常常破坏整体氛围。要注意抽油烟机具有影响厨房整体印象的倾向。

要使用计算公式 $V=NKQ$ 计算必要的换气量（图 1），这里的系数 N 是根据抽油烟机的大小及形状定为 20、30、40，换气风量并非吸入量，是按向外部的排气量来计算，所以也要考虑风道长度及弯曲次数、全天候罩盖等进行计算。

订做抽油烟机

特别订做抽油烟机也可以有自己独特的设计，顶棚高度及梁等的关系现成产品难以有效对应。

订做全部本体时，颜色、装配、材料、形状、照明等自由度高，但价格也高，于是考虑使用现成产品（图 2）。建筑或家具方面安装现成制品也是一种方法。这时，使用的表面材料等必须防火。

也可以考虑变更部分现成制品的尺寸及安装方法等，这些方法仅略增加成本就可以使厨房整体设计统一，也提高房主的满意度，但也有厂家的制约，所以要与负责人商讨确认。

图 1 | 用火房间的必要换气量计算公式

必要的换气量（V）= 定数（N）× 理论废气量（K）× 燃料消费量或发热量（Q）

厨房等用火的烹调室的必要换气量，规定按上述公式计算

建筑基本法施行令第 20 条之 3 第 2 项 /1970 年建设部公告第 1826 号

V: 必要的换气量（m^3/h） N：根据换气设备参照下图选择 K: 理论废气量（m^3/kWh 或 m^3/kg）

Q: 煤气器具的燃料消费量（m^3/h 或 kg/h）

定数（N）

定数：40	定数：30
无抽油烟机	抽油烟机 I 型
不使用抽油烟机的厨房，或使用开放型燃烧器具的单间等	抽油烟机风扇与此相当

定数：20
抽油烟机 II 型

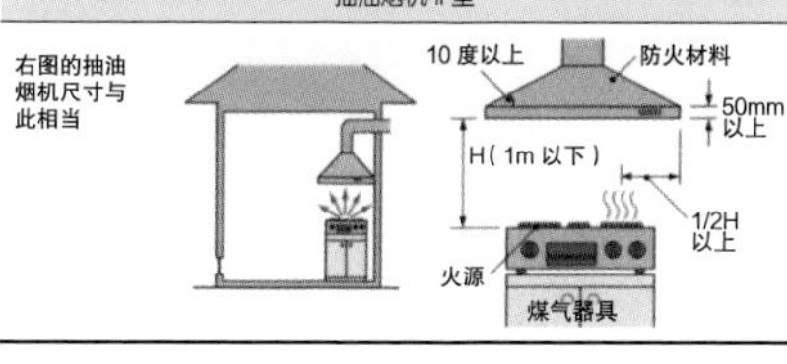

理论废气量（K）

燃料种类	理论废气量
城市煤气 12A	0.93m^3/kWh
城市煤气 13A	
城市煤气 5C	
城市煤气 6B	
丁烷煤气	
LP 煤气（丙烷为主）	0.93m^3/kWh（12.9m^3/kg）
煤油	12.1m^3/kg

煤气器具与发热量（Q）（参考值）

煤气器具		发热量
城市煤气 13A	炉灶 1 个	4.65kW
	炉灶 2 个	7.32kW
	炉灶 3 个	8.95kW
丁烷煤气	炉灶 1 个	4.20kW
	炉灶 2 个	6.88kW
	炉灶 3 个	8.05kW

图 2 | 订制现成产品的设计变更

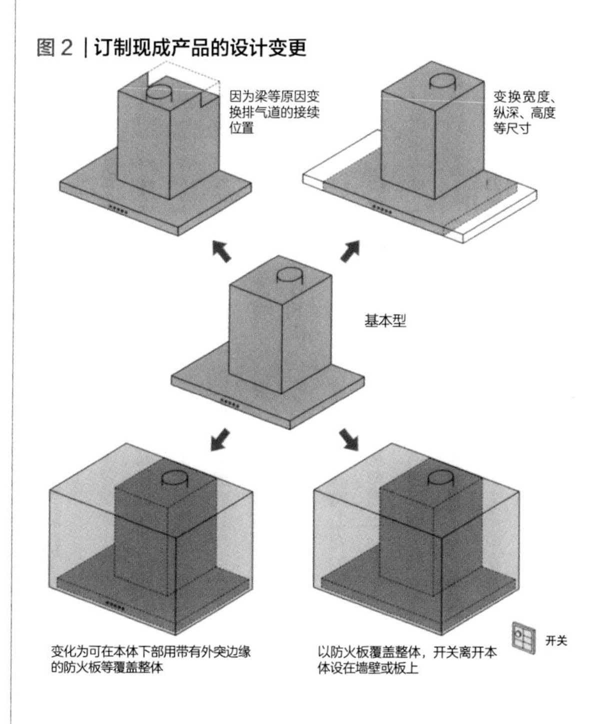

按照高度、纵深设计吊柜式抽油烟机。开关另设

上面照片为特定的抽油烟机开关，台面下的墙边固定板嵌入，不显眼

设计、照片：STUDIO KAZ

厨房设备

要点

◉ 水槽下有许多配管竖立

◉ 加热器具周围要有防热对策

水槽下有许多对应配置

厨房里有各种各样的设备(机器)，从放入到安装的机器有多种，要在其使用方法、烹调顺序、作业动线、大小、给排水、煤气、电等条件下进行设计。

特别是水槽周围，与设备关联的机器多，混合水龙头(冷、热水)、净水器(供水)、水槽(排水)、洗碗机(进口品多为给排水、电)、食物垃圾处理机(排水、电)等的配管，以及设有与此相关的机器本体(净水器的过滤芯、排水下凹部、食物垃圾处理器本体、分解槽等)(图1)。另外，水槽下还多放有菜刀架、菜板、放垃圾桶的抽屉等，在设计阶段起就要缜密规划正确施工。

不可忘记的防热对策

使用开放炉灶有相应的高热量散出，为此，开放炉灶两侧设置9mm厚度以上的防火器材为好(图2)。厂家的设置说明书没有说明，但考虑5年后、10年后的情况，务必安装为宜。另外，放置型的炉灶、微波炉、电烤炉的使用说明书记载有与周围必须要有隔离距离。因为也牵涉故障等保障问题(图3)。

最近流行蒸汽炉，有必要注意喷出的蒸汽，要采取对策，橱柜上部贴不锈钢等。这对电饭煲也同样，电饭煲也有“蒸汽排出器件”的机器，所以，要同时综合考虑预算、设计、使用方便等(参考205页)。也要注意冰箱、酒类架等的散热。

图 1 | 水槽下的设备机器

使用进口洗碗机形态的标准水槽下的情况

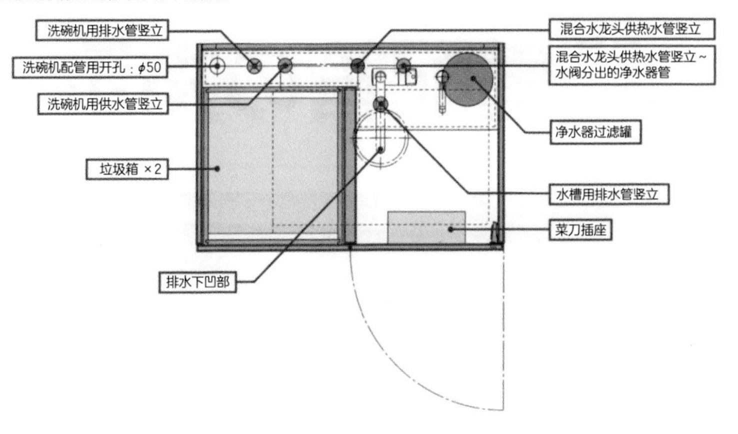

使用进口洗碗机、食物垃圾处理机、浸透膜式净水器的水槽下部情况

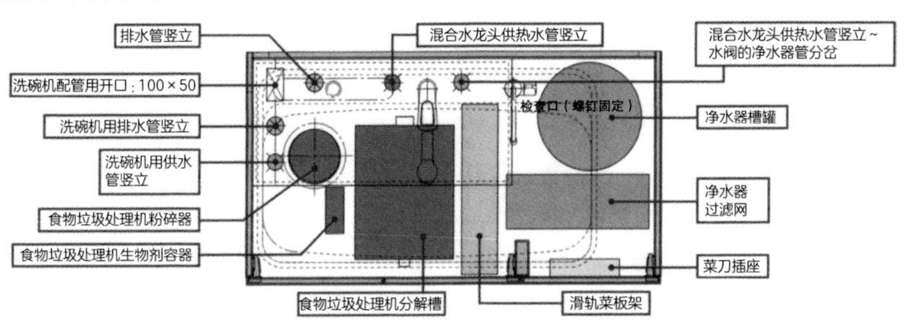

图 2 | 安装带入式炉灶的防火措施

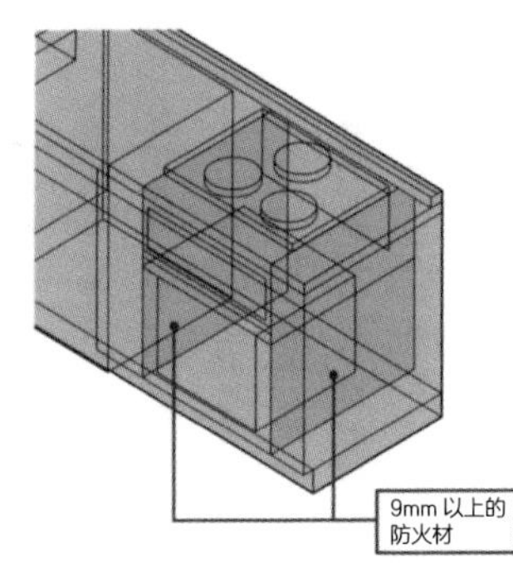

安装带入式炉灶具有极大热量，安装手册没有记载也要注意在机器一侧设置防火材料

图 3 | 放置型微波炉的隔离距离

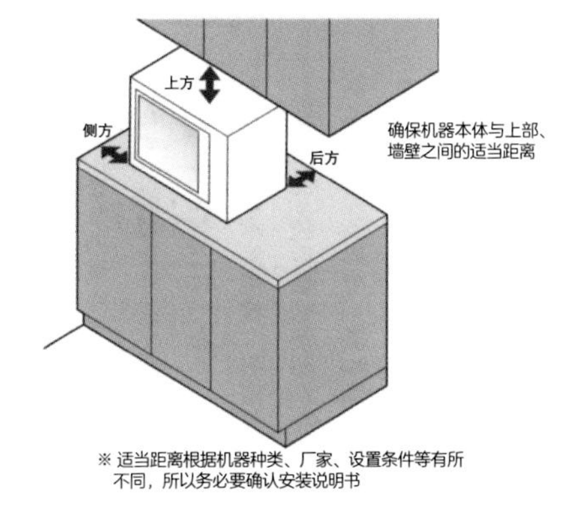

※ 适当距离根据机器种类、厂家、设置条件等有所不同，所以务必要确认安装说明书

设备管道设置的标示

要点

◉设备配置图的尺寸标明各个业种

◉按照图纸说明在施工前确认

厨房用设备配管图

包括建筑物整体的给排水设备图纸、电配线图纸，也要绘一张厨房专用设备配管图（图、表）。厨房中使用很多机器设备以及家电制品，一个橱柜中经常设有多个接电源线插座，需要多个用电机器，以及IH电磁炉灶要使用220V电源，有时需要特殊形状的电源接口。根据机器种类，也有的不使用电源插口而直接连接，要注意这些情况。厨房使用的其他家电也多有电容量大的，必须使用专用电路。

洗碗机也因国产与进口而给排水、电接口位置不同，进口产品原则上在邻接的橱柜内配管，国产厂家的洗碗机产品则在机体下部空间，伸手连接配管。不论哪一种从地板竖立的高度都有限制。煤气炉底部有开放处时也同样在机体下部空间连接。这样厨房中要求特殊配管的机器种类多，所以设计阶段要着手编写施工说明书。

水槽橱柜内的配管

水槽下部的橱柜内，竖立着许多设备配管（参见226页）。必须以极好的精度装配管道，要有详细尺寸。水槽下不仅有配管，还有净水器、垃圾箱、食物垃圾处理机、抽屉、菜刀插座等，

充满尺寸无法融通的物品，所以差30mm就会无法安设。为此，图纸记载配管位置的详细尺寸，工地现场的商讨，现场监理就尤为重要。

图 | 设备图的绘制方法

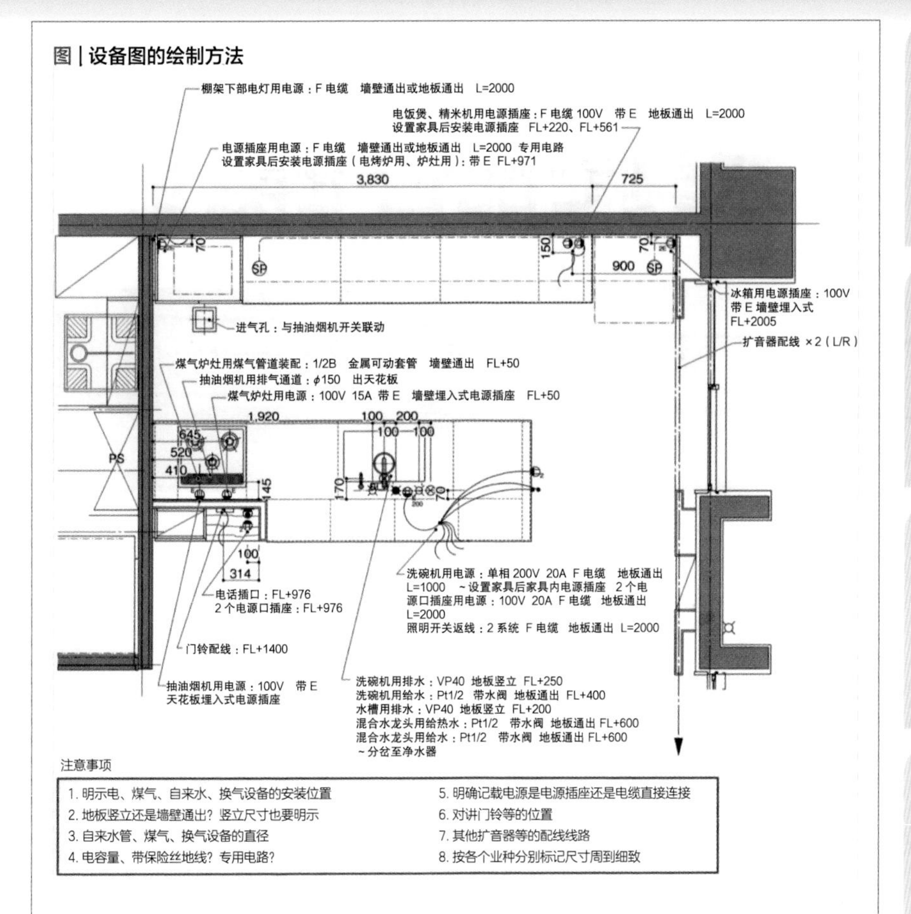

注意事项

1. 明示电、煤气、自来水、换气设备的安装位置
2. 地板竖立还是墙壁通出？竖立尺寸也要明示
3. 自来水管、煤气、换气设备的直径
4. 电容量、带保险丝地线？专用电路？
5. 明确记载电源是电源插座还是电缆直接连接
6. 对讲门铃等的位置
7. 其他扩音器等的配线线路
8. 按各个业种分别标记尺寸周到细致

表 | 设备标记符号的读法、标示方法

分类	符号	说明
电施工	～	F 电缆。明示从哪里引出？需要多大长度
电施工	n	一般电源插座 n 表示位数。明示是埋入式？外露式？吊挂式？等
电施工	E	带保险丝地线的电源插座
电施工	E 200	带保险丝地线的 220V 电源插座。单项还是三项？端口形状也要标出
电施工	●	开关。标明何种样式开关
电施工		电话线接口
电施工		电视接口。一般电视、CS、BS、CATV 等
电施工		LAN
电施工	TV	对讲门铃主机（带显示屏）
自来水管道施工		给水管。标明：直径、水阀、竖立位置（墙壁、地板）等
自来水管道施工		供热水管。标明：直径、水阀、竖立位置（墙壁、地板）等
自来水管道施工	⊗	排水管。标明：直径、竖立位置（墙壁、地板）
空调施工		排气管道。标明：直径、伸出位置（墙壁、顶棚）
煤气施工		燃气旋塞。标明：伸出位置（墙壁、顶棚）
其他	SP	扩音器配线
其他	R	热水器遥控器

用家具遮蔽管道

要点

- 排水管设计要考虑弯角
- 地板下没有余地时要利用下部挡板

确认配管的通路

厨房中设有各种各样的设备管道，哪一个都是必不可少的（图、照片）。

其中最大的问题是排水管，独户住宅是在地板下配管，可以在适当的位置竖立，但公寓的装修，地板下无法确保充足空间时，以及公用管道出口位置高，无法在地板下配管，这时只能在地板上配管。

幸运的是只要厨房不设护墙板收纳就可以设置前下挡板，壁柜与地板之间有空洞，根据配管的距离与高度，经常利用这里进行配管。要预先考虑商讨设置前下挡板，修正等对策方法。

遮蔽管轴

公寓中的厨房附近必定有管轴（PS），这在最初设计小了以后危险就大。PS有检查口可以确定配管的位置，必须考虑工期留有余地、除非计划好拆除之外，PS的大小无法改变。

选用开放厨房时，这一PS多在设计上有不足，于是以家具板覆盖PS整体，表面材料统一，让PS无法暴露。原来就有检查口时，为了便于清扫与检查不可堵塞，要在设计上有创意。另外，PS位置为竖穴式设计时，大多以钢筋混凝土块围拢，要注意家具板安装的底部。

图 | 公寓的厨房装新

平面图（S=1：70）

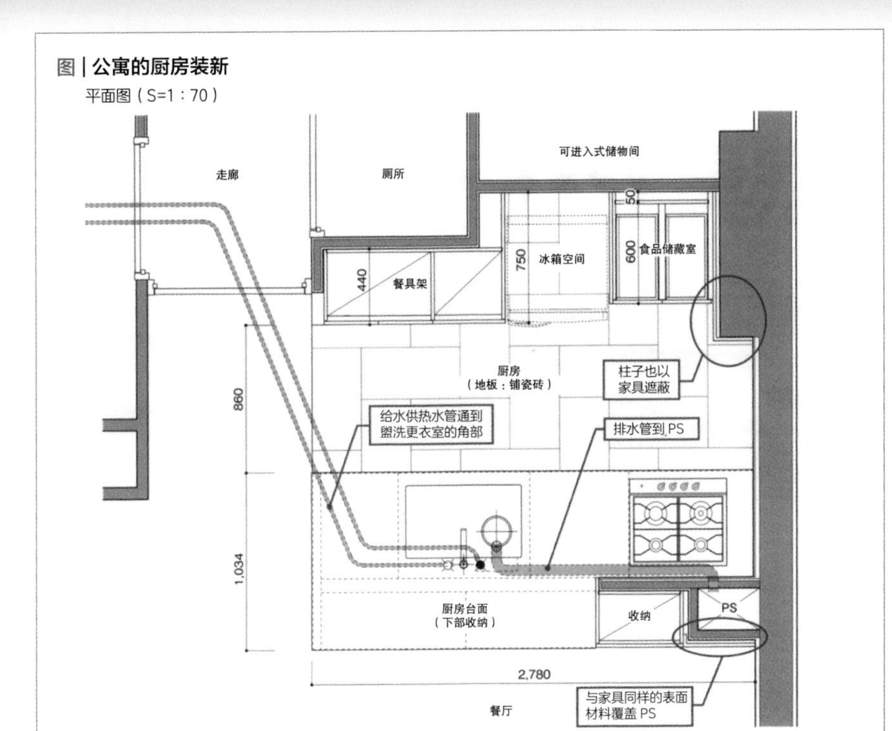

照片 | 公寓的厨房装新

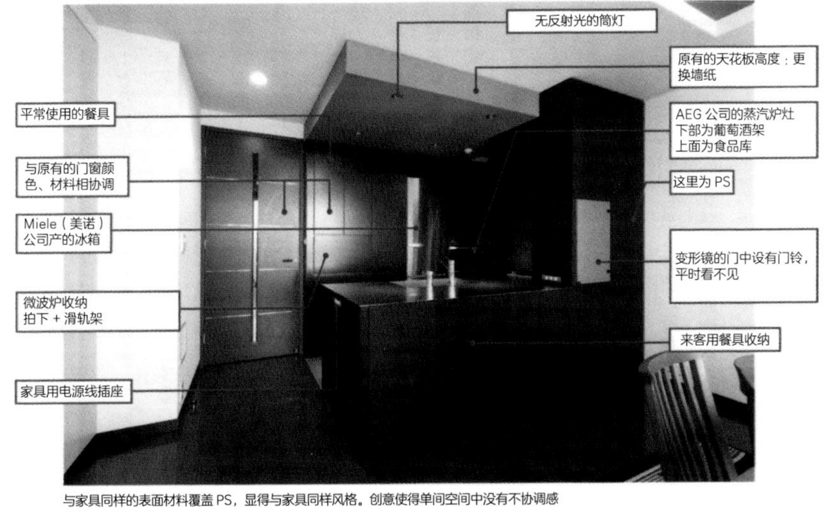

与家具同样的表面材料覆盖 PS，显得与家具同样风格。创意使得单间空间中没有不协调感

设计：STUDIO KAZ　照片：山本 MARIKO

用家具遮蔽梁柱

要点

◉ 柱体看似神像收纳

◉ 积极利用外伸梁进行设计

遮蔽柱体

空间结构柱与梁必不可少，但在创意上有时却很麻烦。

这种情况，像管轴那样以家具覆盖（参见228页），成为一个看似收纳空间的感觉，形成一体感。

墙面贴板时，要使用黏结剂，但这会有变形问题，所以要同时使用螺钉等。根据门的比例设缝，用隐钉固定，或以嵌合方式连接平板。进而，地板与顶棚也并用10mm以上接缝的护墙板，同样以嵌合方式连接，或用隐钉固定。板厚最好18mm以上。

遮蔽梁

几乎所有的公寓梁都进到室内，厨房中多是墙面一侧到顶棚全是收纳，所以受到梁的影响。这种情况下，根据梁的高度分割收纳，纵深变化的同时用同一扇门，这样可以消除梁的存在。这在系统厨房中有难度，在固定厨房中多使用这种方法。

没有收纳时可积极利用这一形状。介绍两种事例，一是将梁与墙壁贴相同材料（照片1）的方法。厨房正面墙壁多贴瓷砖，一直贴到梁下，再向上与客厅、餐厅同样装饰。另一种方法是利用梁的形状，采取间接照明的方法（照片2）。这里的厨房侧向间接照明，也可直接作为厨房的手边照明灯。不管哪种场合，应意识到与客厅、餐厅的连接及连续性（图）。

图 | 利用梁的示例

吊架柜以纵深调整梁的部分，前面齐平

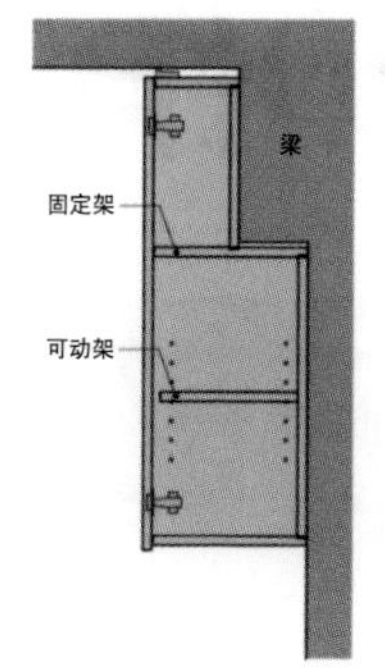

梁的高度设固定架，其上下变换纵深。前面为一扇门，可以完全消除梁的存在

梁的内角变换装饰材料

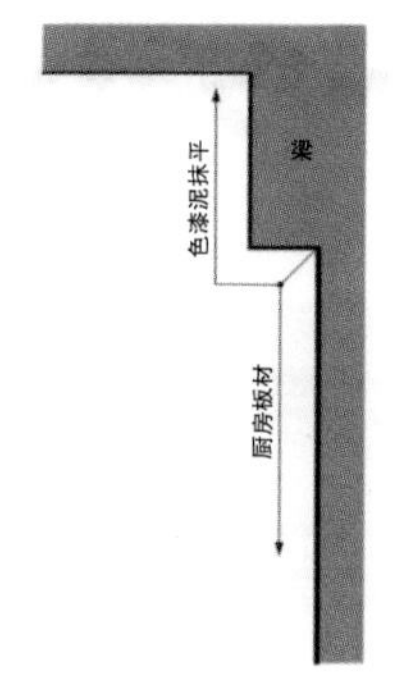

厨房墙壁贴厨房板材及瓷砖。在梁的内角变换材料，不需要饰物或边缝装饰材料，简洁的装饰（照片）

利用梁而形成的间接照明

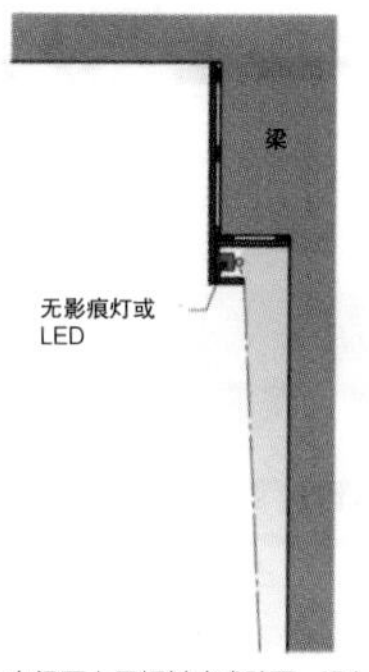

在梁面上用板材建成壁面，设入无痕荧光灯照射墙面成为间接照明。略有凹凸的墙壁会出现阴影，表现丰富。墙壁整体进行反射，意外的明亮（照片 2）

照片 1 | 梁装饰的变换例

墙泥与厨房板的色彩与光泽配合，在梁的内角切换，所以连材料的不同都难以区别。装修也很协调，完全感觉不出厨房板的低廉感

照片 2 | 利用梁设置间接照明例

间接照明从客厅直到厨房一条直线连接，于是产生空间连续性，进而通过强调长度，比实际感觉更长（宽阔）

设计：STUDIO KAZ（照片 1、2）照片：山本 MARIKO（照片 1、2）

开放式厨房的作法

要点

◉ 开放厨房从外部所看的时间长

◉ 以墙壁及家具围拢加热器具，可防止油烟泄露

意识到视线所向的细部设计

现今的住宅所设计的厨房几乎都采用向客厅、餐厅开放的形式，以往的厨房被四壁围拢在隔离的空间中，现在从周围的任何地方都可以看到内部状态。

这对于厨房来说也是一件大事，所有的面都必须装新，从以往重视功能的设计变为功能 + 视觉意识的设计。特别是中心岛式厨房中，在餐厅一侧设置收纳或台面，边端部用边板装饰，或门与侧板固定，或处理前板的高度等，必须意识到厨房从外部被眺望的姿态来进行设计。当然作为厨房的功能也不能忽视。要求设计与功能并立（照片 1 ~ 照片 4）。当然，必须重视厨房与厨房之外部位的协调。必须协调地板、墙壁、顶棚自不用说，门窗材料、颜色、装饰、门窗周围框架的定位、护墙板的高度等也必须协调。装新的话还要与原有部分和谐，这更为困难。厨房不能作为家具单独考虑，要地板、墙壁、顶棚的装饰材料、照明设计等也一并设计规划。

油烟泄露对策

开放厨房的问题是油烟及气味，这不是仅靠抽油烟机就能解决的问题，确实有扩散，IH 电磁炉比煤气炉更为显著，作为减轻的对策，也可由家具形成“壁面”遮蔽包围的方法。

照片 1 | **开放厨房的地板切换**

厨房部分的装新。协调原有的地板的瓷砖，厨房的表面材料的协调

照片 2 | **粗壮沉稳的开放厨房**

餐厅一侧为台面，两侧的边板一直落到地板会产生沉稳感。表面材料与地板同色，可以与客厅协调

照片 3 | **不设边板厨房的轻快感**

不设边板，固定侧板与门的安装示例。底轮可完全旋转，表面材料与墙壁同色，表现轻快感

照片 4 | **设边板变换前部挡板高度的厨房**

边板一直落到地板的示例。餐厅一侧与厨房一侧的前部底部挡板高度不同，以边板转换

设计：STUDIO KAZ　照片：STUDIO KAZ（照片 1）、山本 MARIKO（照片 2 ~ 4）

厨房部件

要点

- 用现有产品的厨房部件降低成本
- 经常查阅厨房部件产品探讨设置方法

系统厨房专用

系统厨房由各种各样的厨房部件组成，简单的有菜刀架、刀叉盒、调味料架、洗涤架。容易成为死空间的角落收纳的创意部件、吊轨部件、装入的米库等。表面材料与装饰、动作等的确是仔细考虑过。那里面大多实际上并非各厂家的独特产品，大多可以从家具金属部件销售公司购入（照片），在这些公司中销售可以做各种各样开门动作的合页及固定件等的家具金属部件（参照101页），在获得商品信息的同时也可以得到公司信息。

商品的尺寸及安装方法多在商品说明中有记载，但若有可能应确认实际物品的尺寸、安装方法、动作。这样就能确认与周围墙壁、框架、橱柜的关系，不发生遗漏（图）。

厨房部件的盲点

这些厨房部件的功能性强，成本低，都非常方便有利。但必须要注意的是因为基本上是所谓系统厨房的模块组件结构，所以组入部件的橱柜尺寸容易与系统厨房相同。刻意制作的定制厨具却成为系统厨具的组件，那有些可惜，而看上去也似系统厨具，定制厨具的意义萎缩。为避免这一点，不仅是部件的种类及尺寸，也要熟知安装及动作，要研究考虑部件。

图 | 厨房部件商品说明的查阅法

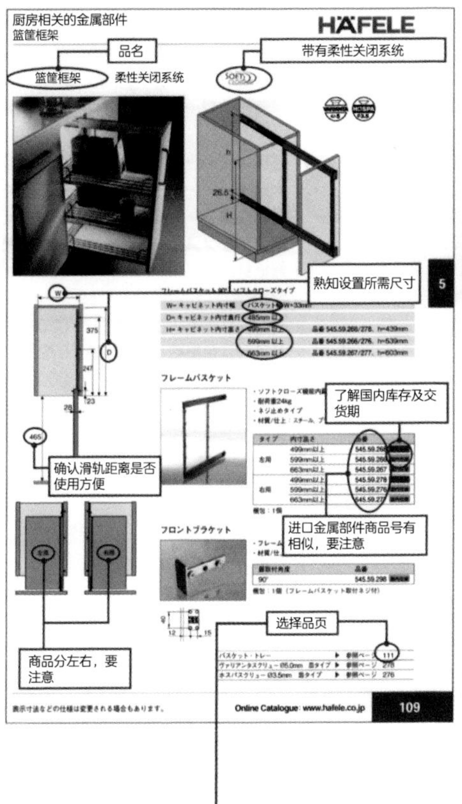

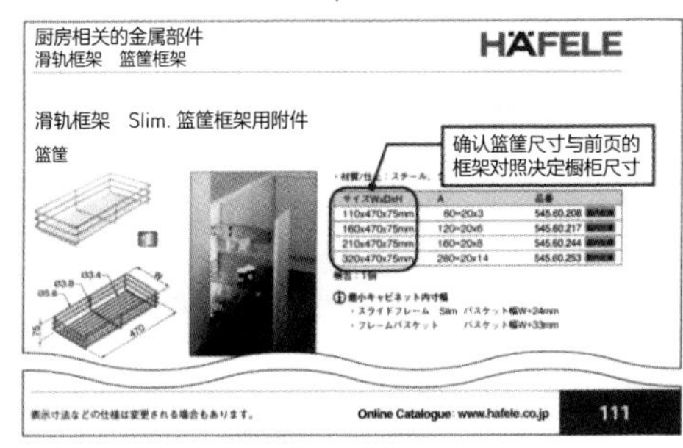

说明书协助：Hafele 公司

照片　订做纳入的部件

门内设置的货架。放置调味料很方便

挂在墙壁上的各种物品部件。基本轨架上可以有各种选择备品进行组合

容易成为死空间角落也不浪费的部件。比常见的旋转型死空间更少

上扬形态的固持件。很方便只开放使用的机器类收纳。要注意打开时向前部伸出的尺寸

照片提供：ekrea Parts 公司（照片 1、2）、Hafele 公司（照片 3、4）

后记

本人在工作过的设计事务所曾担任从固定厨房·定制家具的咨询、设计到现场监理工作。当时从住宅设计企业的设计部辞职不久，完全不了解工地，去书店也完全找不到定制家具设计手册这样的书。有厨房设计手册，但并无详细的制作内容。

记得收集周围同事描绘的图纸（当时是手绘）、建筑杂志的小记事本，寻找解决方法，进而现在也受到西埼工艺的诸多关照，让我看了其订做家具的木工厂、涂装厂，以及参观了许多工地的实际作业，深切感到所学知识与实际的差距。

1994年成立事务所以后，作为订做厨房、定制家具的设计者，与要求苛刻（从好的意义上）的建筑设计者以及相关的工作人员协同工作中，发现开发了一般方法绝对解决不了的特殊安装以及加工技术，也能够接触平常不用的各种材料，其他也还有许多定制家具业者及金属部件厂家、材料厂家、建筑承包商在工作中，共享材料、金属部件、技术、工具等最新信息及工地施工、加工方法等（现在每日更新中）。

本书是我由此掌握的直到2013年6月的最新信息的总结。当然，本书所写的并非全部，发表的各个创意也有其他的选择与解决方法。我只是把自己独有的方法编成了书放在了书架上。

今后的住宅市场新建户数会减少，而装修的需求会增加，在这种情况下为了获得房主青睐，如何了解顾客的需求并实现，将是关键；我认为定制家具是非常有效的应对方法。以往也有对定制家具以及定制厨具不够了解的人，我深切期望不要有犹豫，以本书为参考，活学活用。

和田浩一

2013年6月

多方给予协助的各位：西埼工艺株式会社
GUREDO 株式会社
准许刊登照片的各位业主
提供照片的各厂家

作者简介

和田浩一 / COICHI WADA
株式会社 STUDIO KAZ 代表。室内设计师、厨房设计师

1965 年生于福冈，1998 年毕业于九州艺术工科大学，东洋门窗公司（现为 LIXIL）就职，经过内装设计事业部、设计总监办公室，1992 年退职。1993 年在订制厨房家具中心的设计事务所工作之后，1994 年设立 STUDIO KAZ 公司。

1998 ~ 2012 年为 BANTAN 设计研究所内装设计 lab 的客座讲师，2002 ~ 2006 年为工学院大学专业学校内装设计系客座讲师。多次获奖“厨房空间设计比赛”“2001 年国际家具设计比赛 in 大川”“TILE DESIGN CONTEST”“住居内装关联比赛”等。也积极进行个人展及团体展。二级建筑师、内装设计师、厨房专家。

著作权合同登记图字：01-2014-1121号
图书在版编目（CIP）数据

定制家具设计 /（日）和田浩一著；卢春生，王竟岭，高林广译 .—北京：中国建筑工业出版社，2021.10
（建筑基础 110）
ISBN 978-7-112-26622-7

Ⅰ.①定… Ⅱ.①和… ②卢… ③王… ④高… Ⅲ.①家具—设计 Ⅳ.①TS664.01

中国版本图书馆 CIP 数据核字（2021）第 191321 号

责任编辑：费海玲　刘文昕
文字编辑：汪箫仪
责任校对：焦　乐

建筑基础 110
定制家具设计
[日] 和田浩一　著
卢春生　王竟岭　高林广　译
*
中国建筑工业出版社出版、发行（北京海淀三里河路9号）
各地新华书店、建筑书店经销
北京点击世代文化传媒有限公司制版
临西县阅读时光印刷有限公司印刷
*
开本：965毫米×1270毫米　1/32　印张：7½　字数：302千字
2021年10月第一版　2021年10月第一次印刷
定价：**88.00**元
ISBN 978-7-112-26622-7
（37210）